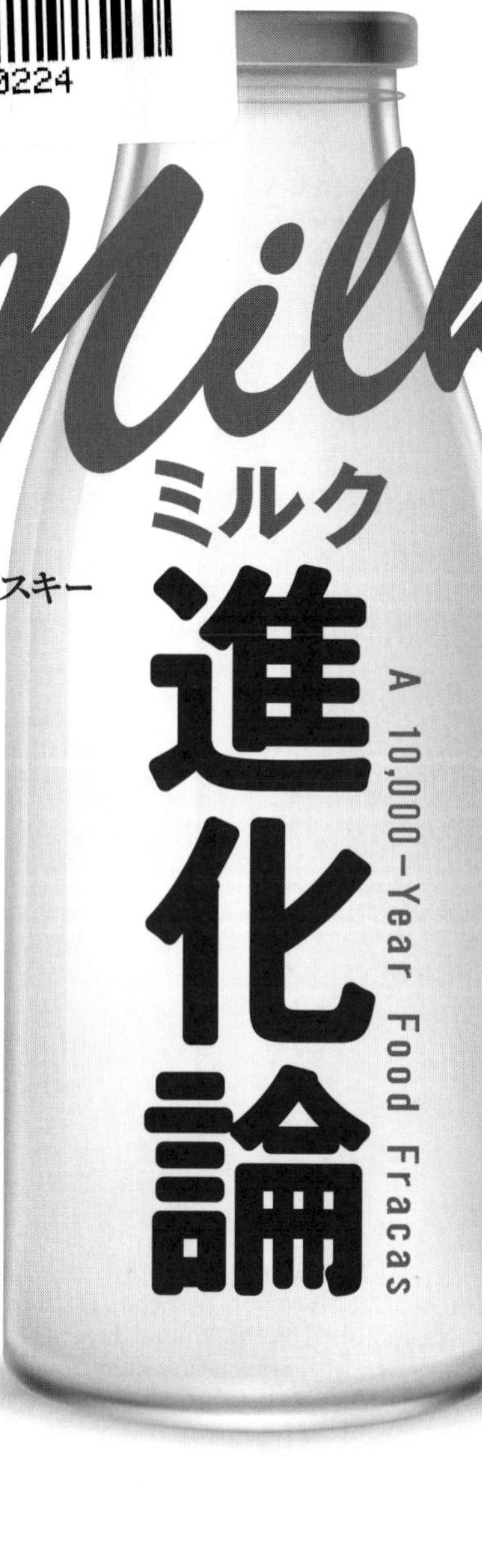

Milk!

ミルク進化論

なぜ人は、これほど
ミルクを愛するのか?

A 10,000-Year Food Fracas

マーク・カーランスキー
Mark Kurlansky
髙山 祥子 訳

私の知るもっとも善い人間の一人、
親友のシャーロット・シーディに

目次

レシピに関するメモ 6

I 乳製品の誕生 9

1 初めての甘い味 10
2 肥沃な三日月地帯で酸化する 30
3 チーズの文明 37
4 バター臭い蛮族 51
5 砂漠のミルク 79
6 ミルクとビールの日々 92
7 チーズ熱愛者 114

8 プディングの作り方 129
9 みんな大好きアイスクリーム 149

Ⅱ 危ない飲み物 195

10 ミルクで死ぬ 196
11 初めての安全なミルク 218
12 新たな果てしなき闘い 228
13 産業化された牛 242
14 新しいミルク料理 276

Ⅲ 牛と真実 295

15 チベットのバター作り 296
16 拡大する中国の許容力 306

17 牛の楽園の問題 320
18 チーズ作りの職人たち 352
19 最高のミルクを求めて 383
20 真の安全なミルクとは 410

謝辞 434
参考文献 443

母の母乳や、母乳を求めて流した涙で曇って見えない目で初めて見た世界の記憶がないのは、なんと寂しいことか……

——サイト・ファーイク・アバシヤニク『ミルク』より

レシピに関するメモ

「ほんの少しの錬金術も使えないなら、わざわざキッチンに入ることはない」――コレット

私がよく著書にレシピを載せるのは、料理書を書きたいという欲望を抑えているからではなく、それが素晴らしい価値のあるものだと思っているからだ。レシピは私たちに、それが作り出された社会や社会構造を教えてくれる。それらの料理が最初に作られたころ、人々の暮らしはどんなふうだったかを教えてくれる。そのレシピでおいしいものが出来上がるかどうかは、私自身はあまり気にしていなかった。

だが本書の準備中、あまりにもたくさんの乳製品を使った料理に出会ったので、楽しく食べられそうなものを選ぶことにした。だから読者のみなさんには、ぜひともこれらのレシピのいくつかを試してみてほしい。私なら、リチャード・ニクソンのカッテージチーズを使った「ミルクウォーター」や、乳児用の調合ミルクは避けるだろう。ミルクトーストも、私は魅力を感じなかった。だがクリームパンケーキやジャンケット、シラバブやミルク酒は、試してみる価値のある過去からの遺産だ。インディアンプディング、ジンジャーアイスクリーム、ホット・ストロベリーサンデー、

ジャマイカン・バナナアイスクリーム、特にペッルグリーノ・アルトゥージーのカフェラテ・ジェラートは楽しめるだろう。ルイ・ディアによるビシソワーズの素晴らしい独創的なレシピも試してみてほしい。他にも、おそらく最高の乳製品料理といってもいいインドのレシピなど、たくさんある。

私は常に、情報を更新したりはせずに、もともとのレシピをそのまま載せるようにしているが、古いものは曖昧でわかりづらい場合もあり、いくつかの説明を［　］に入れて挿入した。たとえばカトーのチーズケーキは、多くの人々が明確にしようとしてきたが、結局どうすればいいのか、誰もわからなかった。つまり、あなたの作るバージョンが、次のものと同様に正当だということだ。自由に調整し、創造し、オーブンやアイスクリームマシンのような近代的な道具を使ってもらいたい。最高の料理は、とても古いレシピを用いながら、そこにシェフによる個人的な意見を加えたものであることが多い。コレットが言ったように、ちょっとの錬金術を使ってみてほしい。

ENERGY
FOOD
MILK
FOR WARMTH
CLEVELAND DIVISION OF HEALTH · FOOD AND DRUG ADMINISTRATION 41

I

乳製品の誕生

「彼はミルクの半分を凝固させ、
柳細工の濾過器に入れて脇に置いたが、
残りの半分は夕食に飲むのだろうか、ボウルに注いだ」

――ホメロス『オディッセイア』（岩波書店、1994年）より、
キュークロープスを観察するオデュッセウス

1 初めての甘い味

ミルク（乳）は食品であり、本書には一二六ものレシピが収録されているので、これは食品の本だと思われるかもしれない。だがミルクは歴史のある食品で、少なくとも、過去一万年にわたって議論の的になってきた。人類の歴史においてもっとも多くの論争を生んできた食品であり、だからこそ最初に近代的な科学研究室に持ちこまれ、どんな食品よりも多くの規制を受けてきた。

人々は、母乳で子供を育てることの重要性、母親の役割、ミルクの健康にいい面と悪い面、もっともいいミルクの生産源、酪農技術、動物の権利、生乳と低温殺菌乳、生乳チーズの安全性、政府の果たすべき役割、有機食品運動、ホルモン、遺伝子組み換え作物……その他について、議論を交わしてきた。

食通や料理人、農学者、子を持つ親たち、フェミニスト、化学者、疫学者、栄養学者、経済学者、そして動物愛護者のすべてを巻きこむ、食品をめぐる闘いがここにある。

ミルクに関する大きな誤解の一つに、それを飲めない人はどこかがおかしい、という考え方がある。実はミルクを飲めるほうが、正道を外れているのに。

ミルクを飲むのは主にヨーロッパ系の人々であり、私たちはヨーロッパ中心の社会に住んでいるので、乳製品の摂取を普通の行為と考えがちだ。乳製品を摂らない地域があるのは、ただ単に、乳糖不耐性として知られる疾患のせいだと。だが乳糖不耐性は、すべての哺乳類にとって自然な状態だ。人類は乳離れしてからもミルクを摂取する唯一の哺乳類であり、どうやらこれは自然の基本的法則には逆らったことらしい。

自然界において、大半の哺乳類は、子供が授乳を受けるのは自力で食料を摂取できるようになるまでで、その後は遺伝子が介入してミルクを消化する能力を抑止してしまう。ミルクに含まれる糖である乳糖は、遺伝子によって管理される酵素、ラクターゼが腸内にあるときにのみ消化できる。ほぼすべての人間がラクターゼを持って生まれる。これがなければ、赤ん坊は母乳で育たない。だが大半の赤ん坊は成長するにつれて遺伝子がラクターゼの製造を中止し、もはやミルクを摂取できなくなる。

だが、ヨーロッパの人々におかしなことが起きた。中東の人々、北アフリカの人々、そしてインド亜大陸の人々にも。これらの人々は問題の遺伝子を欠き、成長してもラクターゼを作り、ミルクを飲み続けられるようになったのだ。

この遺伝子は血縁のある家族や部族に伝わる。そのため、アフリカの黒人の大半は乳糖不耐性だが、牛の放牧を行うマサイ族は違う。不耐性の人々は、その文化に乳製品を持たない傾向がある。だがマサイやインドのような酪農文化を採用している社会では、ミルクを消化する能力が残っている。昔のヨーロッパの人々は酪農文化を持ち、乳糖不耐性でもあったが、この傾向は、植物の成育期が短いために補足的な食料源が必要とされた北部でより多く見られた。しかしながら、乳糖不耐性であることは気候とは関係がない。アメリカ大陸の先住民（パタゴニアからアラスカまで伸びて、あらゆる気候を網羅する二つの大陸に住んでいた）は乳糖不耐性だった。

今日では、ヨーロッパの人々の大半がミルクを飲むが、そもそもヨーロッパ大陸のどれほどの範囲の人々が乳糖不耐性であったかはわかっていない。何世紀も前、ミルクを飲むことは稀だった。ハードチーズとヨーグルトは普及していたが、それらには乳糖が含まれず、だからこそヨーロッパの人々はそれらを好んだのかもしれない。だが当時から今にいたるどこかの時点で、ヨーロッパの人々はミルクを飲み始めた。彼らは正道から外れていても常に自分たちのやり方を標準だとしたので、世界中どこへ行くにも、酪農用の動物を連れていった。

ミルクをありきたりな食品の一つだと考えるのは、私たちが住んでいる銀河を無視するようなものだろう。比喩的な意味だけでなく、文字通りにだ。私たちの銀河は英語で「ミルキーウエー（銀河系）」と呼ばれ、「ギャラクシー（銀河）」という単語も、ギリシャ語でミルクを指す「gala」が語源となっている。ギリシャ神話によると銀河系は、ギリシャの女性の象徴である神ヘラがヘラクレスに母乳を与えていた際にこぼれた乳によってできた。滴の一つ一つが小さな光となり、私たちが星と呼ぶものになった。ヘラはよほどたくさんの乳をこぼしたに違いない。近代の天文学者の見積もりでは、銀河系には四〇〇〇億もの星があるのだから。

多くの文化に、このようなミルクに基づいた創世神話がある。西アフリカのフラニ族は、世界は大きな一粒のミルクから始まり、そこからすべてのものが作られたと信じている。古代スカンディナビアの伝説によると、最初イミルという名の霜の巨人がいて、溶けかかった霜でできた牛から栄養を得ていた。この牛の四つの乳首から流れる四筋のミルクの川が、現われつつある世界を養った。

今日のイラクにあたる地域にあったシュメール人の文明、これは最初に筆記文字を開発した文明だったが、初めて家畜化した動物から搾乳した文明の一つでもあった。その伝説によると、シャマシュという名の聖職者がウラクという街で動物たちに語りかけ、女神ニダバに乳を与えないよう説得をした。だがこの計画を知った羊飼いの兄弟二人がシャマシュをユーフラテス川へ投げ入れ、そこでシャマシュは羊に変身した。兄弟は彼の策略を知り、ふたたび彼をユーフラテス川へ投げ入れた。今回は、シャマシュは牛に変身した。三度目に見つかったとき彼はアンテロープの一種シャモアを装った。これは、確かに搾乳できる動物を探し求めることに関する伝説のようだ。

エジプトの母性の女神であり命を与える者であるイシスは、しばしば王に授乳する姿で描かれ、その夫オシリスは、一年じゅう毎日ボウルを一杯ずつ乳で満たしたことでたたえられた。イシスは中東の全土において、大きな胸と牛の頭と角を持った姿で描かれた。ギリシャにおける似た立場の女神アルテミスは、数十の胸のある姿で描かれることもあった。エジプト人はハトルという牛の女神も崇拝した。ミルクは、エジプトの神殿でよく見られる供物だった。

赤ん坊は乳母の性格を引き継ぐものだから、その世話人は注意深く選出する必要があると考えられた。ゼウスが女性に対して不誠実だったのは、クレタ島で放蕩するとして悪名高い動物であるヤギに授乳されたからだと言われている。同じ乳母の授乳を受けた子供たちは義兄弟と見なされ、アッシリアでは近親婚として結婚が禁じられた。

紀元前三世紀か二世紀に、ローマの母親になったばかりの女性に宛てて書かれた手紙には、このような記述がある――「乳母は神経質だったりお喋りだったりしてはならず、食欲を抑えられないようでもいけない。几帳面で節度があり、実用的で、外国人ではなくギリシャ人であること」。この最後の要件は古代ギリシャで頻繁に持ち出された。西暦一世紀から二世紀にかけてのギリシャの医師ソラヌスは、繰り返しギリシャ・ローマの聴衆に、乳母はギリシャ人にするべきだと説いた。

ヒンドゥー人は牛を崇拝し、それは今も続いている。サンスクリット語で牛を表わす単語は「aghnya」だが、これは「殺しえないもの」を意味する。ヒンドゥー教には、神なるヴィシュヌがミルクの海をかき回して世界を作ったという創世神話がある。

初期のキリスト教徒は牛の崇拝を異教だと見なしたが、彼らの宗教においてもミルク、つまり母乳は特別な存在だった。処女マリアは頻繁に、胸を露わにして授乳している姿で描かれる。キリスト教の重要な人物である一二世紀のクレルボーのベルナルドゥスは、処女マリアが現われて胸を出し、彼の口の中に三滴の乳をほとばしらせるという体験から霊感を得たと言われている。

中世のキリスト教では、マリアの乳を飲んだという人々の物語がたくさんあり、キリストの乳を飲んだという不可解な話さえいくつかあった。これらの人々が飲んだのは、ベルナルドゥスのような用心深い三滴ではなく、少なくとも何人かの画家によれば、長く弧を描く流れであった。ある無知な修道士は、マリアが彼に優しく甘い声で近くに来いと語りかけ、胸をはだけてゆっくりと乳を吸わせた、そのとき偉大なる知恵を授かったと語っている。これらはすべて、母乳育ちの子供は授乳した女性の特性を引き継ぐという、古くから続くキリスト教徒の考えを反映していた。

中世のキリスト教徒は、ミルクは、胸に移動する際に白くなった血液だと考え、それゆえに肉を食べない祝日にはミルクも禁じられた。つまり、一年の半分以上の日だ。日本の仏教徒も同じ考えを持ち、乳製品を摂取することを避けた。彼らは、乳製品を過剰に摂取すると考えられる西洋人を軽蔑した。西洋人にはそのにおいがすると主張し、二〇世紀に入っても、西洋人を指して「バター臭い者」という軽蔑語を用いた。

ユダヤ人が乳製品の摂取を快く思っていたことはない。出エジプト記には、「若いヤギをその母親のミルクで煮ることなかれ」と書かれている。これはあらゆる肉製品、鶏肉でさえも、乳製品と一緒に調理することを完全に禁じるものと解釈された。

それでも古代において、ミルクは健康にいいという主張は常にあった。シュメール人の楔形文字の板には、ミルクとラバン（ヨーグルトのような酸味のある飲み物）は病気を撃退すると書かれている。西暦一世紀のローマで『博物誌』を著したガイウス・プリニウス・セクンドゥスは、ミルクは水銀を飲んでしまった際の解毒に効果的だと主張した。

ミルクを作り出すことは、哺乳動物の定義となる。科学的な分類階級としての哺乳類（人類はこれに属する）は、ラテン語で「胸のある」を表わす単語「mammal」から名づけられた。私たちはミルクを産する動物に分類され、自分たちの間でミルクを分け合う。ただし人類以外の動物は普通、人類の介入がない限り、自分の母親のミルクだけを飲む。

それでも、程度の差こそあれ、大半の哺乳動物のミルクは受け入れられる食品だ。どのミルクが最高であるかは、歴史上終わることのない議論の一つだ。人類の乳が人類にとって最高のミルクであるという一般的な合意さえない。

ミルクは、それぞれ違った量の脂肪やタンパク質、乳糖を含んでいて、それぞれの利点や害悪の可能性を比較して、さかんに議論がされている。何世紀にもわたって、脂肪の含有量の高いミルクが最高と考えられ、低脂肪乳や脱脂乳は欺瞞的なものと考えられてきた。実際、それらを売るのが違法とされたことも頻繁にあった。脂肪の含有量の高いミルクを産出するエアシャーやジャージー、ガーンジーのような種の牛が、特にチーズ製造のために価値のあるものとされた。

授乳のために自然に産出されるミルクは理想的な食品だと、よく言われる。そして生まれたばかりの人間と牛と羊がまったく同じ栄養を必要とするわけではないということも、かなり以前から認められていた。異なる種のミルクは何かが違うという事実はわかっていたが、その違いが数値で示されたのは一八世紀になってからだった。

それぞれの種が、自然な必要に見合うように作られた、独自のミルクを持っている。若いクジラは生き残るために早く脂肪の層を作らなければならないので、そのミルクは三四・八パーセントの脂肪を含んでいるが、人類の乳には四・五パーセントしか含まれていない。キタオットセイもまた、脂肪をすばやく身につけなければならない。ハイイロアザラシのミルクは五三・二パーセントも脂肪があり、脂肪分のもっとも多いものだ。クジラは言うまでもなく、ハイイロアザラシから搾乳するという物理的な問題はさておき、彼らの脂肪分の高いミルクは私たちに適してはいない。

人間の赤ん坊は、脂肪分四・五パーセント、タンパク質はわずか一・一パーセント、乳糖六・八パーセント、そして水分が八七パーセントのミルクを好み、また必要とする。驚くことではないが、人間の乳にもっとも近いものの一つが、サルのミルクだ。だが、私たちは他の動物のミルクを子供に与えるという考えをさほど抵抗なく受け入れはしたが、その動物は、あまり生物学的に近すぎないほうがいいとされる。ほとんどの社会が、サルのミルクを口にすることに抵抗を覚えるはずだ。

ミルクには脂肪やタンパク質、乳糖と水以外のものも含まれている。コレステロールやリノール酸なども考慮するべき要素だ。たとえばインドとフィリピンでは飲料にされ、イタリア南部ではモッツァレラチーズ製造に用いられる水牛のミルクは、牛のミルクよりも脂肪は多いがコレステロールは少ない。牛のミルクはまた、人類の脳の発達に重要と考えられるリノール酸に欠ける。牛のミルクには人類の乳の四倍のタンパク質が含まれているが、多い分のタンパク質の大半はカセインという形で存在し、これは商業的に利用できる価値あるものだが、人間の赤ん坊の発育にはさほど必要ではない。

人間の乳は他の動物のミルクの大半よりも多くの乳糖を含んでいる。乳糖は糖であり、すべてのミルクは多少甘いのだが、人間の乳が特別に甘いわけではない。人間、そして大半の哺乳類が甘いものを好むのは、この最初の食べ物のせいかもしれない。

サトウキビや甜菜糖が普及する前、もっとも手に入りやすい甘味はハチミツだった。ミルクは僅差の第二位で、この二つはしばしば一緒に分類された。旧約聖書と同じくらい古いとされるインド・ヴェーダ文化の聖典『リグ・ヴェーダ』には、こんな一節がある。

蜂の蜜がミルクに混ぜてある、
早くおいで。走ってきて、お飲み。

旧約聖書では、ミルク（人間、牛、そしてヤギのもの）の言及が五〇余りあるが、そのうちの二〇がミルクとハチミツへの言及だ。もっとも有名なものとしては、ヘブライ人は珍しい甘味の国、ミルクとハチミツの国を約束された、というものだ。

もちろん、これには純粋に美食的な要素もあったかもしれない。ミルクとハチミツは心地よい組み合わせだ。ヨーグルトと混ぜたハチミツは、甘味と酸味の組み合わせが特別においしい。これには、医療的な効用さえあるかもしれない。

これまでずっと、人間の乳の次には、ヤギとロバのミルクが私たちにもっとも適していると言われてきた。それらの組成が私たちのものといちばん近いからだ。だがこれは、必ずしも真実ではない。ロバのミルクは人間の乳よりもはるかに脂肪が少なく、ヤギのミルクにはタンパク質が三倍も含まれている。

牛、羊、ヤギ、水牛には四つの胃がある。ラクダとラマは三つだ。複数の胃を持つ動物は、反芻動物と呼ばれる。牛や羊といった反芻動物は牧場で草を食べ、ヤギや鹿などは、森の中で栄養分のある低木をかじる。反芻動物という単語は、「噛みなおす」という意味のラテン語「ruminare」から派生した。食べたものは吐き戻され、噛みなおされ、第一胃（ルーメン）に送られて発酵により分

ジャン・ルイ・ドマルヌ（1752～1829年）の銅版画。牛と子牛の背後にヤギがいる（著者所蔵）

解され、次の部分へ移される。牛は一日に六時間から八時間噛んでいて、約一六〇リットルの唾液を分泌し、これによって発酵で生まれる酸の刺激を緩和する。

一つの胃を持つ動物は単胃動物と呼ばれ、同じような消化をする動物によって産出されるミルクが私たちにもっとも適していると考えるのは、理に適っていると思われるだろう。だから今日でもロバのミルクは特にイタリアで商業的に生産され、健康食品として売られている。

もう一つの単胃動物に馬がいるが、おそらく非常に脂肪分が低いせいだろう、いくつかの文化でしか雌馬のミルクは用いられなかった。ガイウス・プリニウス・セクンドゥスは、イランとウラル山脈南部にいる遊牧民族サルマティア人は、雌馬のミルクを雑穀と混ぜてポリッジ（粥）にして食べると報告している。このポリッジは、他の文化においても、雑穀を別のミルクと混ぜるかたちで広まった。

紀元前五世紀のギリシャの歴史家ヘロドトスは、やはりユーラシアの遊牧民であるスキタイ人が、ほぼ完全に雌馬のミルクから成る食生活を送っていると書いた。だが多くのヨーロッパの食生活を紹介したと評価されているマルコ・ポーロが、モンゴル人は雌馬のミルクを飲むと報告した際、ヨーロッパの人々はこの行為を取り入れようとはしなかった。

またなぜ、もう一つの単胃動物であり、世界でもっとも身近な家畜でもある豚に、乳製品の製造業務のお呼びがかからなかったのだろう？　おそらく、文化的あるいは心理的理由から肉食動物のミルクを摂取したくなかったからか、あるいは肉食によってミルクの味が悪くなるからかもしれない。だが豚は、いかようにもなる。豚はなんでも食べるので、そのつもりになれば草食にもできる。

私たちが豚のミルクを避けるのは、一度に一匹から三匹までの子を産み、一つの乳房に乳首が並んでいる動物のミルクを飲むほうを好むからかもしれない。

ヨーロッパ北部の人々は、かつてはトナカイのミルクが最高だと考え、ヘラジカのミルクを好んだ時期もあった。どちらも人気は長続きしなかった。

タイプの違うミルクを比較するのは難しい。だがそもそも、ミルクに関するもっとも重要な問題は、シンプルなことだった。ミルクを産出する動物で、どれが簡単に家畜化できて、たくさん飼えるかということだ。

数々の証拠から、動物の搾乳は、中東、おそらくイラクかイランのアッシリアのあたりで始まったと思われる。ウルという都市のシュメール人は、五〇〇〇年前、アルウバイドの寺院の小壁に、酪農家が牛のミルクを搾り、大きな壺に液体を注ぐ様子を描いた。考古学者の間で「アルウバイドの酪農」として知られるこの小壁は、古いものではあるが、おそらくもっとも初期の搾乳を描いているわけではない。搾乳が始まったとき、牛は利用できなかったはずなのだ。ティグリス川とユーフラテス川の間のこの地域の文明は、七〇〇〇年も遡ると考えられている。

考古学上の発見から、人類は一万年前から動物を飼っていたと思われる。一万年前に動物の病原体が天然痘、嚢虫、結核といった人間の病気に変化し始めたので、人類は動物の近くで生活していたに違いないのだ。このころに搾乳が始まったのだろうか？

本当のところは、誰にもわからない。いったいどのような経緯で、母親が死んだり十分な乳を出すことができなかったりしたとき、哺乳動物のミルクで代用することにしたのだろう？　母親の乳を動物のミルクに替えるとは、大胆な飛躍ではないか。

いやおそらく、動物のミルクはまず商品として認められて、その後、人間の赤ん坊の生育に使われるようになったのだろう。ミルクが傷むのが早い暑い気候の土地では、酸敗したミルクから作られるチーズやヨーグルトが早い時期に作られたに違いない。実際、冷蔵の時代が訪れるまで、中東では新鮮な飲用ミルクはめったに飲まれなかった。

あるいは人間が他の哺乳動物のミルクを飲むという習慣は、ミルクを出す動物が乳母として使われ、赤ん坊がそのミルクを吸うように乳首をあてがわれたときに始まったのかもしれない。この習慣は古い時代、中世に行われ、ヨーロッパの貧しい地方では近代にいたっても行われていた。実際にはどれほど頻繁に行われていたのかわからないが、エジプトやギリシャやローマの文学や神話には、驚くほど頻出する。

古い時代、赤ん坊を捨てるのがありふれたことだったころには、ミルクを出す動物によって救われた幼児の物語がたくさんあった。ローマのシンボルは、二人の建造者であるロムルスとレムスの双子が、彼らを育てた狼のミルクを吸っている姿だ。

もう一つの謎が、最初に搾乳に用いられたのがどの動物だったかということだ。牛ではないことは、ほぼ確実だ。本当に一万年前（あるいは九〇〇〇年か八〇〇〇年前でも）に中東で搾乳が始まったのであれば、他の動物を用いたに違いない。当時そのあたりに牛はあまりおらず、他の場所にもいなかった。

牛の祖先、あらゆる牛亜科の祖先はオーロクス（ヨーロッパバイソン）だ。複数形はオーロクセ

67. MILKING OF THE REIN-DEER.

Designed and Engraved by Messrs. Sly and Wilson. The Animals from living Specimens, and the Accessories from De Broke's 'Lapland.'

フィンランド最北のラップランド地方におけるトナカイの搾乳の様子。『*The Art-Union Scrap Book*』（ロンドン、1843年）掲載の版画。画家はスライとウィルソン　HIP/Art Resource, NY

ンといい、大きくて力強く、獰猛で攻撃的な動物だ。六〇センチ以上の角があり、肩は人間の身長よりも高くて、狩ろうとする人間を大胆に襲い、洞窟の壁画に描かれる頻度からもわかるとおり、恐れられていた。雌は雄ほど攻撃的ではなかっただろうが、それでも野生のオーロクスを搾乳するのは、北米の平原で野生のバイソンを搾乳しようとするのと同じことだった。つまり、ほとんどありえないということだ。

やがて野生のオーロクスは家畜化され、家畜化されたものが増えるにつれて、野生のオーロクスは姿を消し始めた。かつてはアジアからヨーロッパ中にわたる地域に広がっていたが、やがて中央ヨーロッパの森林に限られるようになった。最後のオーロクスは一七世紀のポーランドで死んだ。

現代の牛はこれら中央ヨーロッパの系統ではなく、それと同類のウルスの血を引いている。ウルスは非常に毛深く、カエサルによれば、ゾウと同じくらい大きかった。ウルスはヨーロッパ、アジア、そしてアフリカに存在した。初期の家畜化されたウルスの種類はケルティック・ショートホーン種で、小さいが頑丈で、ケルト人にミルクを提供しただけでなく、多くの近代種の祖先となった。

ヤギの熱心なファンたちが主張するように、最初の搾乳動物はヤギだったのだろうか？　あるいはヤギの野生の祖先ガゼルだろうか？　これはありうる説だが、ガゼルの飼育は、ヤギとして家畜化しない限り難しかっただろう。もしかしたらヤギの親戚である羊だったかもしれない。だが羊のミルクは脂肪とタンパク質の含有量が高く、飲むにはこくがありすぎて、産出量はとても少ない。

それでもシュメール人の最初の家畜は、主に羊だった。彼らは六〇〇〇年前に羊を家畜化し始めた。シュメール人は羊の価値を、ミルクを提供する能力ではなく、尾の大きさで評価した。羊の尾

古代エジプト中王国（紀元前2061～2010年）のメンチュヘテプ二世の妻カウィト王女の石棺レリーフに描かれた、牛の搾乳をする男（ワーナー・フォーマン・アーカイブ、エジプト考古学博物館）　HIP/Art Resource, NY

に豊富な脂肪は、調理油の重要な源だったからだ。

シュメール人の銘板によると、典型的な羊の群れは一五〇頭から一八〇頭だった。だが五〇〇頭もいる大きな群れもあった。羊はよく世話されていたようだ。特に聖職者に所有されていたものには特別な牧草地があって、餌にはナツメヤシやパンが補充されていた。つまりは、脂肪たっぷりの尾が欲しかったのだろう。

シュメール人は、羊よりはるかに数は少ないが牛やヤギも飼育していて、どの動物が最初だったのか、さらに憶測を呼ぶ。だがいずれにしても、シュメール人は家畜のミルクの産出量の減少に苦労していたようだ。彼らは家畜と野生動物を交雑し続けた。牛とバイソン、ヤギと野生のシロイワヤギ、羊と野生の雄羊などだ。

羊飼いたちはどんなミルクでも、バターやクリーム、いくつかのタイプのチーズを作るのに利用した。酸化して酸っぱくなったミルクはハチミツと合わせて、咳の薬に使われた。だが乳製品の摂取が広く普及することはなく、当時あったものは寺院に管理されていた。

ラクダも、人類によって最初に搾乳された動物の可能性がある。ラクダは背が高いので搾乳しやすい(ちょっと気難しくはあるが)。ラクダには、どこでも食料を見つけられるという利点がある。彼らは一見したところ餌になる草などないような砂漠地域でも草をはみ、他の動物は触れず、人間は気づきもしないような小さな植物から栄養を得る。ラクダは中東で搾乳されていたが、この習慣がいつ始まったのかはわからない。プリニウスはラクダのミルクがもっとも甘いと考えたが、乳糖の含有量から判断すると、これは真実ではない。ラクダと非常に近いラマは今日、南米でミルクを提供しているが、ヨーロッパ系の人々が来るまでは、これらの動物の搾乳は行われていなかった。
イギリスの著述家イザベラ・ビートンは一八六一年のベストセラー『ミセス・ビートンの家事技術（*Mrs. Beeton's Book of Household Management*）』の中で次のようにミルクの評価をしていて、これは今日でもとても良い要約だと思われる。

人間の乳は牛のものよりもはるかに薄い。ロバの乳は、何よりも人間の乳に近い。ヤギの乳は牛の乳よりも多少濃くてこってりしている。雌羊の乳は見た目が牛の乳に似ていて、大量の乳脂を含んでいる。雌馬の乳は雌羊のものよりも多くの糖を含んでいる。ラクダの乳はアフリカでのみ使用される。水牛の乳はインドで使用される。

牛が簡単に手に入るようになると、大半のミルク製造者は他の動物よりも牛を搾乳することを選んだが、その選択には常に議論がつきまとった。牛を崇拝する国インドの父、マハトマ・ガンジーはヤギのミルクだけを飲み、これがもっとも健康にいいと考えていた。だが牛は扱いやすく、大量のミルクを産出する。ヤギは一日に約三リットル、優秀なヤギならば四リットル近く産出するかもしれない。牛は通常一日にその数倍の量を産出し、進歩した搾乳技術を用いる現代の酪農場なら、三〇リットル以上を望める。しかしながら、大きな動物には大量の飼料が必要で、ヤギは体重比を考えれば牛の五倍、羊の四倍のミルクを算出することになる。
ヤギには、特に中東と北アフリカでは、牛に勝る利点が他にもあった。彼らは草を食べるための緑豊かな牧草地を必要とせず、牛が飢えるような場所でも食料を見つけられる。木に登って葉を食べることもできる。

酪農家は平和で、愛情を感じられるような動物を必要とする。アッシリア人は友好的な態度でいてくれと家畜に頼む、不思議な祈禱を唱えた。

動物愛護運動家たちは嫌うが、牛、ヤギ、羊、その他の動物の搾乳を容易にするための簡単な方法がある。子牛や子ヤギ、子羊が生まれたとき、子を母親から離して、酪農家が瓶で授乳をするのだ。大半の動物愛護運動家は、母親から離された動物は悲しがって、うめいたり泣いたりすると言う。酪農家の中にも、泣くと言う者がいる。それを否定するか、まったく気にしない者もいる。米バーモント州の小規模ヤギ酪農家ブラッド・ケスラーが、「ミルクは力だ」と言うように。子牛を母親から離すのは、ミルクをめぐる多くの果てしない論議の一つだ。

動物にそのまま母親のミルクを吸わせておくと、かなりの量、必要以上の量のミルクだけでなく、が酪農家の利潤も飲んでしまうことになる。また、長じて自立心が強く、人間を信用しなくなる。だが酪農家が幼いうちにミルクを与えると、人間になついて成長することになる。ヤギのように人間に飛びついたりするには牛はあまりにも大きいが、それでも酪農家に鼻をこすりつけたり、後をついてまわったりする。牛は平穏で気楽な暮らしを好み、それゆえに、牛を扱う酪農家も多くの場合、穏やかで物静かに話す。羊は群れで酪農家を追うが、牛やヤギのように、個別に好意を見せることはない。羊は個体よりも群れで存在していて、だから個別に名前がつけられていることもない。

酪農家と搾乳される動物はとても暖かい関係を持つことができるが、動物にとって幸せな終わり方はない。なぜなら酪農家には、ミルクを産出しなくなった動物に餌を与える余裕はないからだ。

ジャージー種

2 肥沃な三日月地帯で酸化する

古代から現代にいたるまで、母乳育ちの赤ん坊と瓶からミルクを飲んで育った赤ん坊が常にいた。そして本当に古い時代から、両者を比較したうえでの利点と不都合な点とが激しく議論されてきた。今日、母乳擁護者の多くは、乳を産出できない女性は比較的稀だと主張する。だが文明が始まるころにまで遡る記録によれば、当時でさえも、うまく授乳できない母親のための調合ミルクや処方薬がたくさんあった。一八七三年にゲオルク・エーベルスが購入したことからエーベルス・パピルスと呼ばれることになった、紀元前一五五〇年のパピルスの巻物には、困っている母親のために処方された薬草が記されている――「油と温めたカジキマグロの骨と混ぜて、背中にすりこむこと」。

説明のできない理由によって油とカジキマグロの骨でも問題が解決されなかったら、その巻物は乳母を雇うことを勧めている。多くの場合、乳母による授乳は、「人為的な授乳」より望ましいと見なされた。子供に動物のミルクを飲ませることは何世紀も前から知られていたが、頻繁にあることではなかった。これもまた、終わりのない議論の一つだった。

乳母については、紀元前一七五四年ごろのバビロニアのハムラビ法典に明記されているとおり、注意深く見張り、非常に厳しく管理する必要があるとされた。この法典には、乳母の世話を受けている間に赤ん坊が死んだら、その乳母は別の赤ん坊の乳母になってはならないとある。見つかると胸を切り取られた。赤ん坊を乳母に預けても、家族が金を払えないことがあった。その場合は、法典によると、家族は赤ん坊を乳母に売ることができた。

エジプト、ギリシャ、そしてローマの古代社会の法典のすべてで、乳母という仕事は法的契約に基づく高く評価される職業だったことが明らかだ。赤ん坊のモーゼがナイル川岸で見つかったとき、伝説よると、ファラオの娘が女性を雇い、赤ん坊に授乳するよう命じた。赤ん坊に動物のミルクを与えるのではなく乳母を探したのは、この赤ん坊を特別に世話して育てるという決意の表われだと解釈されている。

子供に授乳する絵では、たいてい、子供は左の胸から授乳を受けている。左は心臓に近いから、最高の乳を蓄えていると考えられた。この考えは、キリスト教信仰が広まるころにようやく消え始めた。貴族の赤ん坊には、もっぱら左の胸から授乳しなければならなかった。これはもしかしたら、特にエジプトでは、高貴な生まれの赤ん坊には複数の乳母がいることが多かったからかもしれない。

子供に動物のミルクを飲ませるよりも乳母のほうが好ましい選択肢だと考えられたのは、暑い気候の地ではミルクは危険な場合があったからでもある。有害な細菌が増殖する前に、すばやく動物から赤ん坊に届けなければならず、これは難しい作業だった。それでも古代人は瓶を残しているため、瓶によって授乳された赤ん坊がいたのは確かだ。エジプトでは紀元前一五〇〇年のテラコッタの授乳用の瓶や、紀元前四〇〇〇年に遡る、さまざまなデザインの授乳用容器が見つかっている。

現代と同様、古代にも、授乳をしたがらない女性がいた。通常そのような女性は高貴な生まれで、乳母を雇ったり、早急に動物の新鮮なミルクを赤ん坊に届けられるような経済的余裕のある者だったのだろう。また、なんらかの社会的地位につくと、女性の義務だと見なされる仕事を拒否する必要があったのかもしれない。

ファラオが統治するエジプトでは、乳母はハーレムに住み、厚遇され、尊重された。その名前は、重要なパーティーや葬儀の名簿にもあった。紀元前九五〇年には、ギリシャで、上流階級の女性たちが身分の低い乳母を雇うのが流行した。乳母としての授乳が奴隷の仕事であることもよくあり、それで、奴隷を所有する女性は授乳をしなかった。

それに対して、瓶による授乳は他に選択肢のない女性が用いるものだったのかもしれない。働きすぎや栄養失調で十分な乳を産出できない貧しい女性たちだ。瓶による授乳は、出産の際に命を落とした貧しい女性の赤ん坊や、捨てられて孤児になった子供にも用いられたのだろう。動物のミルクを人間の乳の代用とするのは、最後の必死の手段だったのかもしれない。

赤ん坊に授乳する女性の姿や、差し出された胸の形を模して入念に作られたカップは、裕福な赤ん坊のためのものだったのだろう。貧しい赤ん坊は動物の角で授乳された。

そもそも、ミルクは赤ん坊の授乳や飲料用に産出されたのではなかったようだ。非常に品質が劣化しやすかったため、おそらく保蔵処理され、固められ、酸化や発酵をさせるなどして、さまざまな栄養価の高い安定した食品に作り替えられた。

ルイ・パスツールより何世紀も前に、古代アッシリア人は、おそらくその経験から、新鮮なミル

キプロス島ヴァヌスで発見されたミルクのための石器。紀元前2200～2100年ごろのもの（キプロス博物館）　SEF/Art Resource, NY

クを有害にせずに保つための唯一の方法は煮沸することだと知っていた。その結果、鍋にできる浮きかすをパン粉と混ぜたものが子供のおやつになり、子供たちはそれを鍋から直接すくって食べた。当時、煮沸したミルクは風味に欠け、浮きかすと上部に残る被膜だけがおいしいと考えられていたが、これには多くの二一世紀の人々も同意するだろう。

ヨーグルトはミルクに生きた培養菌を加えて作られるが、これは非常に古い時代に習得された方法のようだ。ミルクを煮沸し、その鍋を布で包んで、まずは屋内で、その後は外の夜気の中でゆっくりと冷やす。だがヨーグルトを外に置く際は、よく見張っていなければならない。多くの動物、特に猫は、ヨーグルトが大好きなのだ。濃くて酸っぱいヨーグルトは魅力的な香りを立てる。今日でも、このようにヨーグルトを作っている場所がある。

保存のきく乳脂肪であるバターは、クリームをヤギ革の袋に入れて振ることによって作られる。中東では、パンをバターに浸して食べる習慣はあったが、バターをパンに塗ることはなかった。バターは年間を通して、祝日のご馳走を作るのに使われた。このため、バターには塩気が加えられた。塩気のあるバターだけが長持ちしたからだ。無塩のバターは、冷蔵技術が発明されて初めて手に入る贅沢品だった。そのころからつい最近にいたるまで、アメリカを含む国の多くの店では、傷む前に売り切れないことを嫌って、無塩バターを置きたがらなかった。

ウルに残る古い酪農を描いた小壁には、陶製の壺を揺らしてバターを作る男たちが描かれている。ヒッタイト人は、オリーブ油の半分の費用で作れたため、バターを用いた。おそらくオリーブ油のほうが高品質の製品だと考えられていたはずだ。バターの悪い評判をもう一つ付け加えるとすると、それは、すでに若干劣化した状態で消費されることが多かったと思われる。

壺にしろヤギ革の袋にしろ、バター作りでかきまわす際に残る液体が、現在、私たちがバターミルクと呼ぶものだ。分離技術が粗雑だったため、おそらく濃いバターミルクが残っただろう。小さなバターの塊が含まれていることもよくあった。バターミルクが豊富にあれば、農場の動物に与えられた。それは農民の間では、よくある飲み物だった。街でバターミルクが見られたのは、田舎の人がそこへ移り住んだときだけだった。

古代アッシリア人が家畜やそのミルクを尊重していたのは、一世代か二世代前まで続いていた習慣にも明らかだ。嘆願者は教会によく太らせた羊を寄付し、初搾りのミルクと、そのミルクで作ったバターやチーズを慈善団体に納めた。初搾りとは、たいていは春に、牛が出産後に初めて産出したミルクのことだ。


酪農業の始まった地域は、牛には適していなかった。牛は暑い気候を好む動物ではない。豊かな草地のある、比較的涼しい気候を好む。これ自体が、初期の人々が、どれほど他の動物のミルクよりも優しい味の牛のミルクを好んだかの証拠になる。初期のころ、そして今日でもなお、乳牛は、本来それらが属してはいない気候の地で育てられているのだ。出産は春に行われるので、動物たちは春と夏にミルクを出す。これは中東の暑い気候では最悪の時期だ。搾乳されたばかりのミルクは、数分のうちに危険な細菌が発生し始める。容器が清潔でない場合はなおさらだ。

中東と地中海周辺のあらゆる場所で、人々はこの問題に取り組み、ミルクをさまざまな乳製品に変えようとした。もっとも一般的な製品はヨーグルトだが、近代になるまでこの単語は使われていなかった。早くからヨーグルトの熱狂的支持者だったペルシャ人は、それをマストと呼び、この食品はペルシャ文化の中心的存在で、有名な慣用句にもよく登場するほどだ。「自分のヨーグルトをかきまぜてこい」と言えば、「自分のことだけ考えていろ」という意味になる。あるいは、ものすごく怖いことがあると、「ヨーグルトが白くなる」と言った。ヨーグルトは飲むこともあるし、スプーンで食べることもあり、ソースやシチューの素にして肉料理にかけたり入れたりすることもあった。ヨーグルト飲料は過去にも、そして現在も世界的に人気があり、国によって違った名前で呼ばれている。イランではドゥーグと呼ばれ、塩とミントが加えられる。インドではラッシーと呼ばれ、砂糖か塩が加えられることがあり、アラブ諸国ではラバンと呼ばれる。

古代ペルシャ語では、ドゥーグとはミルクのことだった。だが、おそらく常に酸化していたため、やがてこの単語が「水で溶かしたヨーグルト」を指すようになったのだろう。現代では、ドゥーグはソーダ水を使って作られる。二〇世紀に、ペルシャ人は「アリの泉」の湧き水を使ってドゥーグを瓶詰めするようになった。アリは七世紀の預言者ムハンマドの娘婿で、テヘランの外の不毛な丘陵地帯から水が湧き出るように命じたとされている。

ペルシャでは、ドゥーグは天日干しされることもあった。そうしてできた製品はカシクと呼ばれ、粉状に砕いて水で湿らせ、ボール状に丸めた。カシクは今でも、一種の調味料として使われる。ボール状にしたものはスープかシチューに溶かし、舌触りは変わらないが、ピリッと酸っぱいヨーグルトの風味がある。

3 チーズの文明

いかにしてミルクが、殺された動物の内臓、もっとはっきり言うと早くカード（凝乳）のできる胃壁と出会ったのかについては、真偽の疑わしい物語がたくさんある。もっともよくある物語は、遊牧民が動物の胃でできた袋にミルクを入れて旅して、目的地に着いたとき、ミルクが固まっているのに気づいた、というものだ。動物の胃には、ミルクを凝固させるレンネットという酵素がある。ミルクに含まれる複数のタンパク質はマイナスの電荷を帯びているため、磁石のマイナス同士が避け合うように、融合することができない。レンネットの中の酵素がマイナスの電荷を取り去ると、タンパク質は融合して凝固し始める。

チーズを作るためには、カードを穴のある木製の容器に入れ、八五パーセントの水分が絞り出されるまで、何日も圧力をかけておく。この水分は非常に栄養価の高い濁った液体で、ホエー（乳清）と呼ばれる。レンネットはホエーと一緒に排出される。ホエーは、農場の動物に餌として与えられ、それは現代でも行われている。人間の食料もたくさん作られている。古代ペルシャ人はホエーを泡立てて、カラコルトと呼ばれる食品を作った。

ホエーが取り除かれたあとに残った硬いチーズを塩水に浸けて貯蔵しておくことで、世界最古のチーズの一つ、ギリシャのフェタのようなチーズが作られた。のちに、湿気のある涼しい貯蔵室で熟成することができたヨーロッパでは、より洗練されたチーズがたくさん作られた。

やがて酪農家が、他の動物でなく牛やヤギ、羊の搾乳に落ち着いたという事実に、初期の酪農におけるチーズ作りの重要性が表われている。これらの動物がチーズ作りに最適なミルクを産出することは一般に認められているが、三つのうちのどれが最高であるかについては、まだ議論の決着がついていない。

いつチーズ作りが始まったのかは明らかではない。バターとヨーグルトのほうが作るのが簡単なので、おそらく早く製造が始まっただろう。古代の人々はカードを食べたと書かれているが、それが何を指しているのか明白でない場合もある。聖書には、バターとカードのいずれとも取れるようなものへの言及がたくさんある。

地中海地方の人々はほとんどバターを必要としなかったので、カードのほうがありそうだ。彼らには、バターよりも劣化しづらく、発火せずに高温になるオリーブ油がすでにあり、これは過去から現在にいたるまで、ずっと健康にいいとされてもいた。今でも、北アフリカ、ギリシャの大半、フランス地中海岸、スペイン、そしてイタリアの大半（全土ではない）で、オリーブ油が優位を占め、バターはほとんど使われない。今日、ギリシャではオムレツはバターで作られるかもしれないが、最近まではオリーブ油が使われていた。

ブルガリア人などの祖先であるトラキア人は、ギリシャ北部に住み、バターを食べた。さらに北のゲルマン民族の人々もまた、バターをよく食べた。バターは涼しい気候で扱いやすく、ゲルマン民族が塩分のあるバターを完成させたと言われている。

西欧人を「バター臭い人々」と呼んだ日本の仏教徒と同じく、ギリシャ人はトラキア人のことを「バターを食べる人」と軽蔑的に呼んだ。「バター」という単語そのものが、好意的に使われなかった。羊とヤギを飼っていたギリシャ人は、バターを牛のカードを意味するブティロスと呼び、牛を飼ってバターを作る人々をよそ者と見なした。ローマ人はバターを火傷によく効く軟膏だと考えて、適当な食品とは見なさなかった。ガイウス・プリニウス・セクンドゥスはぶっきらぼうに、バターは「未開な部族の間の、上々な食品」と書いた。

メソポタミアの住人やヒッタイト人は牛やヤギや羊のミルクからチーズを作り、古代エジプト人も同様にした。ギリシャ人もまたチーズを作り、四〇〇〇年昔のカップに牛やヤギの絵が描かれていることから、古代クレタ島人もミルクを飲み、チーズを作ったと推察される。

ギリシャ神話では、アポロンの息子アリスタイオスがチーズを発明したとされ、これはギリシャ人がチーズ製造を重要に考えていたことを示している。古代ギリシャ人は濃厚な固形クリームを作るために、クリームを熱してからゆっくりと冷やし、ハチミツと混ぜて、狩猟で得た鳥とともに供した。彼らもまたペルシャ人のようにヨーグルトを作り、そのままで、あるいはハチミツとともに食べたり、コリオンと呼ばれる一種のデザートプディングを作ったりした。

ギリシャ人は酸敗（酸化して酸っぱくなること）したミルクで、他にもヨーグルトに似た製品を製造した。その一つがオキシゴラと呼ばれるもので、舌触りがとても硬かったとされる。ホエーを絞り出し、塩気を足して壺に封印した。メルカは、沸騰した酢を入れた壺の中で液体のミルクを酸敗させ、一晩温かい場所で寝かせて作る。西暦一世紀の高名な料理人マルクス・ガビウス・アピシウスは、このメルカのレシピを残している。基本的には、ミルクとハチミツを混ぜたものだ。

メルカをハチミツと塩水、あるいは塩気のある油と刻んだ香菜と混ぜる。

内臓とミルクが偶然出会ったせいでレンネットが発見されたという物語は、古代ギリシャ人がレンネットをイチジクの樹液から作っていたという事実があるので、さらに混乱する。樹液は熟成したチーズやハードタイプのチーズを作るのに用いられた。こうしたチーズはアテネの市場でグリーンチーズ（柔らかいフレッシュタイプのチーズ）とは区別して売られた。

ホメロスのチーズ製造への言及は珍しくなく、農場でのよくある仕事として描かれている。ホメロスの著作は古い口述の歴史を編集したもので、大麦粉、ハチミツ、プラムニアンワイン（強くて色の黒い、高質なワイン）、そしてすり潰したヤギのミルクのチーズという一皿について、二度も言及している。チーズはまた、スパルタ人の食事の中心でもあった。男子の通過儀礼は、家からチーズを捕まらずに盗み出すことだった。

穀類と乳製品を混ぜたもの、つまりはなんらかの種類のポリッジ（粥）は、ギリシャとローマの双方でよくあるものだった。ギリシャ人は道端で、三〇リットル以上も入る大鍋でミルクと穀類のポリッジを作った。

パスタの前身であるトラクタは、穀粉と水を混ぜてさまざまな形（ボール、紐、シート）に形成したものだ。これらはミルクで煮ることが多かった。アピシウスは、トラクタでミルクにとろみをつけて子羊肉のためのソースを作るレシピを提案した。

新しい料理用鍋に一セクスタリウス〔約〇・五リットル〕のミルクと少量の水を入れ、弱火で沸騰するまで煮る。ボール状のトラクタを三つ乾燥させ、割り、ミルクに入れる。焦げないように、水を加える。煮えたら、子羊にかける。

アピシウスはまた、トラクタでとろみをつけたミルクを使った鶏肉の料理も提案した。

鶏肉が煮えたら煮だし汁から出し、ミルクと少量のソース、ハチミツ、ほんの少しの水を新しい料理用鍋に入れる。弱火にかけ、砕いたトラクタを少しずつ入れる。焦げないように、常にかきまわすこと。この中に鶏肉を入れる。

穀粉でとろみをつけたミルクのソースは、やがて古典的なフランス料理の主流になっていく。

古代ローマ人はチーズを作り、それで料理もした。一般に「大カトー」と呼ばれる、紀元前二三四年から紀元前一四九年まで生きたマルクス・ポルキウス・カトーは、農業の経歴を持つ保守的なローマの政治家で、自分の見たものをひどく贅沢な傾向だとして批判した。彼の農業に関する論文『農業論（*Agricultura*）』は、ラテン語の散文による完本としては現存する最古の本である。その中で、彼はいくつものレシピを提案した。以下は、ラード（豚脂）とワイン用ブドウの果汁である発酵していないムストを使った、ソフトタイプのフレッシュチーズ、ムスタケイの簡単なレシピだ。

ムスタケイの作り方：一モディウス〔七・四リットル、一ペック、あるいは半ブッシェル〕の細かい穀粉をムストに浸す。そこへ、アニス、クミン、脂肪九〇〇グラム、チーズ四五〇グラムとすり潰した月桂樹の枝を加える。形を作ったら、月桂樹の葉を下に敷いて加熱する。

カトーのもっとも有名なレシピは、宗教的儀式に使われるチーズケーキ、プラケンタだ。

プラケンタの作り方：台を作るためのパンコムギの粉九〇〇グラム、穀粉一八〇〇グラムとエンマーコムギ九〇〇グラム〔層を作るための殻をむいた穀粉。ラテン語ではトラクタという単語を使っている〕。エンマーコムギを水に入れる。十分に柔らかくなったら、ボウルに入れて水気をよく切る。それから手でこね、粉一八〇〇グラムを少しずつ加え、シート状にする。籠に並べて乾かす。乾いたら、きちんと並べなおす。こねる際にシート状にするために、油を浸した布を押しつけ、拭いて湿らせる。
それらができたら、調理用の火をつけて壺を熱する。粉九〇〇グラムを湿らせてこねる。これから、薄い台を作る。

羊のチーズ六キロ、酸敗していないごく新鮮なものを水に入れる。水を三回取り替えて、よく浸す［チーズは塩水に貯蔵されていたので、塩抜きのために水に浸す必要があった］。それを取り出し、手で絞ってそっと乾かす。すべてのチーズから適当に水が切れたら、清潔なボウルに入れて手でこね、できるだけ細かくする。清潔な粉ふるいを通してチーズをボウルに入れる。約二キロの上等なハチミツを、チーズとよく混ぜる。

台を、三〇センチほどの広さの清潔なテーブルに置く。油に浸した月桂樹の葉を置いて、プラケンタを作る。

まず全体に一枚シートを置き、混ぜたものと一緒に一枚ずつ敷き、ハチミツとチーズを残らず使いきるまで、いちばん上にシートがかぶさるように重ねていく。前もって焼いておいた台の端を引き上げる。プラケンタを置き、熱した壺をその上に被せて、熱い炭をその上や周囲に置く。

時間をかけてよく調理すること。二、三度、中の様子を見る。これで四リットル弱のプラケンタができる。

ローマでは、チーズは富裕層と貧困層の両方で食べられた。この街ではハードタイプ、ソフトタイプ、燻したものなど、かなりの種類のチーズが作られ、他にも帝国中から輸入された。ローマ人は燻製が好きで、肉やソーセージなどの食品を燻製にし、その中にチーズもあった。ローマの七つの丘の一つ、カピトリーノの丘へと続く広場近くのベラブルム盆地から持ちこまれる燻製のヤギのチーズが特に有名だった。チーズは、温めたり焼いたりして食べることもあった。

これらのチーズがどんなものだったか正確にはわからないが、残されているいくつかのレシピから、古代ローマ人が、今の私たちとほぼ同じ方法でチーズを作っていたことがわかる。コルメラは西暦一世紀の農業に関する多数の文書で、チーズ作りについて指示を出した。まず、四・五リットルのミルクに一ペニーウェイト（一・五グラム）のレンネットを加える。ミルクが固まるまでゆっくり温め、柳細工の籠で濾し、型に入れて圧力をかける。次に、塩を加えるか塩水に浸ける。これは今日まで残っているチーズ製造法だ。

ギリシャ人同様、ローマ人もイチジクからレンネットを作った。またアーティチョークからも、羊やヤギやロバ、野ウサギの内臓からも作った。

ローマ人は熟成したチーズ、あるいは燻製したものと同じように、フレッシュチーズも好んだ。一日しか経っていないカードに塩を加え、タイムのような地元の薬草か潰した松の実で風味をつけた。牛を搾乳する際のバケツに調味料を入れておくこともあった。

チーズは贈り物にすることがよくあったし、オリーブ、卵、パン、ハチミツ、ときには前夜の残り物とともに、朝食に出される標準的な食品だった。チーズは昼食や夕食にも食べられた。前菜のこともあったし、デザートにすることもあったが、これは消化に悪いと言われた。

新鮮なミルクは酪農場でしか入手できなかったため、それは主に農家の子供か、近くに住んでいる農民が、塩味や甘くしたパンとともに摂ることが多かった。これが、新鮮なミルクが低い身分の者の食品だと広く見なされることにつながった。ミルクを飲むことは、無作法な教養のない田舎者のする行為で、あらゆる社会階級において大人がすることは稀だった。

ローマ人は他の文化が自分たちより劣っていることを頻繁に指摘し、過度にミルクを飲むことを野蛮な証拠だと解釈した。ミルクは南ヨーロッパの気候では早く傷み、北ヨーロッパではるかによく保存がきいたので、北の人々のほうがたくさんのミルクを使った。こうしてことあるごとに北の人々を軽蔑していた南の古い文化では、多くの酪農製品を摂取することを、野蛮な性質の証拠だと解釈するにいたった。ブリタニア侵攻で訪れた際、ユリウス・カエサルは北の人々がどれほどミルクと肉を摂取するか、その量に驚いた。ストラボンはケルト人を、大量のミルクを飲み、過度に食べることで蔑んだ。タキトゥスはドイツ人の野蛮で悪趣味な食事を描いた際、特に「凝固したミルク」を好むことを挙げた。

六世紀のギリシャ人で、東ゴートで亡命生活を送っていたアンティムスは、ミルクは新鮮なうちに飲まないほうが健康にいいと警告している。

下痢を起こした者には、丸石を火で熱し、これをヤギのミルクに入れたものを用意する。ミルクが沸騰したら、石を取り出す。薄切りにして細かく切った、よく発酵した白いパンを加え、火にかけてゆっくり煮る。青銅製ではなく、陶器の鍋を使う。ミルクが沸き、パンがミルクに浸ったら、患者にスプーンで食べさせる。ミルクをこのように与えるほうが、滋養があって有益だ。ミルクをそれだけで飲んだら、すぐに通り抜けてしまって、ほとんど体内に残らない。

アンティムスは、フレッシュチーズは、特にハチミツに浸した場合は無害だが、塩漬けにしたチーズは腎結石を起こし、有害だと信じていた。彼は、「焼くなり茹でるなりしたチーズを食べれば、他の毒薬は要らない」と書いた。チーズについて警告を発したのは、彼が最初でも最後でもない。医学の父と目されている紀元前五世紀のギリシャ人ヒポクラテスもまた、チーズについて警告をした。

チーズはすべての人に同じように害があるのではなく、不都合な影響を少しも受けずに好きなだけチーズを食べられる者もいる。体調の合う人々にとっては、チーズは素晴らしく滋養のある食品だ。だが人によってはひどく苦しみ……

こうして、二五〇〇年にわたるチーズの健康上の功罪に関する議論が始まった。多くの者が意見を述べてきた。一世紀の『医学論（*De Medicina*）』の著者アウルス・コルネリウス・ケルススによると、熟成したチーズには「胃に有害な悪い水分」がある。一五世紀、イタリア・ルネサンス最盛期の食物に関する著述家で、一般にプラティナとして知られるバルトロメオ・サッキは、痰の多い人以外にはフレッシュチーズはとても健康にいいが、「熟成したチーズ」は「消化しづらく、滋養はほとんどなく、胃や腹部に悪くて、癇癪、通風、胸膜炎、細かい砂や石を生じる」と述べた。しかしながら彼は、食後に少量のチーズを食べるのは消化にいいと付け足している。

チーズに対する猜疑心が消えることはなかった。一九世紀、アレクサンドル・デュマは、「ミルクのもっともきめが粗くて濃い部分を用いて価値ある食品を作るようだが、これは食べすぎると消化が難しいものだ」と書いた。近代の栄養学者も、脂肪とコレステロールの含有率の高さから、チーズの食べすぎはいけないと警告する。

どの動物のミルクがもっとも健康にいいかに関する果てしない議論において、アンティムスはヤギを好み、紀元前一世紀のローマの作家マルクス・テレンティウス・バッロは羊を好んだ。西暦三世紀ローマの著名なギリシャ人医師ガレンは、ヤギのミルクがもっとも滋養があるが、牛のミルクのほうが薬効はあり、病人を癒やすと考えた。彼はまた、羊のミルクがいちばん甘いと言って褒めた。ロバのミルクは皺を消し、肌を白くすると考えられたため、裕福なローマ人の女性はこれを化粧品として使った。

大半の人々が、牛のミルクを（さらには牛のミルクのチーズを）二位とはだいぶ離れた三位に挙げている。だがローマ帝国後期には、牛のチーズの人気が次第に上がった。アピシウスはレシピのいくつかで、チーズを牛のミルクのものと特定している。

ミルクが歯に悪いというのは、一般に信じられていたことだった。今日、ミルクはカルシウムを多く含有しているので歯にいいと考えられているが、どれほどカルシウムが健康にいいかは、また別の、長く続く議論だ。ローマ人のミルクが歯に悪いという考えは、何世紀も続いた。一七世紀のイギリスの医師トビアス・ベナーは読者たちに、ミルクを飲んだあとはワインか強いビールでうがいをしろと助言した。

アンティムスはミルクを飲むのに有益な唯一の方法は、搾りたてのまだ温かいうちに飲むことだとした。この考えは、冷蔵の時代まで何世紀も続いた。多くの人が農場へミルクを飲みにいくほうを好んだが、動物を身近に連れてくることもあった。二〇世紀まで、ロンドンからハバナまでの多くの街で、牛を各家に連れて歩くミルク配達が行われていた。

多くが、ミルクは空腹時に飲むべきだと考えていたこともあった。胃の中の食物がミルクの凝固を引き起こして危険だからだ。これに対するガレンの対処法は、新鮮なミルクにハチミツを必ず混ぜるというものだった。だがこれは誰にでも有効とは限らないと、彼自身が認めている。彼はまた、塩やミントといった添加物を使うことも勧めた。

ガレンによる数多くのミルクに関する著作は、後続の多くの者に影響を与えた。その中にはルネサンスの料理作家プラティナもいて、次の数世紀には、プラティナが多くの者に影響を与えた。たとえば食事の最後にミルクを飲まないように、というプラティナの助言は、一世紀後にスペインの医療著述家フランシスコ・ヌーニェス・デ・オリアによってそのまま繰り返された。

プラティナのミルクを飲むことに関する意見は、ガレンのものをそっくり再現している。

（ミルクは）夏よりも春のほうがよく、秋や冬より夏のほうがいい。空腹時に、搾乳したての温かいときに飲むべきで、ミルクが胃の中にあるときは他の食物は避けること。春や夏の最初の時期にカードで飲むのがもっとも害がない。一般にすることだが、食後に飲むと、すぐに傷むか、他の未消化の食物を胃の底へ運んでしまうからだ。胃の中で振動によって酸敗しないように、飲んだあとは静かにしていること……だがあまり多くのミルクを飲むのは避けなければならない。目の鋭さを鈍らせ、腎臓や膀胱に石を作るからだ。

ローマ人の著作には不摂生についての警告が頻繁に見られる。彼らは、特に一世紀と二世紀には、不摂生を好んだからだ。サラダという意味の、モレトゥムと呼ばれる有名なチーズスプレッドがあった。名前から、このスプレッドはチーズというよりも野菜であることがわかるが、その野菜というのはニンニクだった。一世紀後半の「モレトゥム（moretum）」という題名の詩（作者については歴史家が議論している）には、そのレシピが述べられている。チーズの量は特記されていないが、四つのニンニクを分け、皮をむき、砕いてからチーズに混ぜるということで、非常に強力なニンニク風味のチーズスプレッドができるのは間違いない。

鋭いにおいが、しばしば男のむき出しの鼻の孔を襲い、
顔と鼻を引っこめて、男は早い食事を呪う。
涙のにじんだ目を手の甲で何度も拭い、怒り、
不当な煙のことをさんざんに罵る。
作業は進んだ。
以前のようにたくさんメモはないが、
すりこぎを滑らかに回し続けると書かれている。
オリーブ油を何滴かたらし、その他にもわずかな酢を注ぎ、
もう一度手で混ぜ、さらに混ぜて、
それから指で丸い塊を二つに分け、

それぞれの分け前ずつボール状にまとめれば、
それは完成したサラダの名前と外観に
ふさわしいのかもしれない。

この調合物は間違いなく、消化器系統にとって驚きだったはずだ。

4 バター臭い蛮族

キリスト教は中東で始まり、のちに北ヨーロッパの酪農国へと広がったが、これは常にミルクを崇拝する信仰だった。初期の聖餐において、キリストの血を象徴する一口は、ミルクを入れたゴブレット（脚つきのグラス）から飲むことが多かった。

多くの権威筋によると、キリストの血の象徴としてワインではなくミルクを使うのは、ミルクが一種の白い血だと信じられていることから理に適っているとされる。この考えはキリスト教よりもはるかに古いものだが、初期のキリスト教信者はこれに注目した。西暦一九八年に書かれた『教育者（*Paedagogus*）』と題する長大な論文で、初期のキリスト教の神学者アレクサンドリアのクレメントは、キリスト教の儀式でのミルクの使用についていくつかの議論を紹介した。彼は、母乳は甘くして清められた血であり、精液は泡状にホイップされた血だと考えた。

クレメントはまた、コリント人への第一の手紙三章二節で、パウロが彼の教えをミルクと肉、つまり滋養物に例えていることを指摘した。クレメントは、「聖書の血は、ミルクを表わしてもいた」と書いている。

クレメントはあまり魅力的とはいえない調合ミルクを提案している。不死に近づく方法として、ミルクをワインと混ぜて飲むのだ。ワインはミルクを凝固させ、ホエー（乳清）が排出されるはずだ。ちょうど、欲望や不純な考えが取り除かれて、男女を永遠の命に導くように。

なぜミルクと混ぜたワインが儀式で定着しなかったのか、その理由は想像に難くはない。それにしても、西暦三四〇年に教皇ユリウス一世が禁止したにもかかわらず、宗教的儀式でワインの代わりにミルクを使うことは頑固に続けられた。同様に、初聖体の際、赤ん坊にハチミツを混ぜたミルクを飲ませるという行為も、中世まで続いた。儀式で用いられる食品にはそれぞれ意味がある。パンはキリストの体、ワインはキリストの血、ミルクとハチミツは約束の地だ。

中東においても、キリスト教のミルクとのつながりが完全に消えることはなかった。ベツレヘムには、処女マリアがイエスに授乳し、乳を一滴こぼしたと言われる洞穴があった。不妊や母乳が出なくて困る女性たちは、そこへ助けを求めに行った。

教皇ユリウス一世が儀式でのミルクの使用を禁止したことと、キリスト教が乳製品を愛する蛮族に広まったことは、おそらく偶然の一致ではないだろう。五世紀のミルクとバターを愛するアイルランドの守護女神、聖ブリジッドは、赤ん坊のときに白と赤の牛から授乳を受けたとされ、新たにキリスト教徒となった北部で、酪農家、牛、そして乳しぼり女たちの聖人として崇められた。

中世の初期、アルプスなどのいくつかの地域以外では、ヤギと羊は牛より好まれ、涼しい気候でも傷みやすくて不安定な液体のミルクは、ほとんど商品化されなかった。チーズとバターは最初の酪農製品で、クリームはたいてい攪拌されてバターにされた。副産物であるバターミルクはとても人気があった。

アンブロージョ・ロレンツェッティ（1311〜1348年ごろ）による「ミルクの聖母」には、キリストに母乳を与える処女マリアが描かれている（イタリア、サン・ベルナルディーノ礼拝堂）　HIP/Art Resource, NY

古代、そして中世では、多少の発酵をさせるためにバターを埋めることがよくあった。アイルランドでは、バターを泥炭地に埋めた。産業的な酪農製品が出回る前は、バターは、どんなによくクリームを攪拌しても完全な脂肪にはならず、今日でさえ、バターの脂肪含有率は七五パーセントから八五パーセントの間だ。フランスのバターのほうがアメリカのバターよりもうまくペストリーを作れるのは、脂肪を多く含み、水分は少ないからだ。

乳製品を食べる人々だという、ストラボンのケルト人に関する発言は、今日まで真実であり続けている。だがケルト人は、ローマ帝国を制圧したバターを食する蛮族の一つではなかった。この勝利はフランク人、バンダル人、ゴート族など、肉とミルクとチーズを食べて生き、常に新たな牧草地を求めて放浪した落ち着きのない部族のものだった。

ケルト人はドナウ川の上流からやってきて、紀元前五世紀までに北ヨーロッパの大半を支配した。だがやがて先祖伝来の祖国からヨーロッパの大西洋側へ追いやられ、そこは酪農には適した土地だった。彼らは今日のスコットランド、アイルランド、ウェールズ地方、マン島、フランスのブルターニュの海岸地域に定住し、文化的つながりは少ないがスペイン北西部にも住んだ。そこで彼らはバターで知られるようになった。アイルランド人はケイリジンと呼ばれる海藻やコケと一緒にミルクを沸かし、ハチミツで甘味をつけた。

ローマ帝国を帝国主義の手本としたイングランド人は、アイルランド人がバターを使いすぎるのを野蛮だとして、ローマ人同様に軽蔑した。エリザベス一世の治世にアイルランドで長く暮らした国王代理の秘書ファインズ・モリソンは、アイルランド人は「汚らしいバターの塊を丸ごと飲みこむ」と報告した。

　地理学者で地図作成者でもあったアルバート・ジョーバン・デ・ロシュフォールはもう少し寛大に、「バターはブルターニュにおいては、フランスの他の地域では見られないほど、豊かで古い文化的伝統の中心的存在である」と書いた。ブルターニュ人あるいはブルターニュに住んでいる人々は、少なくとも北部ではバターを食するフランス人よりもはるかに多くのバターを食べ、チーズを食べる量は少ないと、頻繁に述べられている。

　ブルターニュ人はバターの食通で、買う前に試食品をつまむという歓迎されない習慣があった。ケルト人、とりわけブルターニュ人は、塩を製造することもした。彼らは必ずバターに塩を入れ、塩気が不足か過剰かについてはっきりした意見を持っていた。彼らは彫刻を施した木製のバター型を用いて、結婚式や葬儀には特別な型で作った装飾的なバターを持っていった。

　ケルト人のバター愛をよく表わすものの一つが、ケルトの世界中で作られるさまざまなバターケーキだ。これらはできるだけバターの風味を味わうために作られたシンプルなケーキだ。ブルターニュでは特に二つのタイプが有名で、ケルト語のブルターニュ方言でバターケーキを意味するクイニーアマンと、フランス語でブルターニュのケーキを意味するガトーブルトンだ。ガトーブルトンはブルターニュ特有のソバ粉とたくさんの卵、そしてクイニーアマンよりも大量のバターを使い、古いケルト人のケーキのように鋳鉄製のフライパンで焼くもので、こちらのほうが伝統的であるようだ。だがパン屋のイブ・ルネ・スコーディアがクイニーアマンを創案した時期に近い一八六三年のパリ博覧会より前には、その記録はない。

ブルターニュ地方のこうしたケーキよりも何世紀も前に、ショートブレッドとともに、バターケーキは出回っていた。たとえばアイリッシュスコーンがある。スコーンはグリドルで焼くのが伝統で、これは古いケルト人の典型的な焼き方であり、おそらくはスコットランドの発祥だろう。スコーンという単語はゲール語から来ている。

今は北アイルランドとなった、アイリッシュ海に面したダウン州に住んだフローレンス・アーウィンによるレシピがある。ガトーブルトンと同じだが、もっと小さく形成し、白色粉を使う。二〇世紀初頭、彼女は家政学を教えながらダウン州を旅してまわり、学生たちの古い伝統的なレシピを記録し、試作した。ケルトで標準的に使われる、おそらく塩気のついたバターの量、そして多少のバターミルクに注目してほしい。これらの小さいケーキはすでにバター風味であるのに、アーウィンは焼いたその日にケーキを割って、さらにバターを塗るように促していることにも注目だ。それらは、まだ温かいうちに食べるほうがいい。


粉四五〇グラム、バター一一〇グラムから一七〇グラム、グラニュー糖五五グラム、塩たっぷり一つまみ、重曹小さじ一、クリームターター小さじ一、バターミルク。

乾いた材料をふるう。できるだけ手をかけず、軽くバターにすりこむ。ナイフを使って混ぜて生地にする。粉を振ったボードの上にのせる。軽くこねる。一～二センチ程度の厚さに延ばす。丸く切る。バターミルクを塗る。熱したオーブンで、茶色く膨らむまで焼く。

　オリジナルのケルトのバターケーキは生地にせず、オーブンではなくてグリドルで焼いたはずだ。ガトーブルトンが鉄製のスキレットで焼かれたのは、以前にあった鉄製のグリドルを偲んでのことだった。ヨーロッパの大半では、オーブンは家庭にあるものではなかった。食品を店に持っていって焼いてもらうということが頻繁に行われた。フランス語の「boulagere（ブランジェール）」という形容詞が、焼く店に持っていく煮込みやミートパイを意味していたのは、このためだ。

　だがグリドル、スコットランドではガードルと呼ばれるものは、家庭にあった。もともとグリドルは平らな石で、イングランドでは焼き石と呼ばれ、火で熱せられた。のちに、グリドルは金属で作られるようになった。ケルトのいくつかの場所ではまだ、ドロップスコーン（前述のアイルランドのスコーンの原型）のような小さなケーキを作るのに使われている。ウェールズのケルト語で石の上のケーキという意味のピカーラマインと呼ばれるウェルシュケーキを焼くのにも、これを使う。グリドルでの調理には通常、白色粉ではなくそば粉や大麦やオート麦の粉を用い、スコットランドには、バターではなくミルクを入れて焼き、バターを塗って供するというオートケーキもある。

　ウェルシュケーキは大麦とミルクを濃いバターに練りこみ、陶製の水差しに入れ、熱くしたグリドルに、小さな皿ぐらいの大きさの円盤状に流し入れる。一センチ程度の厚さしかなくて、焼き上がったときもまだ柔らかい。バターと一緒に供する。

　これをどう思うか？　そう、パンケーキだ。パンケーキは、ミルクあるいはバターミルクで作るホットケーキだ。一世紀のローマの料理人アピシウスはとても薄いパンケーキを作り、ハチミツとともに供した。ブルターニュのパンケーキは、ローマに起源があったのかもしれない。ローマ人のパンケーキもまた薄くて、「ひねる」という意味のラテン語に由来して、クレープと呼ばれた。ウェールズとブルターニュのものも含めて、すべてのヨーロッパのパンケーキは粉とミルクを混ぜた種をグリドルで焼いて作るが、クレープはもともとはそば粉で作られた。

いつヨーロッパ人がパンケーキを作り始めたのかは定かでないが、一五世紀より前に始まったのは確かだ。一六一五年、パンケーキがイングランドで広く普及しつつあったとき、詩人でありシェイクスピアの同時代人だったガーベイス・マークハムは、大変なベストセラーとなった料理書であり家事のガイドブックでもあった『イギリスの主婦（*The English Huswife*）』を出した。その中で彼は、パンケーキはミルクの代わりに水を使って作ったほうが繊細にできると、誤った記述をしている――「新しいミルクやクリームでパンケーキを混ぜる者がいるが、そうするとパンケーキは硬くて甘ったるく、パリパリになる」。この本はよく売れたが、イングランドの人々はミルクを使ってパンケーキを作り続けた。

パンケーキを作るのに水を使うという考えは、貧しさから生まれたのかもしれない。一八世紀の農業家ウィリアム・エリスは、農業や家事、料理について書いた有名な著述家でもあった。一七五〇年の『田舎の主婦とその家族のために（*Country Housewife Family Companion*）』で、彼は次のように書いている。

貧しい人々による水のパンケーキの作り方

このパンケーキは多くの貧しい日雇い労働者の妻によって、もっといいものを作る余裕のないときに作られる。作り方はこのとおり。小麦粉をミルクの代わりに水と混ぜる。もしミルクを手に入れられても、それを家族のためにポリッジを作るのに使うほうがいいと考えるのが一般的だ。小麦粉と水を混ぜて種の硬さにし、塩と粉にしたショウガを入れ、ラードかその他の油で揚げ、いかなる糖分もなしで、立派な食事になる。

エリスはこのレシピに続いて、「裕福な人々のためのパンケーキの作り方」と題するものを載せている。この第二のレシピでは、ミルクではなくてクリーム、大量のバター、そしてたっぷりの砂糖を使う。これで、新鮮なミルクは都市部の貧しい人々には手に入れられない贅沢品であったことがうかがえる。一八世紀、イングランドの上流社会の人々は食事をなるべく豊かにしたいと考えていて、その意味では、水を使ったパンケーキは軽いものだった。

この豊かな食事、産業化される前の最後のイギリス料理について発言した主要な人物に、ハンナ・グラスがいる。彼女の本は非常に人気があり、このような人物は存在せず、ハンナ・グラスは男性の偽名に違いないと主張する者もいた。だがハンナは存在し、確かに女性で、果てしない量のクリームとバターを使って料理をした。ローマ人は乳製品の量に愕然としただろうが、その不摂生を愛しただろう。一七四七年の『シンプルで簡単な料理の技術（*The Art of Cookery Made Plain and Easy*）』の中で、彼女はミルクを使ったパンケーキのレシピを一つ、クリームを使ったものを五つ紹介している。その一つがこれだ。グラスのレシピの大半がそうであるように、彼女が創案したものではなく、他にもクリームを使ってパンケーキを作る者はいた。

素晴らしいパンケーキ

クリーム二三〇ミリリットル、サック［シェリー］二三〇ミリリットル、よく混ぜた卵黄一八個、塩少々、精糖二二〇グラム、潰したシナモン少々、メース、ナツメグを用意する。これらを平鍋に薄く流れる程度に粉に入れ、新鮮なバターで焼く。

スコットランドでは、上等の穀類といえばオーツ麦だった。次に挙げるレシピは一七五五年のスコットランド人女性エリザベス・クレランドによるものだが、このパンケーキの作り方は何世紀も前に始まった（一八世紀以前のスコットランドのレシピはほとんど記録されていない）。レシピにあるレモンピール、オレンジ、ナツメグと砂糖は、一八世紀に加えられたものかもしれない。また、そもそもはパンケーキは平鍋ではなくグリドルで焼き、バターは使わなかった。

クレランドは本の中に七つのパンケーキのレシピを入れた。そのいくつかにはスコットランドの度量衡が使われているが、すべての度量衡をイングランドのものに置き換えることを命じた一七〇七年の連合法を無視したのは、クレランドの民族意識のせいかもしれない。いくつかの単位は替えているが、量に関係する単位は替えていない。一チョピンは約九四〇ミリリットル、一マチキンは約四七〇ミリリットル、一ジルは約一二〇ミリリットルだ。

オートミール・パンケーキ

ミルク一チョピンを沸かし、そこにオートミールの粉一マチキンを混ぜる。少量のミルクを取っておき、そこに少しずつミールを混ぜる。沸かしながらミルクの中でかき混ぜる。濃くなったら冷ます。卵に砂糖とナツメグ、すりおろしたレモン、少量の塩を混ぜこむ。すべてを合わせてかきまわし、一度にスプーン一杯ずつの種を入れるようにしてバターで揚げる。かき混ぜたバターとオレンジと砂糖とともに、熱いうちに供する。

中世のアイルランドでは、ケルト人の国の大半でそうであったように、乳製品は食事の中心的な存在だった。だが貧しい者は、いつでもそれが手に入るとは限らなかった。裕福な者だけが家畜を所有し、珍しい宝物のように泥炭地に埋めて寝かせたバターは特別に価値があり、そして高価だった。

中世のアイルランドの文学はミルクを讃えた。一一世紀か一〇世紀、あるいは九世紀（年代は定かでない）まで遡るアイルランドの物語『トクマーク・アルバ（*Tochmarc Ailbe*）』の中の「アルバの求愛」で、ミルクは「新鮮でよし、古くてよし、濃くてよし、薄くてよし」と記されている。貧しい者のミルクは、おそらく水で薄めて増やしてあっただろう。とはいえ、ミルクはめったに飲まれなかったはずだ。通常、チーズを作るためにレンネットで濃くしたり、薬草と茹でて重たい穀類のポリッジ（粥）として供されただろう。

ケルト人はソフトタイプのチーズと、よりハードなものの両方を作った。ハードタイプのほうが、旅行や貯蔵に適していた。どうやら、チーズがものすごく硬いこともあったらしい。一二世紀のアイルランドの物語『アデド・メイブ（*Aided Meidb*）』「メイブの暴力的な死」の中で、ファーベイドという名の男が、メイブ女王殺しをこのように語る――女王は毎日、島の井戸で入浴をした。ファーベイドは井戸の近くにちょうどいい長さの棒を埋め、それにちょうどいい長さのロープを結わえ、本土の隠れ場所までロープを伸ばした。こうして彼はちょうどいい長さのロープとちょうどいい長さの棒を使って毎日投石の練習をし、信じられないほど正確に打てるようになった。ある日、女王が頭だけ井戸から出して入浴をしていて、額がすっかりむきだしになっていた。適当な石が見つからず、ファーベイドは最初に目についたもの、つまりハードタイプのチーズの塊をつかんで打った。狙いは完璧に当たり、女王は死んだ。

ローマ人の話によると、彼らの北方にいる蛮族はマグカップでミルクをがぶ飲みした。カエサルは北方に住む人々の飲食するミルクや肉の量に愕然としたが、実際、彼らは伝統的にミルクを摂取していた。それはふんだんには手に入らず、貴重なもので、通常はチーズを作るか、薬草とともに煮出して使った。このような煮出し汁はエールやただの水でも作られたので、ミルクを使った煮出し汁はおそらく特別なご馳走だっただろう。

ミルクは蛮族にとって非常に重要で、ミルクを産出しない牛はその家の危機だと考えられた。たいていの家には一頭か二頭しか牛がいなかった。牛は飼うのに金のかかる動物だった。

スコットランド人、特にハイランドの人々は、肉よりも乳製品に興味があった。そもそもは羊を飼っていて、まずは羊毛、そしてミルクのためでもあった。しかし羊は大量にミルクを産出することはない。のちに、スコットランド人が牛を所有し始めると、牛は搾乳と同時に、運搬や農作業にも使われた。もはや働けず、ミルクも産出しない牛だけが殺された。ということは、スコットランド人は下級の肉を食べていたのだろう。上等な肉は、裕福な者だけが食べた。バターは商業的に売られていた。農家が地代をバターで支払う「レントバター」という制度もあった。一年に二度、スコットランド人はバターにタールを混ぜ、皮膚病になるのを防ぐために羊に塗った。

何世紀にもわたって、スコットランドでは海藻や灰で包んだ小さな羊のチーズがよく見られた。のちにスコットランドの名産になる牛のチーズは、一八世紀と一九世紀に紹介されたものだった。

スコットランドのシェトランド島には、スカンディナビアの名前の乳製品を使った料理がある。漁師が、豊富な乳製品の料理を作るスカンディナビア人から教わったのだろう。ブラウントは、バターミルクから搾られ、少し発酵して発泡しているホエーだ。ノルウェーではストッペンと呼ばれるストラッパはホイップしたカード（凝乳）で、果物と一緒に食べる。調理すると黄色くなって、現代のコンデンスミルクに似ていたと言われる。

シェトランド島にはたくさんの伝統的な乳製品があった。ビーストは少量の水を加えた初乳の飲み物だ。調理して一種のチーズを作るために凝固させるか、砂糖、塩、キャラウェーシードを混ぜてプディングを作ることもあった。彼らはバターミルクが大好きで、バターを作らない冬には、ジャガイモの茹で汁を酸っぱくして偽のバターミルクを作った。

ミルクは不足していて、ミルクの供給を増やす方法が常に模索されていた。ケルト人に関して言うと、その一つの方法は水で薄めることだった。やがて、これは不正な行為だとされたが、そもそもは、公に知られたミルクの供給を増やすための方法だった。

スコットランドの家庭ではミルクを泡立てて、フローミルク（ゲール語ではオマン）というものにして、ミルクを増やそうとした。彼らは、一端に十字架があり、牛の尾の毛がついている泡立て棒を使った。この棒を両手ではさんでこするようにして、ミルクを泡立てた。こうすると、コップ一杯のミルクが約二倍になる。ホエーを泡立てることもあり、貧しいハイランド人たちは生活に困ると、この高タンパク質の飲み物だけで食いつないだ。

ミルク不足はスコットランドや他の国々で、酪農が家庭での活動ではなく商業となった一八世紀まで続いた。このとき初めて、ミルクやその他の乳製品が値ごろな日用品となった。

スコットランド全域で、バターミルクとホエーは一般的な飲み物だった。エディンバラでは、人々はバターミルクを熱愛した。バターを食べる社会では、バターミルクを飲むのは避けがたいことのように見えるかもしれないが、必ずしもそうとはいえない。チーズ製造過程で大量のホエーができるが、チーズ製造者の全員がホエーを飲むとは限らない。多くのチーズ製造者は、残ったホエーを農場の動物、特に豚に与えた。それは今日でもまだ習慣になっている。これが、酪農場で豚が育てられている理由だ。

アングロサクソンの社会では、女性の奴隷は夏にホエーを与えられた。おそらく、夏はチーズ製造の季節で、ホエーが豊富に手に入ったからだろう。羊飼いたちもまた、ホエーかバターミルクの分け前をもらう権利があった。ホエーは、一〇六六年のノルマン人による征服以後も、労働に対する普通の報酬だった。ホエーはアイルランドでも、農場の労働者に対する報酬の一つだった。

労働者に与えられる食物はいつでも低い地位にあると見なされ、一六世紀まで、イングランドではホエーもバターミルクも上等なものとはみなされなかった。一六二五年に詩人ガーベイス・マークハムは、バターミルクを貧しい者に与えることを勧めた。

有能な主婦にとってバターミルクの最高の使い道は、毎日の食事に困っている貧しい隣人に気前よく与えることだ。そうすればきっと、この世のみならず、神のもとでもいいことがあるはずだ。

ホエーについてマークハムは、「一般的な使用法はバターミルクと変わらない。それは労働者にとっていい飲み物なので、取っておいて貧しい者に与えるか、あるいはカードを作るか、豚に与えて飼育するかだ」と書いた。

スコットランド人には、二〇世紀になるまで人気が続いた料理があった。クリームとホエーをすりこぎで叩き、よく混ざったら、焼いたオートミールを上に散らす。

九世紀にアイスランドにバイキングが定住して以来、ホエーはそこの重要な生産品だった。もっと早く、この島にケルト族の修道士が住んでいたころからそうだったのかもしれない。岩がちで火山性で、氷河が点在し、豊かな漁場に囲まれているが木はほとんど育たず、果物や穀類、草、野菜がとれない土地であるアイスランドでは、食べられるものはどんなものでも捨てなかった。広い岩がちな土地は羊に適していたが、牛の放牧には、限られた草地しかなかった。もともとは、アイスランドの乳製品の大半は羊のミルクから作られた。

アイスランドでもっとも有名な小説、ノーベル賞受賞作家ハルドル・ラクスネスの『インデペンデント・ピープル（*Independent People*）』で、農業家の妻であるローザは牛を手に入れようと提案する。これだけで夫のビヤルタは、ローザが神経衰弱だと思いこむ。彼は「野原はどこにある？」とたずねる。彼女は豊かな牧草地を見つけたと言う。「草地を熊手でかいていたときよ。ミルクのことを考えたの」

現実には、アイスランドの冬を生き抜くに足る豊かな草地はなかった。唯一生き延びられたのは、バイキングによって持ちこまれた茶色と白の牛で、島に生えている硬いがとても養分のある草を食べて、素晴らしいミルクを産出した。今日まで続くこの国の茶色と白の牛は、羊や馬、そして人々のように、バイキングの直系の末裔だ。

スキールは、もともとは羊のミルクの製品で、のちに牛のミルクで作られるようになったが、これは副産物の副産物だった。アイスランド人がバターを作るためにクリームを分離したとき、脱脂乳が残った。彼らはそれを酸敗させ、圧縮し、どこかヨーグルトに似ている独特な製品を作った。ヨーグルトよりもはるかに濃く、作るのには手間も費用もかかる。

スキールを作る際、脱脂乳から水分を圧縮することによって、大量のホエーが作られる。もともと、ホエーはスキールを作る際の副産物ではなく、彼らが欲しいのはホエーであり、スキールのほうが副産物だったのだ。スキールは最初、一種のポリッジとして、アイスランドのコケと合わせて調理して食べるのが一般的だった。アイスランドには穀類がほとんどないからだ。

スキールという名前は、切るという意味の「skeroa」、あるいは分けるという意味の「skilia」から

アイスランドの乳しぼり女。J・A・ハンマートン編『世界の人々——今日の生活と過去の物語　第４巻　グルジアからイタリアまで（*People All Nations: Their Life Today and the Story of Their Past, volume IV: Georgia to Italy*）』（エデュケーショナル・ブック・カンパニー、ロンドン、1922）より　HIP/Art Resource, NY

派生したと考えられている。スキール作りの記録は一四世紀にまで遡るが、初期のものはカードと呼ばれていて、今日のものほど滑らかではなかっただろう。アイスランド国立博物館には、一九世紀の考古学者によって発見された、一〇〇〇年のスキールと考えられる乳製品の残余物がある。スキールは、アイスランドの歴史と文学のスタート台とでもいうような、中世アイスランドの物語サガの中でも言及されている。九世紀と一〇世紀が舞台だが、一三世紀に書かれた『エギルのサガ（*Egil's Saga*）』には、エギルとその仲間たちが、スキールと思しきカードを食べる場面がある。

だが中世では、スキールよりもホエーのほうが、はるかに需要があった。ホエーはしばしば、ミサと呼ばれる飲み物に作り替えられた。一四世紀に書かれた一〇世紀を舞台にした『クロカ・レフスのサガ（*Kroka-refs saga*）』で、国王は、「アイスランドにはミサと呼ばれる飲み物がある」と説明している。

アイスランド人は穀類を持たなかったので、他の北ヨーロッパの人々のようにビールを作らなかった。標準的なアイスランドの飲み物は、酸敗させたホエーだった。人々は蓋に穴を開けた樽にミサを入れて、ホエーを発酵させた。しばらくすると、スキールの不純物が穴から泡立ってくるので、それを取り除く。樽に新しいホエーを注ぎ足して封印する。ホエーを樽に入れておけばおくほど、酸敗が進む。何カ月かで飲む者もいれば、何年も置いておく者もいた。

酸敗したミサはシラと呼ばれるアルコール飲料になった。少量のシラを水に加えるとブランダになった。薬草やベリー類を加えることもあった。ホエーの樽にタイムの袋を入れることもあった。シラは何世紀にもわたって、アイスランドの標準的な飲み物だった。海に出る前、漁師たちはシラの供給を約束された。それが得られないと、酸敗した薬草を水に入れて代用品を作ろうとした。貧しいアイスランドには穀類がないばかりでなく、塩もあまりなく、それで市販される魚は塩漬けよりも日干しにされた（塩漬けの魚ではなく、塩味のない干した魚だ）。アイスランドには、海塩を作れるほど強い陽光さえなかった。だがホエーが保存食品に利用できた。バターはシラの中で保存され、塩漬ではなく酸敗された。ブラッドソーセージもまた、肉や魚や野菜といった広い範囲の食物同様に、シラの中で保存された。これによって、塩辛いというよりも酸っぱい料理が増えた。貧しい者が何もないところから何かを生み出す最高の例として、羊の骨をシラに浸けておき、やがて腐敗したものを、酸っぱい高カルシウムの粥にするという料理がある。他の文化では塩を使うように、少量のシラを風味づけに加えることもあった。

多くの文化で、ホエーからチーズが作られた。これは節約の勝利だ。豚に餌として与えるような価値のない副産物と思われていたものから、価値ある製品が作り出されたのだ。

もっとも有名なホエーのチーズはイタリアのリコッタで、「ふたたび加熱された」という意味の名前が、この製品の経済性を表わしている。ミルクを加熱してチーズを作り、その際に搾り出されたホエーを高温でふたたび加熱してリコッタを作る。古代ギリシャの時代から、リコッタと思われるようなチーズの記述があるが、リコッタの起源は中世のシチリア島だと考えるのが一般的だ。そこでは、牛を意味するアラビア語「saʿama」から派生した、酪農家を意味するザマタルという名前で呼ばれた。その起源にもかかわらず、今日のイタリアでは、最高のリコッタは羊のミルクで作ったものとされている。歴史家の中にはリコッタはアラビア人がこの島を占拠していた九世紀と一一世紀の間に作られたと仮定する者がいるが、シチリア島のリコッタは少なくとも一一世紀に遡る。アラビア人の医師イブン・ブトラーンによる本のラテン語翻訳の中にも登場する。ルネサンス時代、料理作家のプラティナは、リコッタについてこのように書いている。

それは白くて、味は悪くない。フレッシュ、あるいは中くらいに熟成したチーズほど健康的ではないが、熟成したチーズ、あるいは塩気をきかせすぎたものよりはいいと考えられる。料理人はこれを、多くの野菜のラグーに混ぜる。

ホエーを飲むことは、今日ではほとんどの国で時代遅れになったが、主に健康上の理由から、一九世紀まで続いていた。プラティナはホエーを薬として提案した。「肝臓と血を冷やし、体内から毒を一掃する手段となる」からだ。一八四六年のロンドンのユダヤ人料理に関する本『ユダヤの手引書（*The Jewish Manual*）』（著者は「ある女性」で、匿名で書かれている）では、三つのホエーの飲み物を勧めている。プレーン、ワイン、そしてタマリンドで、そのすべてが「病人のためのレシピ」の章にある。どうやら当時、ロンドン人たちはホエーを飲みたくてももはや買うことができず、自分でミルクから作らなければならなかったようだ。この本の中にある三つのホエーのレシピは以下のとおり。まず、プレーンのレシピだ。

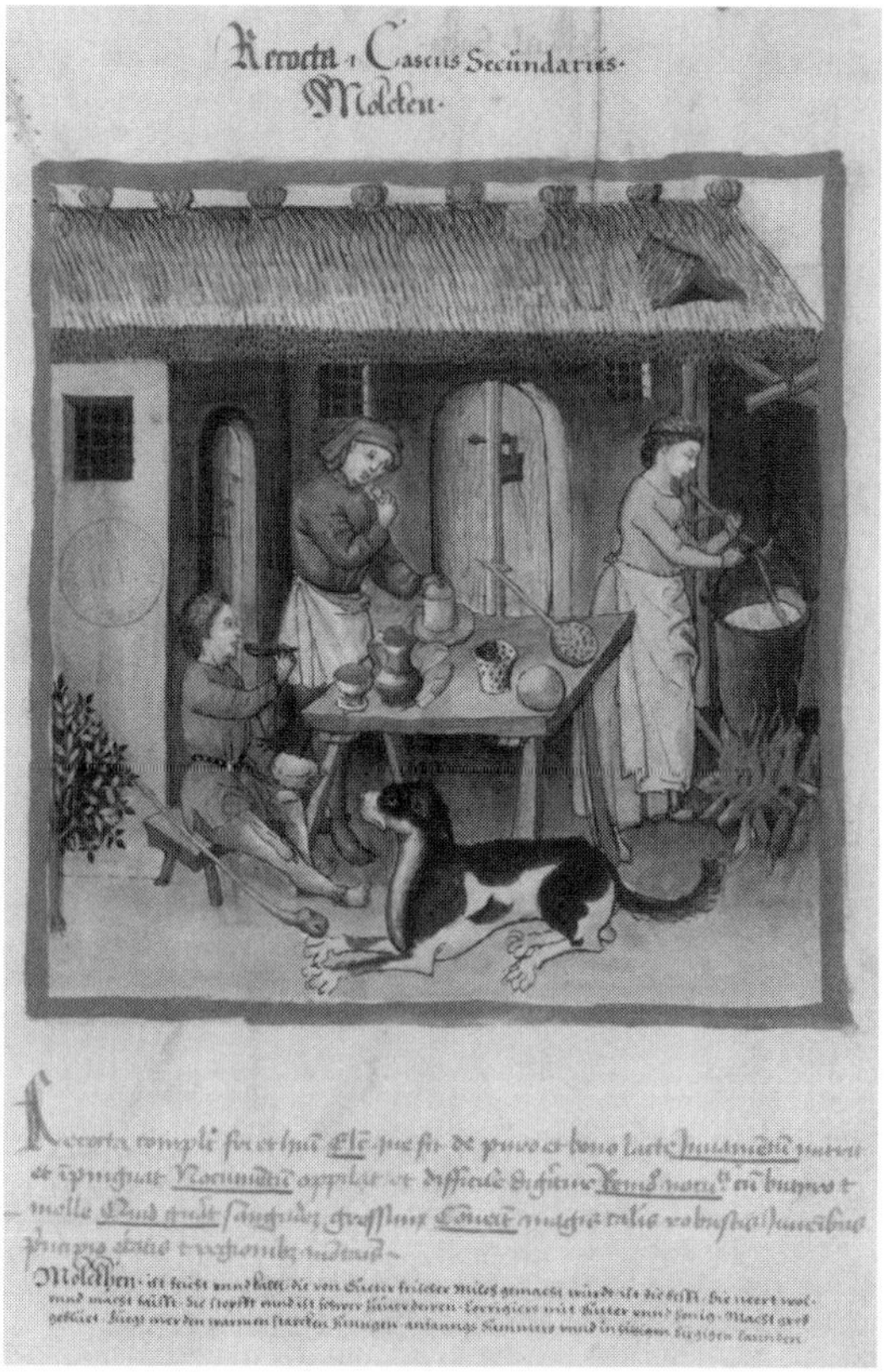

リコッタ作りの様子。イラクの医師イブン・ブトラーンの『*Tacuinum Sanitatis*』（もとは『*Taqwim es Siha*〈健康の維持〉』）より。1445～1451年ごろ、紙に描かれた絵（フランス国立図書館） Bibliotheque Nationale de France, Paris ©BnF, Dist. RMN-Grand Palais/Art Resource, NY

沸かしたミルクに、酸敗させるほどのレモンジュースか酢を入れ、ミルクを透明にし、濾し、熱い湯を加えて甘くする。

次にワインを使うもの。

四七〇ミリリットルのミルクをシチュー鍋に入れて火にかけ、沸いたら凝固するほどの白ワインを入れ、沸かし、カードが落ち着いたら濾し、少量の湯を加え、甘くする。

最後にタマリンドを使うもの。

九四〇ミリリットルのミルクの中に八五グラムのタマリンドを入れて沸かし、カードを濾して冷ます。これはとてもさっぱりする飲み物だ。

本書の病人のための章には、他にもたくさんのミルクのレシピが提案されている。その中の一つが「元気回復のミルク」で、通常はゼラチンから不純物を除くのに用いられる、乾燥した魚の浮袋からとれるアイシングラスを使って料理する。もう一つのレシピに、昔に立ち返ったミルクの粥（ポリッジ）の作り方がある。

水を加えずに、新鮮なミルクでなめらかなポリッジを作る。十分に濃くなったら濾し、白糖で甘くする。これはとても滋養があって太る。

この本の著者はポリッジを作るのになんの穀類を使うか特定していないが、当時は大麦が好まれた。だが体重を増やすためのレシピとは、他にどれだけあるだろう?

コーンウォールやイングランドの西の地域では、すべてのクリームがバター製造に使われたわけではなかった。固形クリームもまた、伝統の品だった。もっとも早い固形クリームについての記録は一六世紀に遡るが、食品としてはもっと古いだろう。もともと、これはクリームを保存する方法として開発された。フレッシュなクリームは酸敗するのが早い。瓶詰めされた固形クリームならば、二週間はもつ。

固形クリームを作る際は、バターを作るときのように、新鮮なミルクを八時間ほど放置しておいて、クリームが表面に上がってくるのを待つ。今日では、この過程は分離器によって行われるが、古い時代には朝の搾乳によって得られたミルクを夕刻まで放置し、午後の搾乳で得られたミルクは朝まで放置された。それからミルクを浅い真鍮か陶製の平鍋に入れ、弱い炭火にかけて、クリームが泡立ってかさぶたのようになるまで、低温で数時間ゆっくり煮る。そのまま冷やせば、自然のクリームよりもはるかに濃い固形クリームがすくい取れるようになる。

ヨーロッパの大半で凝固させたばかりのミルクを食べる伝統があり、ローマ人はこれを、もっとも健康にいいミルクだとして推奨した。コーンウォールでは、それはジャンケットと呼ばれた。ハンナ・グラスは一七四二年の著作『完璧な菓子職人――シンプルで簡単な菓子づくりの全技術（*The Compleat Confectioner: or The Whole Art of Confectionary Made Plain and Easy*）』で、ジャンケットのレシピを書いている。

新鮮なミルク九四〇ミリリットルとクリーム四七〇ミリリットルを用意する。それらを合わせ、上質のレンネット、スプーン一杯とともに温め、冷水で絞った布をかぶせておく。カードを集め、籠に入れてホエーを出す。供する際に、クリームを添えても添えなくてもいい。

「新鮮なミルク」を使うという指示に注目したい。料理人たちは経験から、放置する必要のあるミルクを扱うとき、そのミルクは新鮮であればあるほどいいということを知っていた。ハンナ・グラスはまた。「ストンクリーム」と呼ばれる楽しいジャンケットの変化形を提案した。

濃いクリーム七〇〇ミリリットルを用意し、メース一枚とシナモン一本を入れ、スプーン六杯分の橙花水と一緒に沸かし、好みに合わせて甘くし、濃くなるまで加熱し、鍋の外に注ぎ、冷めるまでかき混ぜて、その後、小さじ一杯のレンネットを加え、カップかグラスに注いで、三、四時間置いてから食べる。

一日おいてチーズをデザートに変化させるという伝統（基本的に、ジャンケット作りですること）は、もっと古いヨーロッパの文化にも多く見られる。スコットランド人もジャンケットを作り、それをハティットキット、「帽子を被った道具一式」と呼んだ。これは服飾小物用品のことではなく、凝固を表わす古い単語だ。ハティットキットは必ずバターミルクで作られ、もともとは農場で作られた。平鍋に入れたバターミルクを牛のところへ持っていき、温かい新鮮なミルクを搾り入れて、バターミルクの凝固を始める。のちに、バターミルクの代わりにレンネット、温かい新鮮なミルクの代わりに濃いクリームが使われるようになった。

次に挙げるスコティッシュ・ウィメンズ・ルラル・インスティチュートによる一九七七年のレシピでは、両方の技術が組み合わせられている。料理人はまた、実際にミルクを牛から直接入れなくてもいいが、できればそれが最高の方法だとした。

バターミルク九四〇ミリリットルを火にかけて少し温める。皿に入れ、牛の横に持っていく。四七〇ミリリットル程度のミルクを搾り入れるが、その皿には前もって全体量に対して十分な量のレンネットを入れておく。しばらく置いてから、カードを取り出し、濾し器に入れ、カードが硬くなるまでホエーを押し出す。供する前に砂糖とナツメグをかけ、濃いクリームをホイップし、やはり少量の潰したナツメグと砂糖で風味づけをして、カードとそっと混ぜ合わせる。

バスク語では、チーズから作られるデザートをマミアと呼んだ。スペイン語では、カードを意味するクワハーダだ。バスクでは、あらゆるものを羊のミルクで作るので、こうしたデザートも羊のミルクで作った。彼らは牛を近代まで使い始めず、現在は牛のミルクをチーズ作りに使うことがあっても、いまだにマミアはもっぱら羊のミルクで作られる。

バスク人は羊のミルクに少量の塩を入れて温め、沸騰させる。その後、火から外し、温度が摂氏三〇度ぐらいまで下がったら、小さじ一杯のレンネットを加える。次にスパチュラで激しくかき混ぜ、カップに入れる。伝統的には木製のカップが使われたが、今日では小さな陶製のカップが好まれる。涼しい場所に置いて落ち着かせ（冷蔵庫に入れるとこの工程は早く済む）、一日経ったら食べていい。上にハチミツをかける。フレッシュで穏やかな味わいで、羊のミルクの甘い風味がする。

マミアを一日後に食べない場合、それは羊のチーズの初期のものとして供される。カタロニア地方では、マミアと同じようにフレッシュなチーズでマトと呼ばれるものが作られ、ハチミツとともに供される。今日では牛のミルクで作られることもよくあるが、伝統的にはヤギのミルクから作られた。

一六世紀のイギリスでは、ミルク酒ポセットやシラバブが、レンネットは入れないが同じように作られて普及していた。両方ともミルクが基本で、ポセットは装飾的な金属か陶製の鍋で熱くして供され、シラバブは装飾的なグラスで冷やして供された。シラバブはおそらくチューダー朝時代のイングランドで創案されたが、チューダー王家の人々同様、スコットランドにも進出し、かなりの人気を博した。ポセットのほうが、これよりも古い。それは凝固したミルクというかたちで、中世にまで遡る。のちに、ポセットには果物の皮やシェリーが加えられた。

エリザベス・クレランドの一七五五年のシラバブのレシピは、伝統的なハティットキットのレシピのように、搾乳小屋への訪問を求めるものだ。彼女のレシピはまた、新鮮なミルクはできるだけ早く飲むべきだという考えを表わしている。牛から搾乳したばかりの温かいミルクは泡立っていて、このせいで両方とも、表面が泡立っているのかもしれない。

牛からシラバブを作る方法

ワインかリンゴ酒か強いエールのいずれかを甘くし、ボウルに入れ、牛のところへ持っていき、できるだけ早く直接搾乳をする。ミルクを温めて、ティーポットから液体に注ぐという方法で、家で作ってもいい。

クレランドはもっと普通のレシピも二つ提案している。

硬いシラバブ

とても濃いクリームを一チョピン用意し、ニジルのマラガ［アルコールを添加したワインのような甘いシェリー］、すったレモン一個、橙二個分の果汁と混ぜ、好みで甘くする。一五分間よく混ぜ、スプーンですくい取り、グラスに入れる。

サック・ポセットあるいはスノー・ポセットと呼ばれるもの

クリームかミルク一チョピンをシナモンとナツメグと一緒に沸かす。卵黄一〇個をつぶす。それらを少量の冷たいミルクと混ぜる。少しずつクリームに混ぜ、非常に熱くなるまで火にかけてかき混ぜる。好みで甘くし、砂糖とナツメグとともにサック［シェリー］一マチキンをさらに入れる。それを沸騰した湯の入っている壺の上に置き、ワインが熱くなったら、一つにはクリーム、他のものには卵白を用意し、両方を両手で高く上げて注ぎ入れ、火にかけたまま混ぜ合わせる。熱いうちに火から下ろし、蓋をし、少し置いてからテーブルに運ぶ。白身は少量のサックとともに混ぜておかなければならない。

クレランドは明記していないが、白身はポセットの表面にのせる泡だと思われる。

一八世紀に広まったのはデザートとしてのクリームで、これは風味をつけ、濃くし、ホイップした、クリームそのものだ。クレランドはさまざまに手の混んだ一八種類のクリームのレシピを述べている。もっとも有名なのがとんがり屋根のクリームで、とんがり屋根に似た円錐形に形作ることからこう呼ばれた。

5　砂漠のミルク

現代人がミルク文化を考えるとき、今日のアメリカや初期の北ヨーロッパのことだと考える。だがベドウィンとして知られる砂漠の遊牧民のものほど、ミルクに依存した文化はなかった。

今日ベドウィンは伝統的な生活方法を失いつつあり、まだ遊牧生活を送っているのは、一〇パーセントに満たない。だが何世紀にもわたって、ベドウィンは他のアラブ人とは違い、砂漠に暮らす遊牧民だった。ベドウィンという言葉は、「砂漠の住人」という意味だ。預言者ムハンマドの信仰を最初に受け入れた者たちの一つで、ベドウィンは熱心なイスラム教スンニ派であり、アラブ世界で高く評価されていた。それでも彼らはモスクを建てなかったし、何も作らなかった。ベドウィンは何も建設しなかった。彼らは開けた砂漠でメッカに向かって祈り、儀式で洗うという行為をする際は、砂で洗った。彼らは独自の言語を話し、独自の習慣を持ち、どの国にも属さず、常に移動した。

ときに、ベドウィンの食事はほぼすべてがミルクから成っていた。そのミルクは、彼らのもっとも大切な所有物であるラクダが産出するものだった。ベドウィンはラクダとともに生活し、ラクダの毛で作ったテントを張り、ラクダの横で眠り、ラクダによって旅をし、ラクダを搾乳した。世界中で、遊牧生活を送る牧夫がミルクで生活していたが、なかでもラクダは砂漠の生活に適した珍しい大型哺乳類だ。ラクダは人類が食料だとは思わないものを食料として食べる。不毛に見える岩と砂ばかりの砂漠地帯を歩き回りながら、ラクダは突然道をはずれ、岩の間に頭を突っこんで、ソルトブッシュと呼ばれる低木を見つけてかぶりつく。

ラクダの食事はミルクの生産に理想的だとは思えない。たとえば、棘のあるソルトブッシュ、もっと正確にはアトリプレックス属の根が塩に浸かっている植物をラクダが食べれば、そのミルクは非常に塩辛い味になる。だがベドウィンは今も昔も、ラクダには塩気のある植物が必要だからという理由で、喜んで塩気のあるミルクを飲む。塩の摂取量が減れば、ミルクの産出量が減る。また別のありえない飼料が、奇妙な味を生む。それでもラクダは、一見何もないところから、タンパク質と脂肪の豊かなミルクを産出する。明らかに水が不足しているとき、ラクダは子に、さらには牧夫の家族に与えるために、水分を多くしてミルクを希釈する能力がある。そのため、環境的な状況によってラクダのミルクは大幅に変化する。ヤギや羊あるいは牛のミルクよりもはるかに脂肪やタンパク質を多く含むときもあれば、ずっと少ないときもある。

ベドウィンは普通、ラクダの乳房を布で覆って子ラクダを遠ざけ、母ラクダのミルクを人間が使えるように確保した。ベドウィンや、その他の砂漠のアラブ人たちは、ボウルを片方の膝にのせ、もう一方の膝をついて搾乳をした。これは不自然な態勢だが、ラクダは並外れて高い位置に乳房がある。ミルクをヤギの革かラクダの革の袋に入れ、ラバン、つまりヨーグルトを作るアラブ人もいたが、ベドウィンは常に移動していて、それを新鮮な状態で、乳房から直接飲むことを好んだ。そうするとミルクが温かいからで、彼らはこのミルクを加熱されたミルクと呼んだ。

七世紀、アラブ人、アラビア半島の人々は、北はイラクやシリア、西はモロッコの大西洋岸やスペイン、そして東はペルシャ（イラン）にまで広がった。アラブ帝国は歴史上もっとも大きな帝国の一つとなり、支配層であるエリート集団のアラブ人が、自分たちよりも数の多い人々、アラブ人とは違った文化と言語と伝統を持つ人々を統治した。帝国を束ねる共通項は、イスラム教とイスラム文化だった。

ムハンマドとコーランは、母乳について非常に明確な指示をしている。赤ん坊は二歳まで母乳を受けるべきだとされる。このため、アラブ帝国の初期には、瓶で授乳される赤ん坊はほとんどいなかった。だがこれは次第に議論の対象となった。長すぎる授乳期間は一種の産児制限であり、宗教的主導者の中には、大家族を奨励したい者もいた。

親たちは、幼児が二年間の授乳期間が終わる前に死んだら、その子は天国で母乳を受けると保証された。信者たちは、ムハンマドは容易な誕生のあとで母乳で育ったと信じていたが、これは意外なことではなかったようだ。彼はすでに割礼を受けた状態で生まれたとも言われているのだから。だが一五世紀後半の別の意見では、ムハンマドの誕生はとても困難で、母親は数カ月しか彼に授乳できなかったとしている。ここで、彼は乳母に預けられたのかどうかという疑問が持ち上がる。

イスラム法では乳母は認められており、信者は、乳母の特徴は子供に継承されうるという古くから続く考えを受け継いでいた。ムハンマドは、精神的に不安定な兆候のある乳母を使うことを禁じた。ペルシャの宮廷で非常に影響力のあった一〇世紀の医師イブン・スィーナーは、乳母に欠くことのできない資質についてたくさんの発言をした。彼はまた、乳母が身体的あるいは精神的に不適切になったら、赤ん坊は乳母が回復するまで人為的な授乳をしていいと許可した。だが人為的な授乳は、中世のイスラム世界では稀なことだった。瓶や授乳用の容器はほとんど見つかっていない。

コルドバ出身の有名な一二世紀のユダヤ人、医師であり神学者でもあったマイモニデスは、イスラム教の教師、アベロエスの影響を受けたらしい。その著作『女性の本（*The Book of Woman*）』でマイモニデスは、母親は二年間授乳することになっており、その間は性交を慎むべきだと書いている。また、女性が双子を産んだ場合、一人に授乳し、もう一人には乳母を雇うようにすると明記した。赤ん坊に、動物のミルクは与えられなかった。

アラブ帝国では、新鮮なミルク、酸敗したミルク、そしてチーズを含めてたくさんの乳製品が料理に用いられた。そのうちの一つに、古代ギリシャ人にはピリアテと呼ばれた、授乳期間に産出される初乳から作られた食品、リバがある。黄色がかっていて粘着性があり、ミルクとは見た目も感触も違う。新生児のための食料として使われ、抗体、タンパク質、白血球、ビタミン、亜鉛が濃縮されていて、脂肪と乳糖をほとんど含んでいないので、カロリーはとても低い。体重が少し減ることがあっても、新生児を病気から守り、重要な構成要素を獲得する助けになる。授乳する母親が初乳を出すのは三日間だけだ。近代の西洋では、それは「液状の金」として知られるようになった。

リバを作る際、アラブ人は乳と初乳を混ぜるが、同じ割合にすることも、乳の割合を二倍にすることもあった。一四世紀の料理書『優雅な食事が花咲く庭（*Kitab Zahr al-Hadiqafi al-At'ima al Aniqa*）』

には、農民はリバを初乳だけで作ることがあったと書かれているが、乳と混ぜるようになるまで、不快な臭いがしたという。リバは混ぜて加熱し、暖かい夜に一晩外に置かれた。朝になると硬くなっていた。出産の直後にしか手に入らず、生まれたばかりの子に飲ませなければならないこともしばしばだったので、本物の初乳を手に入れられない者のために、複数の白身と一つの黄身を使って、基本的に砂糖抜きのカスタードのようなものにした、偽のリバがあった。

ビラフは、翌朝には酸敗しているように、暖かい夜の外気に当てておいた乳のことだ。前述の料理書には、そのままプレーンで食べても、ハチミツやシロップや砂糖と一緒に食べてもいいと記されている。医師はその後、マルメロをしゃぶるか、現代のアメリカでマルメロのシラブとして知られる、酢とマルメロ風味のシロップで作った飲み物を少量飲むことを勧めると付け加えられている。

アラブ人はハルーミと呼ばれるチーズを食べた。ヤギか羊のミルクをタイムとともに沸かし、三分の一程度になるまで煮詰める。それから冷やし、レンネットを混ぜ、新鮮なタイムと皮をむいた柑橘類の果実とともに型に入れる。次に、沸かしたミルクをその上に注ぎ、外気に当たらないようにオリーブ油で覆う。ストリングチーズのように引き伸ばされたハルーミは今日でも作られているが、タイムよりもミントが使われる。

ヨーグルトは一般的な存在で、水気を切って、カンバリスと呼ばれる濃いクリーム状にすることもあった。シラズと呼ばれるソフトタイプのチーズは、ヨーグルトにレンネットを加えて作られた。大麦か小麦と混ぜて、ポリッジを作ることもあった。

二〇世紀、スペインの学者が一三世紀のアラブ支配時代のスペインとモロッコの、筆者不明のレシピの原稿を見つけた。これによってアラブ人が乳製品を使っていたことが確認され、次のようなレシピがあった。

ソフトチーズを使ったラフィス

オーブンから取り出したときに、きれいなパンを取り、皮を取り除いてこね、無塩の新鮮なソフトチーズとバターに浸す。成形し、溶かし、澄ましバターを上にかけ、泡のないきれいにしたハチミツを好みの量かける。

アラブ語ではスメンと呼ばれる澄ましバターを使用していることに注目したいが、この原稿内で頻繁に言及されてはいないことから判断して、この単語は中世にはあまり使われなかった。スメンは今も、北アフリカ全体と、中東の一部で使われている。インドでも広く使われ、ギーと呼ばれている。澄ましバターは暑い国での賢明なバターの扱い方だ。いったん脂肪が取り除かれると、バターは貯蔵寿命の長い透明な油になる。埋めることによって熟成させることもよく行われた。モロッコ南部では、北アフリカのアラブ人以前のもともとの居住民であるベルベル人は、娘が誕生したときにスメンの壺を埋め、掘り出して結婚式に使った。モロッコでは、スメンはよく羊のミルクから作られたが、牛のミルクのほうがいいと考えられた。

真実ではないかもしれないが、スペインの学者が発見した一三世紀の原稿に次ぐ、モロッコ料理に関する古い本は、一九五八年に刊行されたゼット・ギノードーによる小さな本だ。医師の妻である彼女は、フェスの料理について書いた。これは彼女のスメン作りのガイドだ。

溶けたら、一五分ほどの沸いている間にバターをすくいとり、それからきめの細かい布で壺に濾し、そこへ入れておく。凝固する前に軽く塩味をつけ、木製のスプーンでかきまぜる。料理用鍋の底に白い沈殿物が残る。バターを注ぐのには柄杓を使う［固形物は底に残る］。

アラブ人にも、何世紀も遡って、カード（凝乳）やチーズを作るときに残った酸敗したホエー（乳清）であるルベンを飲む伝統があった。マダム・ギノードーは、ルベンの話題をお得意の抒情詩風に語った。

ルベン！……ルベン！　天気がよくなるとすぐに、フェスでは呼び売り商人の声が聞こえる。お金持ちも貧しい者も、街の住人も「農民」も飲むもので、あちこちの店で通りかかった者たち全員に出される。あなたにもいつか、六月の暑い日に長く歩いたあと、オリーブの木陰で、ちょっと酸っぱいホエーで喉の渇きを癒やす歓びを知ってもらいたい。

一三二六年、宗教的権威の教養ある家の出身であったイブン・バットゥータは、アラブ帝国の西のはずれにある故郷タンジールを離れ、熱心なイスラム教徒なら一生に一度はすると考えられているメッカへの巡礼に出た。だが彼はメッカで止まらず、それから二七年間、イスラム法のもとにあるあらゆる土地を訪れるべく、さらに一二万キロを旅した。

旅の中で、バットゥータは頻繁にミルクと出会った。新鮮なミルクは珍しく、たいてい酸敗したミルクだった。現代のエチオピア北部にあたるアビシニアでは、料理用バナナを新鮮なミルクで炊いたものを出された。ミルクは固まっており、料理用バナナとカードは二つの別々の皿で出されて、これは彼にとって日記に記すに足る珍しい料理だったようだ。マリで、スルタンに贈り物をやると言われた際、バットゥータは珍しい織物や美しい布地、馬（あるいは彼が日記に記したように「何頭かの馬」）を想像したが、贈り物が届いたとき、それは何皿かの料理、「揚げた魚の添えられたパン三つと、酸っぱいミルクの皿」だった。ミルクや魚は、タンジールよりもマリでのほうがはるかに稀少で、価値があったようだ。バットゥータは、「彼らの素朴さ、このような些末なものに彼らが置いている価値を思って微笑んだ」と記した。

中世のアラブの料理についての最高の情報源は、一二二六年のバグダッドで書かれた本だ。そのころ、この街はまだ、重要な政治と文化の中心地だった。三〇年後に、ここはモンゴル人に破壊されることになる。著者はムハンマド・イブン・アル・ハーサン・イブン・ムハンマド・イブン・アル・カリム・アル・カティブ・アル・バグダッディだ。これほどの情報が名前に入っているにもかかわらず、私たちにわかっているのは彼がバグダッド出身だったということだけだ。

このバグダッドの料理書から、イスラム教徒はユダヤ人から多くの食事に関する規制を取り入れる一方で、肉と乳製品を混ぜてはいけないという禁則には気を配らなかったことがわかる。肉をヨーグルトで料理するのは、イスラム世界では普通のことだった。またこれらのレシピでは、ヨーグルトは常にペルシャのミルクとして言及されていて、アラブ人、少なくとも中世のバグダッドに住むアラブ人たちは、ヨーグルトをペルシャから来たものと考えていたことがわかる。たいていの歴史家は初期のヨーグルトは酸敗したものと考えたが、レンネットで濃くしたものだと考える者もいた。バグダッドの料理書にあるレシピを挙げる。

マディラ［この名前は「凝固した」という意味の「madir」に由来する］
脂身を尾と一緒に中位の大きさに切り分ける。鶏肉を使う場合、四半分にする。シチュー鍋に少量の塩とともに入れ、かぶるくらいに水を入れる。浮きかすを取り除きながら沸騰させる。ほぼ火が通ったら、大きな玉ねぎとナバテアのニラネギを用意して皮をむき、尾を切り、塩水で洗い、水気を拭いて鍋に入れる。乾燥コリアンダー、クミン、マスチック［アラブの料理でよく使われる、松のような香りのあるマスティクスの樹液を乾かしたもの］、細かく挽いたシナモンを加える。煮えて、汁がなくなり、油だけが残ったら、それを大きなボウルにすくって入れる。ここで必要に応じてペルシャのミルクを取り出し、シチュー鍋に入れ、塩を振ったレモン［塩水で保存したレモン］と新鮮なミントを加える。沸騰させ、かきまぜながら火から下ろす。沸騰がおさまったら、肉とハーブを戻す。シチュー鍋を覆い、側面を拭き、火にかけておく。それから下ろす。

ヨーグルトがペルシャからアラブ世界に持ちこまれたという証拠は、ペルシャのボラニという有名なヨーグルト料理に見て取れる。よくナスとともに作られるもので、やがてイラクやアフガニスタン、パキスタン、アルメニアやジョージアに広がった。この料理は、ヨーグルトが大好きだったと言われる九世紀のササン朝の女王ボランにちなんで名づけられた。この王女はまた、夫のカリフ・アル・マムーンを愛し、軍隊の作戦行動にも同行したと言われる。おしゃれなことで有名だった。偉大な宮殿やモスクが、彼女によって、あるいは彼女のために建てられた。だが、彼女が愛したヨーグルトとナスの料理以外は、何一つ残っていない。ボラニはよく、まったく関係のないインド料理ビリヤニと混同される。ビリヤニは、揚げるという意味のペルシャ語に由来するものだ。

今に残るもっとも古い、現代のナスのボラニによく似たレシピは、カイロで印刷されたのかもしれないが、バグダッドの料理に基づく一四世紀の『身近な食べ物の説明書（*Kitab Wasf al-Atima al-mu'tada*）』からのものだ。

> ナスをごま油か新鮮な尾の脂で揚げ、皮をむき、大きな器に入れる。ひしゃくで、つぶしたハリサのようになるまでつぶす。少量の塩とともにつぶしたニンニクを入れたペルシャヨーグルトを入れて、よく混ぜる。叩いた赤身の肉を取り出し、ボール状にし、尾の脂に入れ、ナスとヨーグルトの上にのせる。細かく挽いた乾燥コリアンダーと桂皮をかけると、おいしくなる。

ヨーグルトと野菜、ヨーグルトと肉、そしてヨーグルトと魚を合わせた料理は人気があった。次のフダンソウとヨーグルトの料理も、同じく『身近な食べ物の説明書』からだ。レシピにはフダンソウを塩と一緒に茹でると書いてあるが、通常のアラブ人のやり方は、緑野菜を他の塩と結合したナトロン（砂漠で発見された自然発生するソーダの重炭酸塩、すなわち重曹）とともに茹でるというものだった。これで自然な色が鮮やかに保たれた。

シロ・ビ・ラバン（フダンソウとヨーグルト）

フダンソウの大きな茎を用意し、葉は切り落として捨てる。指四本分の大きさに切り、洗う。塩水で柔らかく茹でる。湯から取り出し、籠の上に広げて乾かす。茹でたニンニクを混ぜたヨーグルトの中に入れ、上に少量のクロタネソウ〔関係はないがブラッククミンと呼ばれることの多い、アジアの花の咲く植物の黒い種。今日、もっともよく知られている使用法は、アルメニアのストリングチーズ〕とミントの葉をのせる。

塩漬けの魚とヨーグルトの料理も同じ本からのもので、完璧な砂漠の食事だ。

サマク・マリ・ビ・ラバン

塩漬けの魚を用意し、洗い、中くらいの大きさに切って揚げる。熱い鍋から取り出して、ヨーグルトとニンニクの中に入れる。クロタネソウと細かく挽いた桂皮を上にのせる。熱いうちでも、冷めてから食べてもいい。

アラブ帝国で人気のあったヨーグルトの使い方はカナクリジャルで、これはヨーグルトと塩を天日干しにする。都市部ではよく、家庭の屋根で作られた。これはチーズのように熟成し、一カ月ほどするとチーズのようなにおいを発するようになる。塩を用いることによって腐敗せず、何カ月も熟成が続く。毎日、新鮮なミルクを混ぜ、最終的に柔らかい塩気のあるチーズのようになる。推奨どおり羊のミルクで作った場合は、特ににおいがきつい。

アラブ人は新鮮なミルクを料理に使い、米と合わせることも多かった。次のレシピは一三世紀のバグダッドの料理書からのものだ。

ルカミヤ［大雑把に訳すと「白さ」］

とろみがつくまで米をミルクで煮て、すくいだす。この上に尾の脂で揚げたケバブのやり方で風味をつけた肉を置く。シナモンを振る。

新鮮なミルクを中心的な食材としたアラブの料理は稀だが、前述の『身近な食べ物の説明書』からのルカミヤと呼ばれるこの一品、あるいは「大理石模様」のようないくつかの料理がある。これには砂糖を使う。アラブ人は、最初に砂糖を使った民族だった。

米九四〇ミリリットル、ミルク一三五〇グラム、ショウガの根、セイロンシナモン一本、四分の一ディルハム［通貨単位］分のマスチック。ミルクの半量［六七五グラム］を鍋に入れ、セイロンシナモンとショウガとマスチックを加える。水とそれら繊維質が沸いたら［他にその言及はないので、「水」は間違いかもしれない］、米を洗って鍋に入れ、弱火にかけて、残っていた六七五グラムのミルクを少しずつ加える。しばらくそのまま湿らせて、かきまぜ、弱火で少しずつ湿らせるのとかき混ぜるのを続ける。炭火であれば最適。いい匂いがしてきたら、一晩煙の中に吊るしておく。料理が煙臭いと思ったら、ニラネギを一束用意し、端を切って束ね、煙の中に吊るしておく間鍋の中に入れる。すくって出す際、ごま油とともにすくい、砂糖をかける。

6　ミルクとビールの日々

中世ヨーロッパの人々は乳製品に頼っていた。それは彼らの食生活の中心的存在だった。特にチーズだ。ミルクもまた使われた。飲料になることもあったが、料理に使うほうが一般的だった。一四世紀、フランスのシャルル五世の料理長だったギヨーム・ティレル（タイユバンという名のほうが知られている）が、フランスの上流階級のための料理の基礎とされている料理書を執筆した。彼のレシピの中では、ミルクは主だった食材ではないが、ときどき、思いがけない方法で登場する。

タイユバンはミルクと魚を一緒に使うのを避けた。これは常に厳密に守られたことではないが、中世における禁則だった。乳製品を積極的に摂取するオランダ人は、ニシンをサワークリームと一緒に食べた。だが知られている限りでは、タイユバンとその王家の客たちは、決して魚と乳製品を合わせず、中世ヨーロッパでは、一般的にこの組み合わせの料理はほとんど見られない。理由はないに等しいが、これを不安に思う気持ちはずっと続いた。今日のイタリアでは、魚介類の入っているパスタ料理に粉チーズをかけるのは、重大な美食的過ちとされている。

タイユバンはカード（凝乳）とラルドンを使って料理をした。ラルドンとは、脇腹肉を用いるアメリカのベーコンとは違い、燻製にした豚の胸肉を細かく切ったものだ。この料理はタイユバンの

創案したものではない。同じ料理がもっと初期のドイツの文献に見られる。だがこのレシピは、魚と乳製品を合わせるというタブーを破り、豚肉の代わりに魚を使う選択肢も提案している点で異色だ。肉抜きで作れば、宗教上の祝日にも供することができた。

ラルドンを加えたミルク

ミルクを火にかけて沸かし、いくつかの卵黄をつぶす。少量の炭の火〔弱火〕にミルクをかけ、卵を加える。肉が欲しい者は〔つまり祝日でない場合〕、ラルドンを二、三切れ切り、ミルクに入れる。魚を入れたい場合はラルドンは要らず、凝固させるためにワインとベルジュ〔熟していないブドウの酸っぱい果汁、中世の料理では一般的だった〕を加え、火から下ろして、白い布の上にあけ、包んで絞る。クローブの芽を入れて、三日間テーブルの上で水を切る。色がつくまで揚げて、上に砂糖を振る。

タイユバンはまた、こんなミルクのレシピも書いている。

プロバンスのミルク

シチュー鍋で牛のミルクを沸騰するまで熱する。火にかけずに卵黄をつぶし、そうしながら熱いミルク四分の一カップを少しずつ卵に加え、混ぜたものを残りのミルクに入れてかきまぜる。ソースが濃くなるまで加熱する。水の中で卵をポーチし、それをソースにそっと加える。ボウルに入れ、トーストと一緒に供する。

タイユバンのレシピの影響は、のちの中産階級家庭のためのガイド『パリの主婦（*Le Ménagier de Paris*）』（一三九三年）のような本にも見られる。彼のレシピの変化形のいくつかは、改良版と見てもいい。たとえば、『パリの主婦』では、プロバンスのミルクのレシピにショウガとサフランが加わった。

一四世紀のフランスでも、鶏肉のための一種のミルクのソースがあった。ドディーヌと呼ばれるもので、焼いた肉の汁から作られた。それ以前のポリッジや、それ以後のプディングのように、ドディーヌはそもそもはミルクで作られたのではなかった。一四二〇年のサボイ王室の料理人だったシカールによる去勢鶏とヤツメウナギのためのドディーヌには、チーズを用いる。このレシピはまた、ブリーという少なくとも八世紀にまで遡る有名なソフトタイプのチーズが、一五世紀までに確固たる地位を築いていたことを示してもいる。

去勢した鶏を焼き串からはずしたら、清潔ないい鍋を置き、いい濾し器を用意して、銀の皿あるいは平鍋の中で鶏やヤツメウナギから集めたものを、鍋に濾し入れる。ドディーヌを作るのに十分な煮出し汁がないと思ったら、牛肉のブイヨンでのばす。白ショウガと数粒のパラダイス［ギニアショウガと呼ばれることもある、ピリッとする種］を用意し、多すぎない量のベルジュで味つけをし、塩も入れる。いいパセリを用意し、葉を落とす。パンを用意し、トースト用に切る。いいクランポーヌチーズかブリーチーズ、あるいは手に入る最高のチーズを用意する。トーストをそれぞれ一切れを三つに細長く切り、皿に並べ、チーズをのせ、そのうえに煮出し汁をかける。これらが供される仕上げ台にのせられたら〔つまり、ソースのかかったパンとチーズが皿にのせられたら〕、別の皿に肉をのせる。

一四世紀半ばの『どんなキッチンでも最高の料理を作る方法（*Le Grand Cuisinier de Toute Cuisine*）』（著者不明）にある、さらに初期のドディーヌは、さらに大胆な変化をしている。

白いドディーヌ

上等な牛のミルクを用意する。それをフライパンに、白い粉末〔甘いスパイス〕、二、三個の卵黄と合わせた焼肉の下に入れて煮る。ミルクを濾し、少量の砂糖と塩、少量のパセリの葉と一緒に煮る。好みで細かく切ったマジョラムを入れる。上に焼いたカモを置く。

ここで、あることが始まっている。ヨーロッパにおける、初期の砂糖の使用だ。これ以前は、いくつかの甘い料理がハチミツを使って作られていたが、食事の最後に出される甘い料理という形のデザートは、広く行き渡った行為ではなかった。

一四世紀のフランスとイングランドで、ミルクと砂糖を組み合わせる傾向が増えた。一六世紀までに、それまで富裕層のための贅沢品だった砂糖は、以前よりも手ごろに入手できるものになった。一四九三年、コロンブスがカリブ海地域に砂糖を持ちこみ、人類史上最大の犯罪を解き放ったあと、特にこの傾向は強まった。アフリカ人奴隷取引によって、砂糖が安くなったのだ。

パイは、甘くはない、塩辛い料理であることが多かった。一五八四年にロンドンで初版が刊行された『料理の本（*A Book of Cookrye*）』の筆者、身元不明のＡ・Ｗは、羊、鶏肉、子牛の足、子牛の肉のパイのレシピを提案した。彼のチーズタルトも、甘くなかった。だがそのころには、チーズタルトはとても古い料理になっていた。タイユバンは二世紀以上も前にそれを提示していた。Ａ・Ｗのレシピはこうだ。

チーズのタルトの作り方

きめの細かい上等の練り粉を用意し、できるだけ薄くのばす。それからチーズを用意し、削り、刻み、卵黄と一緒にすり鉢に入れ、練り粉のようになるまですりつぶし、澄ましバターとともに皿に入れ、練り粉の中に流し入れ、上を覆って焼く。焼きあがったら供する。

身元不明のＡ・Ｗはまた、マルメロ、リンゴ、イチゴなどを使ったフルーツパイのレシピも書いた。果物は最初のデザートの一つで、のちに焼いたり砂糖漬けにしたりした。甘いパイは、一六世紀にはかなり普及していた。

Ａ・Ｗは甘くしたクリームタルトのレシピも書いた。これは比較的新しい種類の料理だ。それ以前に甘くした乳製品はあったが（ハチミツやヨーグルトの食品とシラバブ）、このような乳製品のデザートはなかった。砂糖と卵から作るパイやプディング、カスタード、クリームなどだ。Ａ・Ｗのクリームタルトは次の通り。

クリームのタルトの作り方

クリームと卵を用意し、一緒にかきまぜ、ホエーが出てくるまで濃し器に入れ、濃くなるまで濾す。ショウガと砂糖と少量のサフランで風味をつけ、フラワー［ママ］で練り粉を作り、オーブンで練り粉を乾かし、そこに流し入れ、オーブンに入れて乾かし、取り出し、上に砂糖をかけて供する。

中世ヨーロッパ人は、常にミルクについて用心深かった。どの動物がもっとも健康にいいミルクを産出するかを巡る議論が続いていた。タイユバンはしばしば牛のミルクを使うように特定したが、『パリの主婦』では、病人と回復期の者はそれを避けるように注意した。最高のミルクは人間のものだとし、次にロバのミルク、羊のミルク、ヤギのミルクだとした。だが一〇六六年以降のイングランドを支配したノルマン人は、ヤギのミルクを好まなかった。

面白いことに、ヨーロッパ人はロバのミルクを高く位置づけていたのに、同じ品質の雌馬のミルクには興味を示さなかった。彼らは、アジア人が雌馬のミルクを用いるのを知っていた。ホメロスはそれに言及してスキタイ人を「雌馬を搾乳する者」と呼び、ヘロドトスも中央アジアでそれを飲む習慣について書き残した。だが彼が外国の習慣について書く際によくあることだったが、それを良いこととしては書かなかった。書き始めはよくて、彼らは特別なご馳走として雌馬のミルクの乳脂をすくいとる、とある。だがそれから、奴隷が搾乳を行っている間に、別の目の見えない奴隷が中空の骨で作った管を雌馬の性器に差し、乳房を広げるために吹く様子を描写した。

モンゴルを旅行した初期のヨーロッパ人は、その地の文化やミルクについて何も良いことを見いださなかった。彼らはモンゴルを、未開な土地そのものだと考えた。一二四六年、托鉢修道士ジョバンニ・ピアン・デル・カルピニはモンゴルの宮廷を訪れ、モンゴルを嫌悪すべき悪魔の国と呼んだ。人々が「虫のように群れて走り回って」野蛮に住人を殺し、村や庭を破壊する様子を描写して、彼らは血を飲むと記した。そこの大きな馬たちのことも野蛮だと考えた。犯罪者については奴隷同様にされ、ひどい扱いを受けるとした。「彼らは雌馬を虐待するように、捕虜たちを虐待した」と書いた。もしモンゴル人が雌馬のミルクを飲むのであれば、雌馬のミルクを飲む行為は野蛮だった。

一二五四年から一二五六年にモンゴルを旅したフィレンツェ出身のフランシスコ修道会士ウィリアム・オブ・ルブラックもまた、モンゴルについて語るべき良い要素を見いださなかった。テントの近くに馬を置いておくという、首領たちの野営の様子を描写した。首領たちは長い会合を持ち、「それからそこに昼までいて、雌馬のミルクを飲み始め、夜まで飲んでいて、そのあまりの量の多さに目を見張るほどだ」。乳製品を食生活の中心的存在だと考えていたヨーロッパ人でさえ、一日じゅうミルクを飲んで過ごすことはなかったはずだ。これほどのミルクの摂取量は、ヨーロッパ人には想像もできないことだった。

ルブラックはすぐに、モンゴル人が彼の見たことのない、ミルクを基礎とした社会に住んでいることに気づいた。彼はテントの出入り口にぶら下がっている乳房が何を表わすのか察知した。雌馬は大きくて、非協力的であることも多く、一日に五回以上も搾乳をして、一頭あたり二リットルしか取れない。これほど大きな動物にしては、とても少量だ。彼は雌馬の搾乳をこのように描写した。

彼らは、土に突き立てた二本の杭に一本の長いロープを伸ばして括りつけ、このロープに三時間の方向に、搾乳をしたい雌馬の仔馬をつなぐ。母親は子馬の近くに立ち、静かに搾乳をさせる。もし暴れる馬がいたら、子馬を母親のもとにつれていき、少し飲ませてから離し、自分たちが代わってその場に立つ。

雌馬の搾乳は難しかったので、大半の文化では女性が牛を搾乳するのに対し、ここでは男の仕事だった。

ウィリアム・オブ・ルブラックは、モンゴル人が粉乳を作る様子も目撃した。彼らは「（ミルクを）完全に乾くまで煮詰め、塩を加えることなしに、とても長い間保持する」と書いた。

新鮮な雌馬のミルクは強烈な下痢性があり、一般には飲めないと見なされている。ルブラックは、このミルクのいくらかを革袋に入れて、彼が言うには片方の端が人間の頭ぐらいの大きさになっている中空の棒でかきまわすことによって、バターを作る様子を描写した。モンゴル人は残った酸っぱい液体を飲んだが、これはバターミルクだったに違いない。

ルブラックはまた、雌馬のミルクは凝固しないという事実に基づいて作られた、二つの製品を書き残した。雌馬のミルクからはチーズが作れず、これもまたヨーロッパ人にとっては不都合だった。だがそれは、ほとんど出ないにもかかわらずヨーロッパ人に好まれた、ロバのミルクについても言えることだった。モンゴル人は雌馬のミルクを、濃い部分が底に沈むまでかきまわす。底の部分は真っ白で、奴隷に与えられる。上の部分は透明な液体で（ホエーだ）、これは首長たちのものだった。

透明なホエー飲料は発酵していた。ルブラックもマルコ・ポーロもこれを飲んで、ほろ酔い気分を楽しんだが、ルブラックは最初はその酸っぱさに驚いたという。汗が出て、「尿意を催した」と書いている。

クミスと呼ばれる人を酔わせる飲料は、家庭のテントで、大きな革製のバケツに入れて置かれていた。誰かが入ってくるたびに、その者はそれをかき混ぜて発酵を促した。ルブラックは、五月九日のモンゴルの年恒例の祭を目撃した。これは新年の最初のクミスを祝うものだった。クミス数滴を地面にまき、群れのすべての白い馬が祝福される。

クミスはモンゴル人の食生活の基本であり、モンゴル人がチベット仏教に改宗し、魚と馬肉を食べることが禁じられた一六世紀後半以降、特にそうなった。アジア大半と東ヨーロッパを制圧し、二〇世紀の大英帝国まで、歴史上最大の帝国となったモンゴル帝国の成功は、基本的に立ち止まって食べたり休んだりすることなく長時間動くことのできる、騎乗の兵士たちによって成し遂げられた。その栄養源は彼らが携帯していたクミス、乾燥した牛のミルクのカード、そして粉乳だった。

粉乳は今日ではよくある日用品だが、一三世紀のヨーロッパ人には珍しかった。マルコ・ポーロは次のように書いた。

彼らはまた、ミルクを乾かして一種の練り粉にして持ち運ぶ。食物が必要になるとそれを水に入れ、熱して溶かして飲む。それは次のように用意される。水を沸かし、濃い部分が表面に浮かび上がったら、それを別の容器にすくいとり、そこからバターを作る。ミルクは、これが取り除かれるまで硬くならない。それからミルクを天日干しにする。遠征に出るときは、それぞれがこの乾燥したミルクを四・五キロ持ち、朝これを二三〇グラム取り出し、革製の瓶に、好きな量の水とともに入れる。そうして馬に乗っているると、ミルクの練り粉と水がちょうどよく混ざり、一種のパン粥［この単語はのちに、ミルクから作った赤ん坊の調合ミルクを指すようになった］ができるので、それが夕食になる。

モンゴル人の男性は全員、どれほど地位が高いかに関係なく、皇帝やその家族に乳製品を提供するため、雌馬を献上しなければならなかった。ここは当時、馬中心の文化で、それは今日でも続いている。多くの男たちが馬に乗って働き、旅をする。線路の脇で警棒を持っている信号係でさえ、馬に乗っている。そして彼らは今でもクミスを飲む。

一三世紀の終わり、ウィリアム・オブ・ルブラックのあとだがイブン・バットゥータよりも前に、マルコ・ポーロはモンゴルを訪れた。彼はモンゴル人がクミスを飲むこと、フビライハーンのそれに対する情熱、そしてこの皇帝が自分専用の搾乳源として、白い雌馬の群れを特別に飼っていることについて書いた。実は、マルコ・ポーロはミルクについてたくさん言いたいことがあった。これは興味深いことだ。彼は多くのヨーロッパの食物の流行を紹介したといわれているが、たいした料理作家ではなかった。彼はのちにイングランドとヨーロッパで一般的になる茶の存在をすっかり見落としたのだ。彼がパスタをイタリアに紹介したという有名な話は、真偽が定かではない。初期のローマ人のトラクタのレシピや、初期のイタリアとアラブのパスタのレシピに見られるように。だがウィリアム・オブ・ルブラック同様、彼はクミスに心を奪われたようだ。

イブン・バットゥータは、のちに訪れたマリよりも、モンゴルでのほうがうまくいった。首領は彼に羊何頭かと馬一頭、そして大きなクミスの袋を贈った。

ヨーロッパ人が新鮮なミルクを飲むのを不安がるのには、もっともな理由があった。一三〇七年にモンペリエで、広く知られる中世の医師アルノー・デ・ビラノバによって書かれたカタルーニャの衛生ガイド『健康の規則（*Regiment de Sanitat*）』には、ミルクについてのこんな警告がある――「ミルクは産出したあとすぐに飲まなければならない、奇妙な味や悪臭がしたら飲むべきではない。四分の一リットルを飲んでもいい」。一二世紀のイングランドの著述家アレクサンダー・ネッカムは、「煮詰めていない生のクリームをイチゴと一緒に食べる……これは農村の人々のご馳走だ。このような食べ方が命に関わる危険であることを、私は知っていた」と書いた。

ミルクを飲んだあと、その有害な影響を取り除くため、ハチミツで口をそそぐべきだという助言が頻繁に見られた。ミルクを飲んだせいで具合が悪くなり、死に至る人もいたはずだが、誰も理由はわからなかった。新鮮なミルクを飲むような危険を冒す者は多くなかったし、あえて飲もうという者がいたのは驚きだ。

ミルクは血と同様に肉体を流れる液体であり、多くの者がそれを血だと信じていた。カトリック教会では、それは赤身肉と同じ禁則のもとにあった。祝日には、乳製品を摂ってはいけなかった。こうした日は七世紀まで次第に増えていき、その後、中世の終わりまでそのままの状態だった。これらの日には、水曜日、金曜日、土曜日とイースターの前の四〇日間が含まれていた。結局、一年のうち半分以上というかなりの日数、赤身肉とともに乳製品も食べられなかった。

一五〇〇年、フランスの三大大聖堂の一つがあるルーアンというノルマンディーの街で、料理用の油が不足した。そこで大司教は、教区の者たちにバターを使う許可を出した。この特別制度の恩恵に預かりたい地元教区の者たちは教会に料金を支払わなければならず、大聖堂の塔の一つはこの金で建ったという伝説が残っている。一六世紀初頭に建てられた、いわゆるバターの塔は、一二世紀に始まった教会に新しくつけ加えられたものだった。


時を経て消えたミルクに関する議論の一つに、ミルクは熱いか冷たいかというものがあった。これは中世における議論のテーマで、実際の温度とは関係がなかった。むしろそれは概念で、今日でも中国では取り沙汰されている。ある食物は「熱い」とされ、ある食物は「冷たい」とされて、この二つに対して体は違う反応をするので、いい健康状態はこの二つの適切なバランスにかかっている。熱い食物は性的欲望を引き起こす。赤身肉は「熱い」食物で、それが祝日に禁じられたそもそもの理由だった。

どの食物が熱くて、どれが冷たいかは、一般には明らかだった。赤身肉は熱い。魚と水中に住むものはなんでも冷たい。というわけで、クジラの肉は冷たい赤身肉だと考えられた。ビーバーは熱いが、その尾は冷たい。ビーバーは尾を水中に入れて丸太に乗っているからだ。それで、ビーバーの尾あるいはクジラ肉は祝日に適していることになり、そのせいでヨーロッパのクジラの群れはほぼ全滅することになった。

ミルクについては、もっと複雑だった。それが熱いと考える者もいれば、冷たいとする者もいて、また別の、「暖かい」という特別な区分だとする者もいた。ミルクを白くした血だと考える者にとっては、ミルクは赤い血と同じように、単純に熱いものだった。だがガレノスを含めた何人かは、血がミルクに変化するときに熱を失うと主張した。ガレノスは、それは危険なほど冷たいとさえ言った。ミルクを温かいとする者が、ミルクから作られるさまざまな製品は熱かったり冷たかったりすると言って、問題をさらに複雑にした。ミルクが温かい、あるいは熱いと主張する者は、若者と年寄りは冷たいので、ミルクはそういう人たちにとっては良いが、平均的な大人にとっては危険だと主張した。そして弱っていたり病気だったり、憂鬱だったりする人がミルクを飲むのは賢明でないとされた。

中世ヨーロッパでは、赤ん坊に動物のミルクを飲ませることは推奨されなかった。古代世界では、母乳を出せない女性がいるのは認知されていて、その解決法は常に乳母だった。一二世紀のイングランドの文章に、「私たち国民の女性たちは愛する者をすぐに乳離れさせ、富裕階級の者は、授乳するのを軽蔑しさえする」とある。一四世紀、イングランドののバーナード・ド・ゴードンによる文章では乳母を推奨していて、その理由は「今日の女性は繊細すぎるか傲慢すぎるか、あるいは不便を好まない」からだった。

もともとは、赤ん坊は授乳を受けるために乳母のところに連れていかれたものだったが、一一世紀から、乳母は住みこみの使用人となった。他の使用人よりも、高い支払いを受けるのが常だった。母親が乳母と交代をして、もし乳母に何かあったら授乳ができるようにすることも頻繁にあった。

最初、上流階級の女性だけが乳母を使ったが、特にイタリアでは商人という中流階級が現われて、この者たちも乳母を雇うようになり、さまざまな国のさまざまな「権威」たちが、理想の乳母をめぐってさまざまな考えを述べた。一四世紀初頭の一〇年間に書かれた非常に有名なイングランドの医学書であり、この時代の医師ジョン・オブ・ガッデスデンによって書かれ、過去の偉人（ガレノス、アビセンナ、アベロエスを含む）の助言も載っている『バラの医学書（*Rosa Medicinae*）』では、「最初の子供、これは息子であるべきだが、そのためにはブルネットの女性」を勧めた。ガデスデンはまた、結核に苦しむ者に、乳母から、あるいは直接動物の乳房から授乳をすることを勧めた。この結核治療法は何世紀にもわたって続いた。皮肉なことに、ウシ型結核菌は感染した牛からそのミルクを通して移される可能性があるのは、まだ知られていなかった。

瓶による授乳は、中世のヨーロッパではまだ一般的でなく、動物のミルクで育った赤ん坊は人間の乳で育ったものより頭が悪くなると広く信じられていた。だが乳母にも欠点はあった。全員が正直であるとは限らず、隠れてたくさん酒を飲む者がいた。また乳の出が悪くなるとヤギのミルクで補う者もいた。

多くのヨーロッパ人は、赤ん坊が乳母の特徴を引き継ぐという考えを広げて、動物のミルクを吸った赤ん坊は野性的で動物に似ると考えた。たとえば、ヤギのミルクを飲んだ赤ん坊はとても健脚になると考えられた。

医学史家のバレリー・フィルズは、フランス人は特にこのような考えを信用せず、それゆえフランスでは動物のミルクを赤ん坊に飲ませることがより一般的だったのだと説明した。思想家で著述家のミシェル・ド・モンテーニュは一五八〇年に生まれ故郷である南フランスのドルドーニュから、「このあたりでは、村の女性が子供に母乳を与えられないとき、ヤギに助けを求めることが普通に見られる」と述べた。

一七世紀のイングランドの日記作家サミュエル・ペピスは、一六六七年に、ケンブリッジ大学の有名なカレッジの一つに縁のあるケイウス博士についての物語を語った。この学者はとても高齢で、女性の母乳だけで生きていたとのこと。トマス・モフェット医師は一六五五年の著書『健康改善（*Health Improvement*）』の中で同じ話をし、ケイウスは乳母の胸から直接乳を吸ったと述べた。どうやら最初、乳母が非常に短気で、彼もそうなったが、優しい気性の乳母に変えたら彼自身も優しくなったらしい。ヨーロッパでは、病人や高齢者に母乳を与えるのは珍しいことではなかった。

人為的な栄養を与えることは稀だった。多くの歴史家が、この決断は女性の夫からの多大な圧力によってなされたと考える。実のところ、こうした母乳をめぐる問題のすべてが、男性が女性の体に関する決めごとをしようとする、近代の妊娠中絶問題の初期の形だった。

タイユバンはジャンスと呼ばれるソースを牛のミルクから作った。その利用法は特定しなかったが、ジャンスは中世ヨーロッパで人気のあるソースとなり、鶏肉と合わせることが多かった。さまざまな変化形があったが、すべてに共通なのは、主要な味がショウガであることだ。ジャンスという単語はジンジャー（ショウガ）に由来すると考えられている。ショウガは香辛料の交易でももっとも価値ある製品の一つで、大部分はポルトガルに管理されていた。タイユバンのミルクのジャンスの作り方はこのようだ。

牛のミルクのジャンス

ショウガを潰し、卵黄を混ぜ、牛のミルクを沸かし、すべてを混ぜる。

このようなソースはタイユバン以前にもあった。一二九〇年の著者不明の原稿『一三世紀のエッセー（*Traité du XIIIe Siécle*）』にはこうある。

去勢鶏や雌鶏の肉は焼いて、夏にはワインのソース、冬にはニンニクとシナモンとショウガで風味をつけ、アーモンド［ミルク］か雌羊のミルクと混ぜたソースを添えるといい。

実は、これは羊のミルクのジャンスだ。この時期の現存しているレシピ選集のほぼすべてにジャンスのレシピが載っているが、普通は牛のミルクで作られている。雌羊のミルクは珍しい手法だった。

新鮮なミルクは危険な可能性があり、たくさんある祝日には使えないという事情もあって、代用品を見つけなければならなかった。もっとも好ましいのはアーモンドミルクだった。それで、この著者不明のレシピを書いた人物はジャンスを作る者に、「アーモンドか雌羊のミルク」を使うという選択肢を与えた。アーモンドミルクは祝日のためのものだった。

アーモンドミルクはアーモンドを挽いて細かい粉にし、沸騰した湯の中に粉を浸し、濾して作る。アーモンドミルクを使うという選択肢を提案するレシピは一五世紀と一六世紀に現われたが、一六世紀の終わりには、アーモンドミルクはヨーロッパの料理から消え始めた。なぜ使われなくなったのだろう？　傷んだ悪いミルクの危険は、決してなくなったわけではなかった。実をいうと、イギリス人でさえも自国でアーモンドミルクの使用をやめつつあったのに、イギリスの熱帯の植民地、もっとも有名なのはジャマイカだが、そこに住む人々は動物のミルクの代用として、アーモンドミルクとほぼ同じやり方で作られるココナッツミルクを使うことを学んでいた。

アーモンドミルクから離れることになった一つの大きな要因は、宗教改革だったようだ。プロテスタントは祝日の食事の禁則を強要せず、禁則が消えるにつれてアーモンドミルクの使用も廃れた。

また別の要因もあった。動物のミルクが、それまでより容易に手に入るようになったのだ。中世には、ヨーロッパにはヤギや羊や牛が比較的少なく、酪農は家族単位の小規模な行為だった。一八世紀まで、それは商業的な事業に組織されていなかった。酪農家は二、三頭の牛、場合によっては一頭きりしか牛を飼っておらず、他人に売るほどのミルクはなかった。酪農家が最初に興味を持っていたのは肉で、ミルクはさほど重要でない副産物だった。牛を飼う目的は繁殖だった。現代の広告文句を引用すると、牛は「草で飼育」されていた。だが三頭しか牛がいなければ、近代の群れのためのような広い放牧地は必要なかった。

イングランドのサマセット州の有名なチーズは中世にまで遡るものだが、これはクローバーで育てられた牛から作られた。このクローバーは、牛が草を食べる平原に生えたものだ。牛にとっては、

ジャン・ルイ・ドマルヌ（1752〜1829年）の銅版画。牛の搾乳は数ある酪農家の仕事のうちの一つだった（著者所蔵）

雪深いスウェーデンやノルウェーよりも、牧草地が豊かなイングランドやオランダのほうがよかった。イングランドとオランダが主要な酪農国となった理由の一つがこれだ。だがイングランドでも、たとえサマセット州であっても、冬は牛は惨めな状態に置かれた。死ぬものもあった。他人と分け合うような余分なミルクはどこにもなかった。

そのうえ、中世ヨーロッパでは、さらにそののちもしばらく、ミルク（イングランド人は「白い肉」と呼んだ）は季節的な食物だった。哺乳類の動物はみんなそうだが、牛は子供を産まなければ泌乳しない。それは普通、春のことで、牛は良質の温暖な気候の草を食べて、春と夏に豊かなミルクをたくさん産出した。だが冬は、こうした草は枯れてしまう。そのうえ牛は最初の二年間、一生の三分の一を出産未経験で過ごすので、その長い期間はまったくミルクを産出しないということだ。

泌乳期間を最大限に生かすために、牛は一般に一年のうち一〇カ月間搾乳された。だが牛は妊娠期間が九カ月で、次の妊娠との間にミルクの停まる期間が通常二カ月あって、これまたタイミングの問題だった。酪農家は良質な草をうまく利用するため、牛の出産が春になるように調整しなければならなかった。

泌乳期間が冬まで続いている牛でも、あまり大量には産出せず、豊富なミルクにお目にかかれるのは春と夏だけだった。新鮮なバターはこの季節にしか手に入らず、残りの期間に手に入るのは塩漬けしたバターだけだった。「五月《メイ》バター」と呼ばれるものがあり、これは塩を加えずに保存された春のバターだ。これはとても薬効があると考えられた。

ミルクの季節的な特質は、特別な感情をもたらした。それは春と夏の歓びだった。だが残念ながら、それはミルクが温かい月、傷みやすい時期に産出されることをも意味した。

もし酪農家が街の近くに住んでいたら、傷みやすい製品を扱うのに明らかに好都合なので大半の者がそうしたのだが、彼は牛を街に連れていってミルクを売った。これは特にロンドンでよく見られた。酪農家は呼びかけながら通りを歩き回り、主婦か使用人か、いずれにしても女性がバケツなどの容器を持って出てきて、酪農家は温かい泡立つ液体がその容器に直接入るように搾乳をした。これにはたくさんの利点があった。ミルクはこのうえなく新鮮で、客のほうは牛が健康できちんと世話されているかどうか、牛の様子を見ることができた。

ロンドンが発展して広がるにつれ、ハムステッドヒースや、もともとは独立した村だったセントジェームズ公園、リンカーンズ・イン・フィールズなどの公園ができ、そこで牛に草を食べさせることが許された。セントジェームズ公園は高品質のミルクが手に入ると評判になり、裕福なロンドン人はそこへ使用人を買いにやった。だが新鮮なミルクの個別販売からは離れ、都市のミルクの品質が危険なほど落ちる傾向が始まった。女性が公園で牛の搾乳をし、二つの手桶を両端にかけた棒を肩に担いで街中を運んだ。煤や枝木、その他の都市のごみが、蓋のない手桶に入ったかもしれないし、搾乳ごとに手桶を洗うことが一般的な習慣になっていなかった。同じように、酪農場が街や都市の近くに作られたあとも、ミルクは蓋のない手桶かロバにぶら下げられたむき出しの籠で運ばれた。一六世紀に、都市の人々の間でミルクの地位が下降したと記した歴史家もいた。古代ローマ人のように、彼らはそれを貧しい者のための食品だと考え始め、この嫌悪感の理由は、ミルクをめぐる衛生管理の欠如（蓋のない容器で届き、小枝や虫やごみが表面に浮いている）だったかもしれない。
マーカムが一六一五年に出したイングランドの主婦のための本は、イングランド初の適切な乳製品の管理を扱った本だった。彼はそこで清潔さを強調した。だが男が女にものを教える際によくあることだが、衛生管理のテーマは女性を非難したい衝動とごちゃまぜになった。

ミルクが家の貯蔵室に来たあとの管理に関しては、貯蔵室を美しくこぎれいに保つという、つまりは主婦が清潔好きかどうかが主要な問題になる。ほんのわずかでも汚れがあってはならず、目や鼻に酸味を感じたりみすぼらしさが見えたりしてはならず、王子の寝室に負けないくらいの様子でなければならない。

ところで通常、水がミルクより清潔であるとは言えなかった。もっとも安全な飲み物はビールだった。だからこそ、北の文化の多くで、ミルクとビールを混ぜたのかもしれない。多くの北の国で、古くに考案された飲み方だ。ミルクとビールは初期のミルク酒の主な材料で、オランダとスコットランドを含むいくつかの国では、オート麦のポリッジはエールかミルクか、ときには両方が混ざっているのが普通だった。今日のスウェーデン南部、かつてはデンマークだったところ（スコーネ、ハランド、ブレキンゲなどの地方）では、ビールとミルクは朝食時、そして他の食事の大半でも摂られた。ビールはスモールビールと呼ばれるタイプで、アルコール度数がとても低いものだった。スモールビールとミルクを同じ割合で混ぜたものをマグで、一、二切れの黒パンとともに摂るというのが、貧しい者のよくある食事だった。ニシンとともにビールとミルクを飲むというのも、よくある朝食だった。ミルクは新鮮な全乳であることもあれば、脱脂乳であることも、酸敗したミルクであることさえあった。

　エールとミルクを混ぜるという考えは続いた。一八七五年、ミルクの歴史のある場所であるリンカーンズ・イン・フィールズのジョン・ヘンリー・ジョンスンは、ホエー、乳糖、ホップで作ったアルコール度数の低いビールの特許を申請した。彼はビールを作ることはなかったが、他の者が作り、あるいはミルクスタウトと呼ばれる同じような混合液体を作った。結局、ミルクスタウトに使われる唯一のミルクは乳糖になり、イギリス政府はこれがミルクに期待される健康上の効能をもたらすことはないと結論づけ、一九四六年、この名前にミルクという単語を使うことはできないと言い渡した。

7　チーズ熱愛者

フレッシュで若い、ソフトタイプのチーズは、古代ギリシャとローマで人気があり、ヨーロッパでも同じだった。もともとはヤギか羊のミルクで作られるのが常だったが、中世の終わりごろ、牛のミルクを使うようになった。最初、このようなチーズは、たぶん地元の薬草を加えて圧搾したカード（凝乳）から作り、短期間の熟成をさせた。だがやがて、もっと手の混んだ作り方をするようになった。これは、ジャーベス・マーカムによる一六一五年の本からのものだ。

フレッシュチーズの作り方

素晴らしいフレッシュチーズを作るには、牛から取ったばかりのミルク一ポトル［一・八リットル］と、クリーム〇・五リットルを用意する。レンネットか凝乳剤をスプーン一杯用意し、それをかけ、二時間置いてから、かき混ぜ、きれいな布に入れ、ホエーを排出させる。それをボウルに入れ、卵黄一個分、バラ水をスプーン一杯用意し、少量の塩、砂糖とナツメグとともに全部をこね合わせる。すべてがよく混ざったら、カードと混ぜ、きめの細かい布地でチーズ桶に入れる。

クリームチーズも人気があった。今日、私たちはよくクリームチーズを食べるが、それは非常に産業化されたもので、本来はどんなものなのか、どんなものであったのかを見失っている。それは少なくとも一五世紀にまで遡り、スコットランドやイングランドやフランスを含めた、数多くの国でとても人気があった。これはエリザ・スミスの著書『完璧な主婦（*The Compleat Housewive*）』からの、一七二七年のクリームチーズのレシピだ。この本は一八刷まで刷られたが、その多くは彼女の死後のことだった。スミスの本は、植民地時代のアメリカで刷られた初めての料理書だった。このレシピが夏のクリームチーズと呼ばれていることに注意してほしい。それは夏が、牛から搾りたてのミルクを一・五リットルも手に入れられる季節だったからだ。

夏のクリームチーズの作り方

牛から搾りたてのミルク一・五リットルを用意する。良質の甘いクリームを二・三リットル用意し、煙を立てずに沸かし、これをミルクに入れ、人肌ぐらいまで冷まし、そこにレンネットをスプーン一杯入れ、固まったら大きな濾し器を用意し、大きなチーズ容器の上に広げ、カードをそっと濾し器に入れ、すべてのカードが入ったらチーズの板の上に置き、一キロの重しをのせる。そのまま三時間水を切り、ホエーがよく排出されたら、チーズ用の布巾を小さなチーズ容器に広げ、カードを入れ、その布巾を以前のように平らにかけ、その上に板をのせ、二キロの重しをかけ、夜になる前に二時間ごとに乾いた布巾にのせかえ、翌朝それを割らないように注意する。翌日まで、容器の中で塩漬けにし、濡れ布巾に包み、熟成するまで毎日それを変える。

羊のミルクあるいはヤギのミルクでチーズを作ることから、牛のミルクで作ることへの転換は、一部にはチーズ製造者たちが商業的な展望を持ち、遠くまで輸送でき、悪い状態でも傷まないようなチーズを作りたいと考えたからだった。それは、ハードタイプの熟成した牛のミルクのチーズを意味した。また、兵士たちもこの種のチーズを必要とした。一六四二年から四六年の第一次イングランド内戦で兵士の一部に用いられた糧食について、詳細な記録が残っている。ウィルトシャーに駐留した議会党側の二〇〇人の兵士は、二四〇〇キロのチーズと一八〇キロのバターを支給された。歩兵集団は一日にチーズ七キロを、バター四キロ、パン六キロ、ビール一九リットルとともに受け取った。ビールはスタミナの保持に不可欠だと考えられた。

まもなく、一つのチーズが国際的なチーズ交易を支配し始める。今日でも健在のパルメザンチーズだ。このチーズの最古の記録は、一三四四年にフィレンツェの自治体が買ったのを記す台帳だ。しかしチーズ自体は、それよりももっと昔からあったと考えられる。

パルメザンチーズは一三五七年以降に有名になった。フィレンツェの作家ジョバンニ・ボッカチオが有名な著書『デカメロン』（河出書房新社、二〇一七年）で、「マカロニとラビオリの料理しかすることのない人々の住んでいる」、粉にしたパルメザンチーズの山に関する幻想を書いた。ボッカチオはこの空想的な山をイタリアから遠く離れた「バスクの地」にあるとした。だがこのチーズがすでに南ヨーロッパでよく知られていなければ、このような言及はしなかったはずだ。

パルメザンチーズがパルメジャーノ・レッジャーノとも呼ばれるのは、現在に至るまで、それがパルマとレッジオの間の緑豊かな牧草地で作られるからだ。ポー川からの給水を受ける、イタリアでも有数の牛のいる地域、エミリア・ロマーニャ州だ。バターを使ったパスタ料理があったら、それはおそらくエミリア・ロマーニャ州のものだ。イタリアのこの地域は、オリーブ油よりもバターを使う。

パルメザンチーズを作るために、チーズ製造者は午後の遅い時間に採ったミルクを一晩放置する。それから朝、そのミルクの表面のかすをすくい、クリームでバターを作り、残った脱脂乳を、朝の搾乳で採れた新鮮なミルクと混ぜる。それからレンネットと、前日のチーズ製造でとれたホエーを加える。この混合物を低温で四〇分熱し、この時点でカードができるので、ホエーを取り除く。余ったホエーは地元の豚の飼料となる。この豚で、イタリアのもっとも有名なハム、プロシュート・ディ・パルマが作られる。今日でも、この名前で呼ばれるハムを作るためには、パルメザンチーズのホエーを飼料として与えられた豚を使用しなければならない。

パルメザンチーズはとても大きな輪の形に形成されて、二年か三年熟成させた。その名声は続いた。ボッカチオが粉のパルメザンチーズの山を書いてから二世紀後、ルネサンス時代の料理作家であるプラティナは、このチーズの品質を特別に記した。サミュエル・ピープスは、蓄えてあったものを裏庭に埋めてロンドンの大火から守ったと述べた。トマス・ジェファーソンはバージニア州の自宅まで、パルメザンチーズを船で運ばせた。

ジェファーソンの時代までに、イタリアからパルメザンチーズを輸入するのは珍しいことではなくなっていた。一八世紀のイングランドのサセックス州ルイスの料理人ウィリアム・バロールは一七五九年の料理書で、いずれマカロニ・アンド・チーズとして知られるようになる料理のレシピを書いている。バロールはフランス人の料理人のもとで学び、イタリアの食物をあまり知らずに、フランス人からパルメザンチーズを教わったらしい。彼はこれ以前の「マカロン・イン・クリーム」（砂糖と卵黄、クリームとバターの圧倒的に濃厚な一品）のレシピで、これらのマカロンは「甘いビスケットの類ではなく、バーミチェリと同じ外国の練り粉だが、それほど大きくは作らない」と説明をした。

パルメザンチーズを使ったマカロン

これのためにも、まず少量の塩とともに湯を沸かし、そこに煮出し汁をレードルに一杯、少量の細かく刻んだ葉タマネギとパセリ、ペッパーソルトとナツメグを入れる。すべてを数分間とろ火で煮て、前と同じく縁のある皿に流し入れ、レモンかオレンジを絞り、細かくすったパルメザンチーズで厚く覆い、前と同じくらいの時間〔一五分〕いい色になるまで焼いて、熱いうちに供する。

フランス人はこの種のチーズの料理をたくさんテーブルに出す。貝類や牡蠣、アントルメで食べる多くのものを同じようにし、風味のあるホワイトソースで出すことはたまにしかない。

もう一つの国際的に有名な牛のミルクを使ったチーズはチェダーチーズで、そもそもはイングランドの豊かな牧草地、サマセット州のチェダーという町で作られたものだった。だがパルメザンチーズと違い、チェダーチーズが生まれた場所は法的に明記されてはいない。パルメザンチーズほど古くはないが、少なくとも一六世紀、あるいはもっと以前にまで遡る。チェダーという単語はもともとは町の名前だったが、まもなくチーズ製造の経緯を指すようになった。チェダリングは、水を切る途中のカードを切り、積み、圧縮する間、一〇分ごとに方向を変えて積みなおすことを意味する。これで、非常に滑らかなチーズ、チェダーができあがる。

パルメザンチーズ同様、チェダーはとても大きなチーズだが、ヴィクトリア女王の結婚式のために作られたような、直径二・七メートル、重さ五七〇キロもあるものはめったにない。サマセット州では、チェダーチーズは「自治体のチーズ」と呼ばれた。一つのチェダーチーズを作るのに、一つの教区の農場全体のミルクを必要としたからだ。女王のチェダーチーズには二教区分が必要だった。このチーズは一年から二年の熟成が必要だったので、こうした大きなチーズの製造には、まさに多くの時間と金が投入された。地元ではトラックルと呼ばれる小型のチェダーチーズが売られたが、移送するために大きなチーズが作られた。チェダーチーズのアイデアは輸出されて、イギリスの植民地の大半でこのチーズが作られた。アイルランドやカナダ、アメリカやオーストラリアのチェダーチーズがあるが、このどれも、サマセット州のチェダーチーズ特有の「ナッツの風味」はない。ほとんど誰も気づいていないようではあるが。

エリザ・スミスの本にはチェダーチーズのレシピが載っていて、どこでも作れるという考えを助長させた。ただし、そうするには農場にいなければならないのは明らかだった。チーズ製造者たちは商業的な見地で考え始めていたかもしれないが、まだチーズ製造は家庭での作業で、一七世紀、一八世紀になってからでさえも、料理書にはさまざまなチーズのレシピが載っていた。主婦を対象としたスミスの本には、レンネット、バター、数種類のチーズのレシピが紹介されている。

チェダーチーズの作り方

朝の一二頭の牛の新鮮なミルク、一二頭の牛の夜のクリームを用意し、そこにスプーン三杯のレンネットを入れる。出来上がったらそれを割り、ホエーする［排水する］。それができたら、また割り、できたらカードに一・五キロの新鮮なバターを混ぜ、圧縮機の中に入れ、一時間かそれ以上、頻繁にひっくり返し、布を替え、その都度洗い、最初は濡れた布を使うかもしれないが、最後のほうは二、三枚の乾いた布を置き、圧縮機の中に、チーズの厚さに応じて三〇時間か四〇時間置いておき、それから取り出して、ホエーで洗い、乾いた布に包んで乾かし、棚に置き、頻繁にひっくり返す。

大量に乳製品を消費する人々が、北部ヨーロッパとアルプス山脈、特にスイスに住んでいた。ローマ帝国の衰退にもかかわらず、南ヨーロッパは隣国に対する優越感を失わず、まだ彼らのことをミルクをがぶ飲みする蛮族だと考えていた。南部人たちはミルクを飲み、チーズを食べたが、北部人たちほど大量ではなかった。特にオランダ人は、きりもなくミルクやバターやチーズをむさぼる粗雑で滑稽な人々に選ばれた。フランドルの人々でさえ、彼らを「チーズヘッド（チーズ熱愛者）」と呼んであざ笑った。北部人も、特にイングランドの人々が、乳製品の習慣からオランダ人をばかにした。あるイングランドの小冊子にはこうある――「オランダ人は色欲盛んで太った、二本脚のチーズ虫だ」。

チーズを熱愛する以上に、中世のオランダ人は大変なポリッジの熱愛者でもあって、フランス人やイングランド人が小麦を意味するラテン語を使ってフルメントゥムと呼んだものの、とても楽し

カードを切る様子。1876年11月4日のイラストレイテド・ロンドンニュース紙より

い変化形であるポリッジを大喜びで大量に食べた。一般的に、オランダ人はポリッジを最低でも一日に一回は食べた。朝食でも昼食でも夕食でもあり、前菜でも主菜でも、デザートでもありえた。一五六〇年の『ニューウェンの料理書（*Nyuwen Coock Boek*）』にはオランダのポリッジのレシピが載っていて、これは真似してみる価値があるようだ。

> 殻をむいた小麦の穀粒を水で煮て、水を切る。次にミルクに卵黄と砂糖とサフランを入れて煮立てる。小麦の穀粒を入れ、しばらく煮る。

卵黄と合わせて煮立てるのは、オランダでよく用いられたミルクを凝固させるための手法だった。ポリッジの穀類っぽさが減り、甘いカスタードかプディングに近くなる。

ミルク、チーズ、ポリッジに加えて、オランダ人はバターも大量に消費した。上流階級は食卓に数種類のバターを置くことを自慢したはずだ。デルフトやゴウダといった町のものだ。オランダは北部人のようにラード（豚脂）で料理するよりも、バターを使うほうを好んだ。彼らはまた、朝食にホエーかバターミルクを楽しんだ。救貧院でさえも、朝食はバターミルクとパンだった。

バターがなかったら、オランダの食事はどうなっていたのだろう？　バターは、ありとあらゆるところで用いられた。ヒュッツポットという伝統的な肉のシチューでさえ、バターを使った。これはドルデヒト出身の医師ヤン・ファン・ベーフェルウェイクによって一六五二年に提案されたレシピだ。

羊肉か牛肉を用意し、きれいに洗って細く切る。そこに何か緑のものかパースニップか、詰めものをしたプルーンと、レモンかオレンジかシトロン［レモンに似ているがもっと大きく、通常は皮のみを食べる］の果汁か、強い透明な酢を四七〇ミリリットル加え、全部を混ぜ、鍋をとろ火にかける。ショウガと溶けたバターを加えれば、おいしいヒュッツポットができる。

おそらくこのヒュッツポットを料理するのに四時間は必要だろう。

オランダの海軍は一六世紀には恐るべき軍隊になっていたが、兵士たち各人に、毎週チーズ二二五グラム、バター二二五グラム、そして二・二キロのパンの塊を支給した。歴史家のサイモン・シャーマは、一六三六年に、一〇〇人の船員のいるオランダの船は、糧食の一部として約二〇〇キロのチーズと一と四分の一トンのバターが必要だったと計算した。豊富なチーズとバターの供給は、全オランダ人の権利だった。

フランス人は今日の「フリッツジョーク」のように「フランドル人のジョーク」を口にしたが、フライドポテトのことで彼らをばかにするよりも、オランダ人と合わせてバターの消費量の多さで笑った。外国での嘲りはさておき、オランダの保健当局は常に、オランダ人が健康に悪いほどの量のバターを食べると不満だった。特に多くが心配したのは、バターとチーズを一緒に食べるという習慣だった。一七世紀中盤、画家のパウルス・ポッテルはこう書いた。

バターと合わせたチーズは邪悪だ

悪魔に押しつけられた組み合わせだ

だがたいていのオランダ人は、乳製品は良好な食生活に欠かせないものだと信じていた。一七世紀の医師ハイマンス・ヤーコブスは、「甘い（新鮮な）ミルク、新鮮なパン、上質な羊と牛の肉、新鮮なバターとチーズ」を食べるようにと助言した。有名なオランダの静物画の学校出身の芸術家たちは、画面の構成物としてよくチーズを用いた。

オランダ人はたくさんの種類のチーズを作った。羊のミルクでも作ったが、牛のほうが多かった。初乳を使ったチーズ、カセウム・ニモルケンも作った。新しい春のチーズ、クミンを入れたチーズ、少量のホエーの残っているカードであるカッテージチーズなどを作った。彼らはイングランドのチーズやフランスのブリー、パルメザンチーズの模造品も作った。一六世紀には、イタリア式のリコッタチーズを作り始めた。

オランダには中心にチーズの市場のある都市がたくさんあり、効率のいいチーズの分配システムができていた。オランダは小さな国で、大半の人々が農場かその近く、あるいはチーズ市場の近くに住んでいた。ゴーダチーズ（この名前はスペイン語の「jota」から派生したもので、オランダ語では喉音を使ってハウダと発音する）は、それが売られていたチーズ市場のあった町から名前がついた。このチーズに関するもっとも古い記録は一一八四年で、最初の記録に関して常に言えることだが、おそらくこのチーズはすでにこの日付よりも前に作られていたのだろう。オランダのチーズ製造そのものが、これより前に遡るのは確かだ。ローマ人がユリウス・カエサルに率いられて最初

ジョン・ゴッドフリーの版画「搾乳の時間」。1856年のアート・ジャーナル誌より。もとは1946年のパウルス・ポッターによる絵

にオランダの土地にやってきたのは紀元前五七年のことだったが、そのとき彼らはチーズを食べる人々を発見した。チーズを表わすオランダ語の「kaas」はラテン語の「caseus」から来ていて、このことから、地元民はハードタイプのチーズ作りをローマ人から教わったとする歴史家もいた。ローマ人の兵士たちは行軍のためにハードタイプのチーズの糧食を携帯していた。

ゴーダは熟成した牛のミルクのチーズで、多くのチーズのように、大きな桶でカードをかき回したり切ったりする大変な手作業が必要だったのにもかかわらず、常に農場で女性によって作られた。ミルクは毎日二度の搾乳によってまだ温かいうちに運びこまれ、子牛のレンネットだけではなくて、チーズ製造者が培養した乳酸菌も凝固に用いられた。

今日、大半のゴーダは高度に産業化された工場で作られているが、いくつかの農場では、一二世紀と同じ製法で、牛から搾りたての生のミルクで作っている。こうしたチーズは「農場チーズ」と分類され、卸売業者によって農場から集められている。

オランダは一三世紀にチーズを輸出し始めた。一六世紀までにはかなりの余剰品ができ、イングランド、フランス、ドイツ、スカンディナビア、スペイン、そしてポルトガルに輸出していた。

一三世紀と一四世紀、オランダは水路を築き、排水した海底を干拓地にすることで、土地を再利用する技術を発達させた。これによって牧畜と土地の維持管理が劇的に改善された。北西部フリースラント地方の北海のすぐ下、ホランドが独自の言語を持っている唯一の地域で、酪農家たちが家畜の交雑に成功してミルクの産出量の多い牛を開発した。これは未来への明るい兆しだった。

一六世紀中盤と一七世紀中盤の間に、オランダの牛の価値は四倍になった。オランダは牧草地を

ノースホランド州ホールネのチーズ市場。人気のあったフランスの週刊旅行誌ラ・トゥール・ドゥ・モンド、1880号より。作者のフェルディナンドスは、この雑誌の人気挿画家だった

開拓する最善の方法とともに、牛に餌を与える最善の方法を理解し始めた。これによって一六世紀と一七世紀のフリースラント、フランダース、ホランドでミルクの生産量が大きく増えた。オランダの牛は近隣諸国の牛の二倍の量のミルクを産出し、ミルクはオランダで、大半のヨーロッパの国より豊富になった。

最初は気づかれなかったが、ヨーロッパ人のオランダ人への見識が大きく変化した。一五九〇年代にスペイン支配から解放されたこの国は、神聖ローマ帝国支配下の地位の低い土地から、美術や化学や技術において才能を発揮する独立した共和国へと、急速に変化した。一夜にして、オランダは地球規模の商業の盛んな帝国となり、世界の海上貿易および経済の主要勢力となった。突然、チーズ熱愛者が立派だと思われるようになったのだ。

なぜオランダがそれほど優れた存在になったのか、ヨーロッパ中で議論や論文がとりかわされた。こうした議論をする者たちの多くが、かつてはオランダをミルクを飲みチーズを食べる愚か者の国だと思っていたことを認めた。ヨーロッパ人はまた、オランダの酪農場には天才がいることにも気づき始めた。良質の牧草地、良質な牛、海よりも低い土地で酪農を行う能力だ。オランダの酪農業もまた、高く評価されるようになった。

酪農の世界では、さらに大きな変化が起きていた。オランダ、イングランド、フランス、スペインやポルトガルといった、恥ずかし気もなく欲望と冒険心に駆られてミルクを飲む者のすべてが、人類が動物の搾乳をしていない遠い土地（二つの大陸）への、海の長旅に出かけたのだ。

8 プディングの作り方

ヨーロッパ人が持ちこむまで、アメリカにはどんな種類の牛も畜牛もいなかった。ヤギや羊は何種類もいたのだが、搾乳はしなかった。北米のバイソンを家畜化したり搾乳したりしようとする者もいなかった。南米のラクダに似たラマは素晴らしいミルクを産出し、飼育も楽だが、インカという偉大なる高度な文明の近くに住んでいたにもかかわらず、搾乳されたことはなかった。ラマは家畜化されたが、運搬にのみ使われ、もっと小さな種のアルパカはその毛が利用された。だが北極地方のアラスカの、ブルックス山脈から南極地方のパタゴニアの先端まで、酪農は行われなかった。大半の人々は乳糖不耐症だった。

二つのアメリカ大陸で、他の哺乳動物と同様に、人間は自分たちの乳を子供に与えた。実をいうと、乳が人間以外の動物の生存に必要とされたとき、女がそれを提供したこともあった。これはいくつかのカナダの部族や、スー族のプーマ一族、そしていくつかのアマゾン川の部族について記録されている。アメリカ大陸に限ったことではない。ヨーロッパやアジア、古代ローマでもあったことだった。ニューギニア島の高地の女性が子豚に母乳を与えたり、ヨーロッパ人が入植する前のハワイで人間が子犬に母乳を与えたり、南アメリカのガイアナで鹿に母乳を与えた記録もある。女性はその生存に大事な意味のある動物に母乳を与え、それは泌乳を促したり、満杯になった胸を救うためでもあった。

ヨーロッパ人が両アメリカ大陸に到着してまもなく、彼らは牛を持ちこんだ。彼らはミルクなしで暮らすつもりなどなく、搾乳するためにどの動物を連れていくかの議論があったわけでもなかった。ミルクを産出する動物を長い船旅に連れ出すのであれば、一頭あたりの産出量がもっとも多いものにするのが理に適っていたからだ。

両アメリカ大陸に来たさまざまな国籍のヨーロッパ人には、二つの共通項があった。みんな牛肉と乳製品を食べ、みんな新しい土地でもできる限り故郷と似た生活をしたいと望んだのだ。これが、彼らが両アメリカ大陸に住んでいる人々やその文化を邪魔もの扱いした理由の大きな一つだ。彼らはトウモロコシや七面鳥といった地元の生産物を食べるようになったが、たいていは、できるだけ早くヨーロッパの食物を輸送した。

クリストファー・コロンブスは両アメリカ大陸への二度目の航行の際、現在のドミニカ共和国であるサントドミンゴに畜牛を連れていった。それらはヨーロッパの種ではなく、インドの血統のものだったと考えられる。インドの牛は、おそらくアラブ人がスペインに持ちこみ、そこでヨーロッパの血統と交雑された。一五二五年、スペイン人はメキシコ領カリブ海の港町ベラクルスへ畜牛を連れていった。これがやがてメキシコ中に広がり、テキサスロングホーンの原種になったと考えられている。スペイン人はカナリア諸島から南アメリカへも畜牛を連れていった。羊やヤギも持ちこまれた。

牛はすぐに成功したわけではなかった。それらは蚊の攻撃を受け、交戦中の部族民に殺され、飢えた酪農家の食肉にするために殺された。酪農業は、南アメリカの食生活の中心となるまで、一世紀以上も苦闘することになった。だがやがて大陸の西海岸の宣教師たちが、自分たちの作るミルクや野菜で食べていけるようになり、彼らは地元の女性たちにチーズやバターの作り方を教えもした。

北アメリカ大陸の最初の畜牛は、やはりスペイン人によって、フロリダ州とジョージア州、そして南北のカロライナ州に持ちこまれた。イギリス人は一五八〇年にロアノーク島の新しい植民地に最初の牛を連れていったが、この植民地は牛もろともすべてが消えてしまった。イギリス人が一六〇六年に第二のバージニア州の植民地ジェームズタウンを作ったとき、三隻の船が一四〇人の入植者を連れていったが、牛はいなかった。イギリスの法律はバターの輸出を禁止していたが、船では入植者にときどきチーズとバターを支給した。それから一六一〇年に植民地が死に絶えつつあったとき、デラウェア卿がチェサピークに船で着き、さらなる人員と支給品と乳牛とで、そこを救った。

デラウェア卿は、ジェームズタウンの植民地を存続させるためには酪農場を開発しなければならないと考えた。一六一一年に彼がイングランドに帰ったとき、彼はバージニア会社に報告書を書いた。「すでにあそこにいる畜牛は増えて、牧草地でよく育っている。土地は雪でおおわれ、厳しい寒さだったが、牛はみんなこの冬を無事に過ごし、自分で見つける草以外の飼料はなくても平気で、よく育ち、多くは子牛を出産しそうだ……ミルクは食事としても、健康にもいい、とても滋養のある軽食であり、サー・トマス・デールとサー・トマス・ゲイツが追加の一〇〇頭の牛とともにバージニアに到着すれば、それは素晴らしいことに違いない」

バージニア植民地の副総督であったトマス・デールは、酪農業について近代的な考えを持っていた。今日、進歩的な考えは草を飼料として牛を育てることかもしれないが、一七世紀の初頭には、補充の飼料を用いるというのは尋常でなく進歩的なことだった。デールは、牛は特別に良質な牧草地で飼うべきだと信じていた、だが牛たちには、補助的な飼料と住みかも必要だと考えた。デールは将来アメリカとなる土地で、最初の牛舎を作った。彼はまた、干し草にする草を育てて収穫し、冬の飼料として蓄える手配をした。戒厳令を出し、わけもなく牛を殺すことを重大な犯罪とした。

だが一六一六年にデールが二〇〇頭以上の牛をあとにして植民地を離れたとき、彼の考えの大半は遺棄された。牛舎は貯蔵庫として使われ、牛たちの住みかや冬の飼料はなくなった。バージニアとニューイングランドの植民における重要人物であるキャプテン・ジョン・スミスは、酪農よりも女性の開拓でよく知られた。彼は牛に餌を与えるという考えはばかばかしいとし、勝手に草を食べさせておけばいいと考えた。

しかしながら、デールがいなくても、バージニア会社は酪農業の重要性に気づき始めた。バージニアの牛はイングランドでの二倍の価格がつき、新しい植民者一〇〇人につき二〇頭の若い牛を船に積むという政策を受け入れた。一六二九年までに、植民地には二〇〇〇人以上の植民者と、おそらく五〇〇〇頭もの牛がいた。一六一九年にバージニア植民地が民主政体になったとき、牛を殺すことを禁じる法律が採用されたが、これは数少ないデールの方針の名残だった。一六七三年、いつも以上に厳しい冬の間に、住みかや飼料を与えられなかった牛が何千頭も死んだ。しかしながらアメリカの酪農産業は、しばしば議論の対象となりながらも変化せず、一九世紀になるまで大半の牛は住みかや補助的飼料を与えられなかった。牛に飼料を与えることを巡る議論は続いた。

一六二〇年、イングランド人は北バージニアと呼び、ジョン・スミスはニューイングランドと呼び、地元住民はマサチューセッツと呼んだところへ、次のイングランドの植民者グループが入植したとき、ジェームズタウンの植民地の失敗と成功から何かを学んでいたはずだと考えるのがもっともだろう。だがそうではなく、バージニアの植民者たちと同じ事柄を学ぶまで、彼らは飢えに苦しむことになった。

一六二〇年にプリマスに着いた人々は、バージニアに入植した人々とは違った。彼らは神権政治という概念を試す場所を求める、宗教的急進派だったのだ。食料供給などという些事はほとんど気にせず、食料ばかりか熟練した農業家や漁師もおらず、必要な農具や釣り道具も持っていなかった。

バターは、少なくとも最初は十分な供給のあった数少ない食物の一つだった。これに、一七世紀初頭のイングランドにおけるバターの立ち場がうかがえる。だがどうやら、新しい植民地の総督であったウィリアム・ブラッドフォードはバターの重要性を信じておらず、イングランドを出るために必要な資金が不足しているとわかったとき、バターは「なしで済ませてもいい日用品」だといってその大半を売り払い、物議をかもした。

そうして入植者たちは港湾税を支払い、乏しい食料供給と、ないに等しい農業や漁業の知識とともに船出した。ある入植者は、こう書いている――「私たちの行為に神の祝福があるよう祈りながら、我々の心に平和と愛があるように祈りながら、私たちは出立して休む」。

しかしながら、彼らはいくらかの乳製品を持っていたようで、一一月二六日、上陸してから二カ月と一〇日が経ったころ、一六人の男たちが、武装はしているがオランダのチーズ以外はろくに食料を持たず、コッド岬の探検に出かけた。

地元のアメリカ先住民の助けを得ても、入植者たちは最初の冬に飢えた。一〇一人か一〇二人のメンバーの半分が死んだ。

その年の三月に、彼らは残った食料でインディアンの首長サモセットをもてなし、ビスケット、バター、チーズと野生のカモを出した。サモセットは乳製品を喜んで食べたということで、以前にもイングランドの漁船でいくらか食べたことがあったらしい。ついに一六二四年三月、イングランド船チャリティー号が雄牛一頭と若い雌牛三頭を乗せて到着し、ニューイングランドの酪農産業が始まった。あとに続いた船で、別の種類の牛がさらに持ちこまれた。黒、赤、そして赤と白。黒牛はケリー種、初期のケルトの牛の血を引くアイルランドで有名な血統だったと思われる。

一六三九年、最初の入植者がボストンに、三〇頭の牛を連れて到着した。その後まもなく、さらに多くが持ちこまれ、ボストンでは酪農の文化が開発された。一六五〇年までには、バターとチーズがニューイングランドの植民地から輸出されるようになった。

初期のオランダの入植者は、これとは違った。一六二四年にニューヨークに北アメリカの植民地を設立したとき、入植者たちは積荷とともに、牛、そして羊と豚を持ちこんだ。一六二五年、さらに牛、羊、馬、豚が到着した。牛、羊、馬などの名前のついた船が、特別に家畜の輸送用に設計された。

到着後、牛はすぐさま、ガバナーズ・アイランドから、いい牧草地のあるマンハッタンへと船で運ばれた。それにもかかわらず、植民地の宗教的リーダー、ジョナス・ミカエリウスはアムステルダムに、ミルクやバターが足りず、もっと牛が必要だと書き送った。フリースラントから、追加の黒白の牛が送られた。一六三九年、今ではニューネザーランドと呼ばれる地区に入植を希望する者は誰でも、無料の渡航手段、家、牛舎、農具、馬四頭、牛四頭、そして羊と豚を与えられた。六年後には牛を四頭返さなければならないが、そのころにはもっと増えている見こみがあった。

一九八九年にオランダ系アメリカ人の料理作家ピーター・G・ローズによって英訳が出た『賢い料理（*De Verstandige Kock*）』は、一六六七年にオランダで初版が出て、ニューネザーランド植民地の主要な料理書になった。そこにクリームと卵を使って濃厚なポリッジを作るレシピがある。

卵黄一二個、クリーム四七〇ミリリットルを用意し、卵を濾し器を通してクリームとよく混ぜ、バラ水と砂糖適宜を加え、火にかけ、煮詰まるまでゆっくりかき混ぜる。分離するので、沸騰はさせない。

他にも同じように卵をたくさん使ったカスタードが、この料理書にはいくつも入っている。これはレモンカスタードだ。

レモン果汁と卵黄八個分を用意し、四個分だけ白身を加え、半スタイフェル分の白パン［二・五セント分だが、半スタイフェルでどれぐらいのパンが買えたか特定するのはむずかしい。おそらく小さな塊り程度だっただろう］を粉にし、新鮮な全乳四七〇ミリリットルと適当量の砂糖を加え、強すぎず弱すぎもしない火で沸かす。

また別の、バターミルクを使って、アップル・ア・ミルクと呼ばれるアップルソースを作るレシピもある。

エイトン種のリンゴ［酸っぱいリンゴの種類］を用意し、皮をむき、芯を取り除き、バターとバラ水とともに鍋に入れる。粥状になるまで煮て、スプーンでつぶし、少量の小麦粉と、適量のバターミルクを加える。甘いクリームのようになるまで煮て、砂糖少々と白パンを加える。

バターミルクは北アメリカの植民地では好まれたが、南では主に奴隷に与えられた。カッテージチーズも作られた。もともとは家庭で食べるために作られたものだったが、人気が出て、やがてアメリカの食生活の中心になった。だが「人気」というのは正しい言い方ではないかもしれない。いいダイエット食だという評判が立ち、多くの人は、本当は好きではないのに食べたのだ。一九六八年、リチャード・ニクソンが大統領に立候補したとき、選挙運動のマネジャーたちは、彼を人間的で人好きするように見せるチャンスを探していた。ニクソンはもっとも可愛くない政治家の一人で、堅苦しくて不機嫌で、思いがけないときにおかしなことで怒りだす傾向があった。オレゴン州での選挙運動で、ニクソンは州全体のテレビに出て、一般市民からの質問を受けた。ある者が「どうやって体重を抑えているのか？」と訊いた。努力の一つとしてカッテージチーズを食べていると、彼は答えた。味は嫌いだと告白した。

ものすごい量のカッテージチーズを食べている。あまりまずいと思わずに食べる方法がある。ケチャップをつけるんだ。少なくともそれで、カッテージチーズの味は消える。どうしてこれを始めたか教えよう。祖母が教えてくれたんだ。祖母は九一歳まで生きたが、いつでもカッテージチーズにケチャップをつけていた。

だがもちろん、カッテージチーズは脂肪が少ないとは限らない。一九世紀後半のニューヨーク一有名な、ウォルドルフ・アストリアのスイス生まれの料理人オスカー・チルキーは、カッテージチーズの作り方に次のような助言をした。カッテージチーズの普通の作り方である、シンプルな排水しきらないカードとは、ほとんど関係がない。

もっと豊かな方法は、同量のバターミルクと濃いミルクを釜に入れて火にかけ、沸騰しそうになるまで熱し、リネンの袋に注ぎ、翌日まで排水させる。それから出し、塩をかけ、濃さに応じて少量のクリームかバターを入れ、オレンジぐらいの球状にする。

腐敗は常につきまとう問題だった。一七世紀と一八世紀のアメリカでは、ミルクやクリームを入れたバケツを井戸の中に入れて低温に保ち、バターとチーズは低温の地下室に置かれた。バターの酸敗も問題だった。一八六九年に刊行されたカサリン・ビーチャーの『アメリカ人女性の家(*American Woman's Home*)』はほとんど彼女が書いているが、彼女よりも有名だった妹、奴隷制度廃止論者のハリエット・ビーチャー・ストウの名前も記されている。この本には、傷んだバターによって食事全体が台無しになる様子が描写されている。

悪いバターが絶望的なことと言ったら、それが使われるテーブルで、他のすべての食物への道を阻止すべく立っている歩哨のようなものだ。口の中を苦味で満たすひどいパン半切れから顔をそむけて、ビーフステーキを見ても、それも同じ毒に侵されていることがわかる。野菜料理に逃げようとしても、サヤエンドウにバターが使われていて罪のない新鮮な豆を汚染している。トウモロコシ、サコタッシュやカボチャにも使われている。ビーツはそれに浸っていて、玉ねぎにもかかっている。空腹で惨めな気持ちで、デザートで元気を取り戻そうと考える。でもペストリーは呪われ、ケーキも同じ災厄を受けて苦い。絶望で泣きたくなるだろう、まったく惨めなものだ。特にそれが、繊細な妻と四人の小さな子供とともに三カ月船旅をした末にようやく着いた食卓だとしたら。これは恐ろしい、希望のないことだ。なぜなら長く慣れた習慣になっているため、もてなす側の人間は何が問題なのか気づきもしないのだ。「バターは嫌いですか？　特別に金をはたいて買った、市場で最高のものです。一〇〇もある鉢を見て、選んできました」。あなたは黙りこみ、これ以上ないほど絶望している。

多くの料理書に、疑わしい解決法が載っている。アナベラ・P・ヒルによる『ミセス・ヒルの南部実用料理（*Mrs. Hill's Southern Practical Cookery and Receipt Book*）』（一八六七年）にはこのようにある。

変質したバターやラードを回復する方法：ダービーズの予防液を、瓶に書かれた指示通りに使う。全体をクリーム状にして、バターを清潔な容器に入れる。

ダービーズの予防液とは、ジョン・ダービーによる発明品で、彼によると、この万能薬には水酸化カリウムと、ソーダと塩の混合液が入っていた。これは南アメリカで広く使われた。

多くの国が、このバター問題に取り組んだ。一八六一年に初版が出たエリナ・モロコビッツの『若い主婦への贈り物（*A Gift to Young Housewives*）』は、革命前のロシア貴族社会で主要な料理書だった。彼女は傷んだバターの「回復法」をたくさん紹介している。

何度か水を変えながら、傷んだバター全体を洗う。塩と、すったニンジンの汁を加え、布で濾す。完全に、よく混ぜる。

ニンジンの汁がバターに感じの良い風味をつけるが、このバターは数日しかもたないので、供する直前に加えたほうがいい。

アメリカで最初に冷蔵庫を作ろうとしたのは、バター保存のためだったというのは意味深いことだ（オーストラリアでの出来事とは対照的だ。オーストラリアでは一八五三年に、そこに移住したジェームズ・ハリスンが本当に機能的な冷蔵庫を初めて作り、それでビールを冷やした）。一八〇三年、メリーランドのトマス・ムーアは、毛皮で断熱をしたマツ材の箱の中に、氷で覆ったバターのための金属の箱を入れた装置を作った。彼は、初めて冷蔵庫という呼称を使って、この箱にバターを入れ、メリーランドの酪農場からジョージタウンの食物市場へ運んだ。市場で、彼の硬くて新鮮なバターは衝撃的で、買い物客は喜んで高い金を払った。だがムーアは冷蔵庫産業を作るという最終的な目標は失敗した。人々は冷蔵庫ではなく、バターを買いたかったのだ（トマス・ジェファーソンは一台買ったが）。

腐敗だけが問題なのではなかった。一八六三年、一九歳で結婚して、二九歳で四人目の子供を出産する際に死んだイングランド人女性イザベラ・ビートンは、『ミセス・ビートンの家事技術（*Mrs. Beeton's Book of Household Management*）』という、英語史においてもっとも広く読まれている食物関連書を出した。彼女は、バターはとても「感じのいい風味」があると指摘した。だがそれは、牛が何を食べたかによっており、「まずいバター」ができる牛もいた。

バターとチーズは、酪農場で女性によって作られた。それは長い時間を要する重労働だった。ライザ・スミスは、一八世紀の仕事の様子を次のように描写した。

バターを攪拌する様子。1876年11月4日のイラストレイテド・ロンドンニュース紙より

搾乳したら、すぐにそれを壺に濾し入れ、半時間よくかき混ぜ、平鍋かトレーに入れる。クリームができたら、それをミルクからきれいにすくいとり、陶製のポットにいれ、すぐに攪拌してバターにしないのなら、一二時間に一度ずつ別の清潔な熱湯消毒した鍋にクリームを移し入れ、鍋の底にミルクが残っていたらそれを取り除く。三倍から四倍の水の中でバターと一緒にかきまわし、好みで塩を入れ、よくこねるが、塩味をつけたらもう洗わず、次の朝まで鍋に入れておくなら楔形にして立てておき、ふたたびよくこね、三本指くらいの厚さの層にして、少量の塩をかけ、鍋がいっぱいになるまで繰り返す。

このレシピで疲れるのは、「攪拌する」「よくこねる」「ふたたびこねる」という部分だ。バターを攪拌するのに使う、揺り籠を揺らす装置が発明された。天秤棒の片側に揺り籠、片側にバター攪拌機がついている。母親は、両手が空いて他の仕事ができるように、脚でそっと揺り籠を揺らす。そうするとバターも攪拌される。

ジェームズタウンとプリマスの時代から南北戦争まで、アメリカの食品は基本的にイングランドのものだった。そのせいでチェダーチーズ以外のチーズを作ることはめったになく、もし作ってもウィルトシャーチーズぐらいだった。植民地時代、アメリカ人は当時人気のあったイングランドの料理書に従った。ジャーベス・マーカム、ハンナ・グラス、そして特にエリザ・スミスのもので、彼女の本はバージニア州ウィリアムズバーグで、死後一〇年経ってから刊行された。スミスの本のアメリカ版にはいくつかの追加があり、ガラガラヘビに噛まれた場合の治療法や「毒消し」が含まれていた。こうした治療法は、黒人奴隷のシーザーという男によって出版社に提供された。彼はこの治療法と引き換えに、自由と、その後の生涯ずっと、一年に一〇〇ポンドずつ支払いを受けた。

独立戦争後の一七九六年に刊行されたため「最初のアメリカの料理書」と呼ばれるものは、コネティカット州ハートフォードで刊行され、著者はアメリア・シモンズで、彼女については出生地などはほとんどわからないが、おそらくアメリカ人だとされている。彼女は「アメリカの孤児」と自称して、タイトルページには「この国に適応させた」とあるにもかかわらず、レシピの大半は明らかにイングランドのものだ。だが彼女のシラバブのレシピは、牛から直接搾乳しろといい、リンゴ酒を用いる点がアメリカ的だ。

牛のミルクから美味しいシラバブを作る方法

二重に精製した砂糖でリンゴ酒九四〇ミリリットルを甘くし、ナツメグを挽き入れ、この酒の中に牛のミルクを搾り、ちょうどいいと思う量のミルクを加えたら、作るシラバブの量に合わせて二五〇ミリリットルかそれ以上を注ぎ、手に入る最高に甘いクリームをその上にのせる。

シモンズは「クリーム菓子」のためのレシピを四つ載せていて、これはたった五〇ページの料理書にしては特別なことだ。今日のムースに近いクリーム菓子は、一八世紀の流行りだった。エリザ・スミスは一五、ハンナ・グラスは一六のクリーム菓子のレシピを載せている。シモンズは「素晴らしいクリーム菓子」、レモン、ラズベリー、そして「ホイップクリーム」を載せることにした。「素晴らしいクリーム菓子」の作り方はこうだ。

クリームを四七〇ミリリットル用意し、好みに合わせて甘くし、少量のナツメグを挽き、橙花水とバラ水を各スプーン一杯、ワインをスプーン二杯入れる。卵四個と精白粉をこね、すべてをかき混ぜてとろりとするまで火にかけ、カップを用意してそれに注ぐ。

イングランドのクリーム菓子と比べると、かなりシンプルなレシピだ。エリザ・スミスはシモンズと同じものを考え、「白くしたクリーム」と呼んだ。おそらくこれが、シモンズのレシピの元になっているだろう。

できるだけ濃い新鮮なクリームを九四〇ミリリットル用意し、精製糖と橙花水で風味をつける。それを煮立て、二〇個の卵白を少量の冷たいクリームとこね、トレッドル［糞か土の意味？］を取り除き、クリームが火のうえで沸いたら卵を入れる。濃いカードになるまでよくかきまぜる。それを取って、ふるい［木製の輪に馬の毛を張ったものが、何世紀もの間キッチンによくある道具だった］に通す。冷たくなるまでスプーンでよくこね、皿に入れて使う。

クリーム菓子の魅力的な変化形は、ヨークシャーの使用人エリザベス・ラファルドが一七六九年に『経験豊富なイギリスの家政婦（*The Experienced English Housekeeper*）』に書いたものだ。彼女はこれをラ・ポンパドール・クリームと呼んだ。

卵の白身五個分を濃い煮出し汁にこね入れ、平鍋に入れ、橙花水スプーン二杯、砂糖五〇グラムとともに、三、四分優しく混ぜ、それを皿にそそぎ、よく溶かしたバターをかけ、熱いうちに供する。夕食の第二皿のつけあわせにいい。

シモンズはプディングの章も独立させていて、これは一七世紀、一八世紀、一九世紀でさえも、料理書に珍しいことではなかった。彼女は二九のプディングのレシピを載せた。エリザ・スミスは五六。イングランドの激動の一七世紀に、王党員と旧教徒のために料理をしたロバート・メイは、一六六〇年と一六八〇年に『洗練された料理（*The Accomplisht Cook*）』を刊行した。これはチャールズ二世の宮廷の食事と王政復活に関する決定版と考えられ、五〇のプディングのレシピが収められている。

プディングはやがてミルクから作るデザートになるが、そもそもはどちらでもなかった。初期のプディングは肉かソーセージで作られることが多かった。スエット、バター、牛肉、羊肉、乾燥果物が共通する材料で、これらを羊の胃か腸に詰めこんだ。イングランド人は今でも血のソーセージを「ブラック・プディング」と呼ぶ。ロバート・メイの一六六〇年の「ワインと内臓のプディング」では、「内臓」はソーセージの外皮のことだ。

マンチェットを二つ［マンチェットは基本的にロールパン、片手で持てるぐらい小さなパンを指す］を用意し、ワイン二三五ミリリットルと砂糖を用意する。ワインは沸騰させておく。卵を八つ用意し、バラ水と一緒にこね、これに切ったデーツ、ペポカボチャ、ナツメグを入れ、全部を混ぜて、腸に詰めて茹でる。

やがて、ミルクとクリームがプディングに加えられるようになった。その例が、A・Wのエリザベス一世時代の「豚の肝臓の白いプディング」だ。

肝臓をよく茹で、すり鉢の中でこね、クリームと一緒に水を切り、そこに六個分の卵黄を入れ、つぶし、軽いパン半ペニー分を入れ、小さいブドウ、デーツ、クローブ、メース、砂糖、サフラン、牛のスエットを入れる。

一七二〇年のエドワード・キダーの子牛の足のプディングはソーセージの形を残しているが、クリームが入っている。

子牛の足を二本用意し、細かく切り刻み、クリーム四七〇ミリリットルと一緒に煮沸してすりつぶした一ペニー分の白パンと混ぜ、そこに切り刻んだ牛のスエット二五〇ミリリットルと卵八個と丸い干しスグリ一つかみを入れ、甘い香辛料と砂糖と少量のサック、橙花水、二本の骨の髄で風味をつけ、牛の網肪［動物の臓器の周囲の、薄い膜状の脂の層で、今でもパテやフォースミートの料理を包むのに使われる］を入れ、卵のバターをかけ、布を濡らしてそこに置き、しっかりと結び、鍋が沸いたらそこに入れて約二時間茹で、皿に置き、薄切りにしたアーモンドとシトロンを刺し、サック、ヴェル果汁、砂糖と溶かしバターをかける。

まもなくプディングは、ミルクかクリーム、卵と砂糖を含んでいればなんでもよくなった。大麦、雑穀、オート麦、米のプディングがあった。果物のプディングもありとあらゆる種類があった。栗、バーミチェリ、芋、ホウレンソウのプディング。もっとも古く、人気のあるプディングは即席プディングだった。即席プディングはミルク、砂糖か糖蜜、香辛料で作り、ニューイングランドでインディアン・プディングとして知られているデザートと同じだが、イングランドのプディングは小麦粉を使い、ニューイングランドのものはトウモロコシを使う。ニューイングランドのものにインド的な要素は何もない（入植者たちはただ、伝統的なイングランドの料理の真似をした）。だがトウモロコシはインドと関連のある食材だった。アメリア・シモンズのインディアンプディングの、三つのレシピのうちの一つを挙げる。

塩をしたトウモロコシ四七〇ミリリットルにつき、沸かしたミルク一・五リットル。冷まして、卵二つ、バター一一〇グラム、砂糖か糖蜜、十分な香辛料を加える。二時間半焼く必要がある。

もう一つとても古いプディングに、プラムプディングがある。プラムをplumbと書くのは、実際のプラムではなく、雑多な乾燥果物、特にブドウとスグリを指しているからだ。このプディングは一四世紀にまで遡って記録があるが、もっと古いのかもしれない。ロバート・メイのワインと内臓のプディングとほぼ同じだ。アメリア・シモンズの茹でたプラムプディングのレシピを挙げる。

小麦粉一・五リットル、塩少々、卵六個、プラム四五〇グラム、砂糖二二五グラム、牛のスエット四五〇グラム、ミルク四七〇ミリリットル。全部を混ぜる。強い布に入れ、粉をかけ、三時間茹でる。甘いソースをかけて供する。

プディングは二〇世紀まで、大量の食事に共通の、中心的な料理だった。アイルランドの作家ジェイムズ・ジョイスの短編「死せるものたち」の中心に描かれているのは贅沢な真昼のガチョウの食事で、「大きなプディング」で締めくくられるが、一人分がさらに分けられて、長いテーブルについてたくさんの客に渡され、ラズベリーかオレンジゼリーかジャムがその上にかけられた。一九一四年、短編集『ダブリナーズ』（新潮社、二〇〇九年）の中の一篇として初めて発表されたとき、プディングはまだ流行りのご馳走だった。

9　みんな大好きアイスクリーム

歴史家たちは一般に、ホモ・エレクトスは六〇万年前に火を使ったということで同意しているが、この行為は一万二〇〇〇年前に始まったという者もいれば、一〇〇万年以上前に始まっていたと信じている者もいる。だが氷の使用、冷気を利用する行為が発達するのは、ずっと遅かった。

なぜ人類は、冷気よりも先に熱気を追い求めたのか、その理由についてはさまざまな意見がある。その一つに、火は氷よりもずっと作りやすかったという説がある。だが気温が氷点下になる土地においては、それは事実ではない。もう一つ、熱気は生命と、冷気は死と結びついているから、人類は冷気に惹かれなかったのだという説もある。

山岳氷河や氷結した湖の氷などといった自然の冷気は、人類の歴史でも早い時期に、容易に採取して貯蔵することができた。少なくとも、そのための費用を出せるほど裕福な人々にとってはだ。だが何世紀もの間、人類は氷や雪の近くに住んでいながら、それを採取しなかった。冷気の質については多くの議論がなされ、それがどこから来たかはほとんど理解されていない。ヨーロッパには、すべての冷気はテューレという名のイングランド北部の、どこか地図にもない島から来るのだという説があった。アリストテレスは、すべての冷気の源は水だと信じていた。この理論は一七世紀まで破られなかったが、化学者ロバート・ボイルが、水を含まない物質も冷やされうるとして、反証を挙げた。彼はまた、液体のもっとも冷たい部分は中心ではなく表面であることも突き止めた。このことから、空気が冷気の源だという理論が導かれたが、ボイルはこれもまた誤りだと証明した。

人類が氷を採取して使ったというもっとも古い記録は、四〇〇〇年前にユーフラテス川の岸にあったマリという町のものだ。当時のメソポタミア、今日のシリアだ。一九三三年にそこで発見された板に、「それまでそんなものは作られなかった」という貯氷庫の記述がある。そこにはまた、この建造物の氷はすぐになくなってしまうので、貴族がワインを冷やすだけなのに、召使たちは氷の在庫を切らさないように苦労したという記述もあった。

旧約聖書の箴言には、「忠実な使者は主人にとって、収穫時期の雪の冷気のようなものだ。彼は主人の魂を元気にさせる」とある。これはソロモンの発言で、ということは、ちょっと想像すれば、彼が暑い日に氷か雪で飲み物を冷やすことを知っていたことになる。一一世紀の中国にも貯氷庫があった。エジプト人はレバノンから氷を船で運んだ。

初期の貯氷庫は小屋の形ではなく、地面を掘っておがくずを敷いた穴だった。ギリシャ人、ローマ人、そしてアラブ人は、ワインを雪の塊で冷やすことを知っていた。プリニウスは最初のアイス・バケットを発明したと言われ、二世紀には、ローマ人はメクラと呼ばれるミルクを凍らせた料理を楽しんだ。これは最初の凍った乳製品の料理だったかもしれないので、実際にメクラがどんなものだったかわからないのは残念だ。だがこれより一世紀以上も前に、中国で凍ったミルクと米の料理が作られていた可能性もある。

またこれより一世紀前、ミルクで作られたのではない、凍った、あるいは氷で冷やした飲み物はたくさんあった。ネロ・クラウディス・カエサルは奴隷を山へ行かせて雪を集めさせ、これに果物や果汁、あるいはハチミツを混ぜた。最初の「イタリアンアイス」だ。トルコ人にも冷やした果物の飲み物があり、これをソルベットと呼んだ。ペルシャ人はそれをシャルバト、アラブ人はシャルブと呼んだ。これらは一般的に乳製品を含んでいなかったが、シャーベットにはミルクが入ることになった。一七世紀のナポリの王族の料理人アントニオ・ラティーニは、一六九二年の料理書でミルクのシャーベット、ソルベッタ・ディ・ラッテを紹介した。同量のミルクと水を、砂糖、砂糖漬けにして煮たシトロン、カボチャと混ぜ、凍らせる。かなりの割合の水を含んでいるのでシャーベットに近かっただろうが、これは最初のイタリアンアイスクリームだったかもしれない。

食物の歴史上、人気のある神話として、アイスクリームに関するものが二つある。一つはマルコ・ポーロ、もう一つはカトリーヌ・ド・メディシスに関係していて、この二つの名前はいつも、食品を扱う歴史家にとっては要注意だ。彼らをめぐっては、たくさんの間違った食物の物語があるからだ。最初の物語は、マルコ・ポーロが中国からアイスクリームのレシピをイタリアへ伝え、これからイタリア人がアイスクリームの作り方を学んだというものだ。二つ目は、カトリーヌ・ド・メディシスがアイスクリーム製造者たちをフランスに連れていき、フランス人にその作り方を教えたというもの。どちらの話も、真実ではありそうにない。

唐代（六一八〜九〇七年）にはアイスクリーム、あるいはアイスクリームのような凍ったデザートがあった。アイスクリームはおそらく八世紀、中国文化の黄金時代に創案された。もし本当にアイスクリームがこのとき創案されたのなら、紙や火薬、羅針盤、印刷のような、中国に第一号があったものの輝かしい一覧表に加わることになる。だがいくつかの記述によると、中国人は凍ったデザートをモンゴル人から習ったようだ。マルコ・ポーロは一三世紀に中国滞在中にアイスクリームを見たか賞味したかもしれないが、一四世紀あるいは一五世紀になっても、イタリアで人々がアイスクリーム製造に興味を示したような記録はない。

一五三三年、イタリアのもっとも有力な家の娘であるカトリーヌ・ド・メディシスは、フランス国王ヘンリー二世となるオルレアン公と結婚するべく、フランスへ送り出された。このとき、二人とも一四歳だった。伝説によると、まだ子供の花嫁はおいしい食事をしたいといって、大勢のイタリア人料理人や食物専門家を供に連れていった。彼女はフランスに、アイスクリームばかりでなく、フォーク、アーティチョーク、その他たくさんのイタリアのものを紹介した。だが、死後ずいぶん経った一九世紀になるまで、彼女がフランス料理をイタリア化したと思われたことも、それで責められたこともなかった。

カトリーヌのころまでに、もう何世紀もの間フランス人とイタリア人はアイデアを交換しあっていて、もしイタリア人がアイスクリームを食べていたら、フランス人はそれを知っていたはずだ。また、カトリーヌがもともと住んでいた一六世紀のフィレンツェには、アイスクリーム製造者がなかった。だが最大の問題は、几帳面なイギリスの食物に関する歴史家エリザベス・デビッドが指摘したとおり、若い花嫁はイタリア人を連れていったのではなかったと記録にあることだ。供の者はすべて、彼女を連れてくるためにフィレンツェに派遣されたフランス人たちだったのだ。

一六世紀、フランス人とイタリア人は両方とも氷と雪が大好きで、飲み物を冷やし、テーブルを氷の彫刻で飾った。フィレンツェ人は宮殿に貯氷庫を建てた。パラッツォ・ピッティには雪で冷やすワイン・セラーがあった。一六世紀、カトリーヌがフランスへ行ってから数十年後、フィレンツェの大公フランチェスコは、冷やしたミルクに沸騰させたブドウのマストをかけて飲んだと言われている。エリザベス・デビッドは、フランチェスコはまた凍ったミルクと卵黄を合わせたもの（アイスクリームに近い何かになったはず）を食べたと示す文書を発見したが、これが真実かどうかを確認することはできなかった。

ヨーロッパの主要なアイスクリームの会社は、すべてがイタリア人によって始められた。もともと、アイスクリームは貴族だけのためのものだった。一七世紀初頭、アイスクリームが大好きだったと言われるイングランドのチャールズ一世は、そのレシピを自分の下にいる貴族たちにさえ教えなかった。もちろん、この話はマルコやカトリーヌに関わる話同様、あてにならないかもしれない。メディチ家の話のように、これはチャールズ一世が死んでからずいぶん経った一九世紀に初めて出てきた話だ。また、チャールズ二世が一六六〇年に亡命先のフランスから帰ったときまでイングランドにアイスクリームの記録はないので、チャールズ一世はしっかり秘密を守っていたに違いない。

同じ年、チャールズ二世はイングランドで最初の貯氷庫を、当時セント・ジェームズ公園だった場所の東側の壁の向こうに建てた。最初に「アイスクリーム」という単語が記録に残されているのは、一六七一年にチャールズ二世にそれを供したことに触れた文章だ。

アイスクリームはイタリア人によってパリに伝えられた。一六八六年、フランチェスコ・プロコピオ・デイ・コルテッリはランシエンヌ・コメディ通りに「カフェ・プロコプ」というレストランを開いた。これは今日、パリで最古のレストランだ。プロコピオはこの街で二五〇人の冷たいレモネードを売る免許を持つ者リモナディエの一人だった。彼の店は、公衆にアイスクリームを売った最初のものの一つだった。

だがアイスクリームはフランスの王室に、もっと早くに紹介されていただろう。L・オディジュという名の蒸留酒製造者が、一六六〇年代にルイ一四世とその宮廷のために氷を用意したという説がある。L・オディジュより一世代若く、ルイ一四世の弟フィリップ二世の料理人だったフランソワ・マシアロは、一六九一年と一七〇二年に『宮廷と市民の料理（*Le Cuisinier Roïal et Bourgeois*）』と『ジャム、酒、果物に関する新説（*Nouvelle Instructions for les confitures, les liquours et les fruits*）』を出し、そこにはアイスクリームのレシピが載っている。彼はそれをチーズ、フロマージュ・ア・ラングロワーズと呼んでいるが。おそらく凍らせる際に混合物をかき混ぜることを知らず、とても濃い出来上がりになったため、自分のレシピとチーズが似ていると思ったのだろう。彼のチーズ（フロマージュ）はこのようだ。

新鮮なクリームを一チョピンと同量のミルク、粉砂糖一二五グラムを用意し、卵黄三個をかき混ぜ、薄い粥になるまで煮る。火から下ろし、氷の型に入れ、三時間氷の中に入れる。固まったら、型を出し、チーズを出しやすくするために少し温める、あるいは一瞬その型を湯に入れる。コンポティエ［浅い盛りつけ用のボウル］に入れて供する。

マシアロは決してアイスクリームの発明者ではなく、パリに紹介した者でもなかったが、有名な発明をした。彼はフランスでももっとも有名な乳製品のデザート、焦げた砂糖に覆われたカスタード、クレームブリュレを最初に作った人物なのだ。彼はこれを、火の中で赤く熱した道具を、カスタードの砂糖で覆われた表面に当てることによって完成させた。これがパリでとても人気が出たので、アイスクリーム製造者たちはクレーム・ブリュレのアイスクリームを作り始めた。キャラメルとバニラだ。

他にもアイスクリームをチーズ（フロマージュ）と呼ぶ者がいた。有名な一八世紀のフランス人の料理人、ヌーベル・キュイジーヌという言葉を作ったムノンには一連のアイスクリームがあり、それらをチーズを指す言葉を使って、フロマージュ・グラス・ア・ラ・クレムと呼んでいた。それらは、パルメザンチーズの楔形も含めて、さまざまなチーズに似せた型に流しこまれた。

この時代のフランス人も、たくさんのアイスクリームの特別品があった。その一つがビスキュイ・ド・グラスで、これは凍らせる前にアイスクリームに乾燥したケーキを刻んだものを混ぜ、装飾的な金属の皿か紙ナプキンの上に置かれた。ムノンは、この供し方が魅力的だと考え、ビスキュイ・ド・グラスを好んだ。

イタリアでもっとも有名なアイスクリーム店で、今も営業している世界最古のカフェは、ベニスのサンマルコ広場の「フロリアン」だ。ここは一七二〇年に開業した。

また別のイタリア人、フランソワ・グザビエ・トートニは、一七九八年にパリでアイスクリームを売るカフェを開業した。そこの特別料理は、店と同じく彼自身の名前をとってトートニといい、マカロン、ラム、そしてクリームでできていた。ムノンのビスキュイ・ド・グラスを上品にしたようなものだ。

一七五〇年、デュブイソンとだけ知られているパリのカフェのオーナーが、一年中通してシャーベットやアイス、アイスクリームを出すのは自分が最初だと主張した。本当は彼が一番ではなかったかもしれないが、たしかにいちばん早い者の一人だった。一八世紀と一九世紀に、かつては夏だけ提供されていた凍ったデザートが、次第に他の季節にも見られるようになった。医師たちはこれらの食物をとても健康にいいと考え、患者に処方した。アイスクリームに含まれる大量のクリームやとても甘いシャーベットに含まれる大量の砂糖を考えれば、現代の医師たちは賛成しないかもしれない。また一世紀前なら、やはり不賛成の医師がいただろう。冷たい食物や飲み物は麻痺を引き起こすと信じられていたからだ（反対に、冷たい食物や飲み物が麻痺を直すと考えられていた時期もあった）。ヒポクラテスは、雪と氷を食べると咳風邪を起こすと警告した。

デュブイソンは、一年中手に入る凍ったデザートを作ることにしたのは、医師の処方箋があったからだと言った。特にイタリアの医師たちが、こうしたデザートが健康にいいと主張した。デュブイソンは、暖冬で降雪量の少ない年にイタリアで伝染病が早く広がると主張したマザリーニ医師の言葉を引用する。寒さが病気予防の役に立つと、彼は言った。

もう一人のイタリア人医師、フィリッポ・バルディニは、シャーベットだけに特化し、各章で一つの風味を扱った本を一七七五年に刊行した。レシピは書かれていないが、シナモンは特に健康にいいとされている。彼はこの本を、パイナップルの章を加えて一七八四年に再刊した。新たな健康にいい発見があったわけではないが、パイナップルの風味が流行ったからだった。

誰がアメリカにアイスクリームを紹介したのかはわかっていないが、ジョージ・ワシントンは熱烈にアイスクリームが好きだったことで知られている。彼の死後、マウントバーノンの所持品の中に、蓋つきのアイスクリーム・フリーザーが見つかった。ワシントンの遠い親戚にあたるメアリー・ランドルフは一八二四年に『バージニアの主婦（*The Virginia Housewife*）』を出し、その中に六つのアイスクリームのレシピを載せ（バニラ、ラズベリー、ココナッツ、モモ、シトロンとアーモンド）、この時代らしく、クリームやプディングのレシピはさらに多かった。アイスクリームが彼女の奴隷を所有していた家庭で作られていたのは明らかで、彼女はデザートについてたくさんの助言をしている――「アイスクリームを形成しない場合は、必ず取っ手のついたグラスで供すること」。彼女はまた、アイスクリームを凍らせる際の助言もした。

怠け者の料理人は、アイスクリームを入れたフリーザーを塩水の入った桶の中に置き、それを貯氷庫に置いておく。そうすると確かに凍るが、水気を含んだ塊が沈殿するまでは凍らず、分離によってクリームが台無しになる。

メアリー・ランドルフはアイスクリームを作るには、凍る過程においてカスタードを攪拌しなければならないことを理解していた。

フリーザーは、作業中は常に動かしていなければならず、ピューター（白鑞）製にするべきだ。錫よりも、穴があいて塩水が入ってしまって、中のクリームが駄目になることが少ない。

この説は確かに真実だが、ランドルフとその同時代人たちは、ピューターに入っている鉛の危険については知らなかった。

ここにランドルフのモモのアイスクリームのレシピを挙げる。最初の指示が、この料理にとっては重要な秘密だ。

完熟の上質で柔らかいモモを用意し、皮をむき、種を取り除き、陶磁器のボウルに入れる。いくらかの砂糖をかけ、銀製のスプーンでとても小さく切る。モモが十分に熟していたら、なめらかな果汁状態になる。モモと同じほどのクリームか濃いミルクを加える。さらに砂糖を加え、凍らせる。

メアリー・ランドルフのいとこ、トマス・ジェファーソン（これらバージニアのランドルフ家の者たちは、近場で結婚相手を見つけた。彼女はジョージ・ワシントンとマーサ・ワシントンの両人、そしてジョン・マーシャルとも親戚で、ランドルフ自身はもう一人のランドルフと結婚した）はアイスクリームのレシピをフランスから持ち帰ったとされる。彼はアメリカン・フランコフィルのもともとの創設者なので、これは驚くにはあたらない。彼があまりフランスの料理を贔屓にしたので、パトリック・ヘンリーは彼が「自分の生まれたところの料理を捨てた」と批判したほどだった。

バニラが、ジェファーソンの好きなアイスクリームの風味だった。彼はフランス滞在中にバニラ・ビーンズを見つけ、それを二〇〇も持ち帰り、そのほとんどをアイスクリームに使った。フランスの友人宛ての手紙には、もっとバニラ・ビーンズを送ってほしいというものもあった。ジェファーソンがアメリカにバニラ・ビーンズを紹介したと言われることがあるが、バニラ・ビーンズがヨーロッパの大半の地に普及していたことを考えると、これは疑わしい。だが彼は手紙で、アメリカではビーンズが手に入らないと言っている。誤った食品に関する神話の分野では、ジェファーソンの食品の紹介は、マルコ・ポーロやカトリーヌ・ド・メディシスのわずかに下に位置づけられる。

ジェファーソンはスポンジ・ケーキの上に、軽く焼いたメレンゲとともにアイスクリームをのせて食べるのが好きだった。この料理はアメリカとフランスで、多少の変化をしながら別の名前でずっと残り、フランスでは、ノルウェーが寒い土地なのでノルウェーのオムレツと呼ばれた。一九世紀後半、立派な館でこれ見よがしに金持ちたちが食事をするとき、以前「デルモニコス」にいて、ニューヨークでもっとも有名な料理人の一人だったチャールズ・ランホファーは、熱くもあり冷たくもあるのでアラスカ・フロリダと呼ぶ、シンプルな料理のための非常に複雑なレシピを与えた。それは一八九八年の著書『美食家（*The Epicurean*）』で紹介している、四〇のアイスクリームのレシピのうちの一つだった。

上等なバニラのサボイケーキの練り粉を用意する。直径七センチ、深さ一・二センチの装飾のない型にバターを塗る。そこに澱粉か粉を振り、練り粉を三分の二入れる。熱し、取り出し、底に切れ目を入れる。ケーキをくりぬき、空いた部分をアプリコット・マーマレードで覆う。指示のような形〔コーン形〕のアイスクリーム型を用意し、生のバナナ・アイスクリームを半分まで、生のバニラ・アイスクリームをあとの半分に入れる。凍らせ、型から出し、用意されたビスケットの空間に置く。冷凍用の箱か部屋に置く。一二個分の卵白と砂糖四五〇グラムでメレンゲを用意する。供する直前にアイスを添えたビスケットを小さなレース紙にのせ、受け口のついたポケット〔装飾用のノズルのついた絞り袋〕からメレンゲを押し出し、下から上にいくにつれて厚みを減らしながら、てっぺんまで覆う。このメレンゲを二分間熱したオーブンで色づけ、明るいキツネ色になったら出し、すぐに供する。

有名なフィラデルフィアの料理作家サラ・タイソン・ローラーによる『アイスクリーム、ウォーターアイス、冷凍プディング、そして、あらゆる親睦会のための飲み物（*Ice Creams, Water Ices, Frozen Puddings, Together with Refreshments for All Social Affairs*）』（一九一一年）はこのレシピを簡単にして、アメリカで人気を博した。彼女はこれをアラスカベイクと呼んだ。

場合に応じて、〇・九リットルか一・八リットルのバニラ・アイスクリームを作る。アイスクリームが凍ったら、レンガ状の型に入れる。型の両脇を便箋で覆い、底と蓋をしっかり締める。全体をワックス紙で包み、それを塩と氷で包む。供する時間の前に最低二時間は冷やす。供する時間になったら、泡立てた六個分の卵の白身でメレンゲを作る。ふるった粉砂糖大さじ六杯を加え、滑らかに固くなるまで混ぜる。アイスクリームを型から出し、大皿に置き、その大皿をステーキ用の板か、通常の板なら厚いものに置く。ケーキを冷やす際、星形の絞り口の絞り袋から押し出したメレンゲで型を覆うか、メレンゲでアイスクリームの全体を覆う。すばやく表面を飾り、粉砂糖を厚くかける。それをガス・ブロイラーのバーナーの下か、薪か炭のオーブンの焼き網の上に、キツネ色になるまで置く。それからすぐにテーブルに持っていく。皿の下面を保護すれば、アイスクリームが溶ける危険はない。メレンゲは上部の絶縁体の役目をする。

六年後、働く女性のために料理を単純化しようとしたボストン・クッキングスクールの理事であり、のちに学長になったファニー・ファーマーは、簡単に「ベイクドアラスカ」と称したレシピを書いた。

ニューヨークは、おそらくアメリカ初の「アイスクリームタウン」だった。一七七六年に最初のアイスクリームパーラーができ、革命戦争の間にイギリス支配のニューヨークでたくさんのアイスクリームパーラーが開店した。ニューヨークにはアイスクリームを売るアイスクリームパーラーや菓子店だけでなく、アイスクリームガーデンもあった。

一七九〇年代の三年間、フランスでもっとも偉大な、そしてもっとも忍耐強い料理作家の一人、ジャン・アンテルム・ブリア・サバランはアメリカに住んだ。彼は異郷に暮らすフランス人の暮らしに大変興味があった。そういうフランス人はたくさんいた。フランス革命後の混乱から逃げてきた者たちだ。ニューヨークで、ブリア・サバランはキャプテン・ジョセフ・コレットと出会った。アイスクリームパーラーを開き、「あの商業都市の住人のためにアイスとシャーベットを作って、一七九四年と一七九五年にニューヨークで大儲けをした」人物だ。彼は、女性は自分たちの見場がよくなるから本能的に食道楽になる傾向があると考えていた著述家としては、これは驚くことではなかったと、性差別的な意見をつけ足した――「特に女性は、凍った食物という目新しい歓びをいくら味わっても足りないようだった。それを食べる際にちょっとしかめ面をするのが、見ていて面白かった」。性差別はともかく、初めて凍ったデザートを味わう人物の最初の反応を見るのは、さぞかし面白かっただろう。

一七九七年、ブリア・サバランはフランスに帰ったが、キャプテン・コレットはニューヨークに残り、カフェを併設した食事つき宿泊所、コマーシャル・ホテルを開いた。一八三五年に彼はそれを、ダウンタウンの火災で有名なレストランを失った二人のスイス人デルモニコ兄弟に売った。一八二四年、デルモニコ兄弟（一人はワイン商人、もう一人は焼き菓子製造者）は商業地区の中心、ウィリアムズ・ストリートにカフェを開いた。ここは洗練されたヨーロッパ風の店として知られ、アイスクリームばかりでなく、ケーキ、チョコレート、泡立つホット・チョコレート、そしてキューバの葉巻（ワイン商人のデルモニコはハバナのタバコ取引にも関わっていた）でも有名になった。ニューヨークのビジネスランチが始まったのは、このカフェでだった。

同じころ、アイスクリームはフィラデルフィアでも人気を博した。もっとも有名だったのは「グレイズ・フェリー・アンド・ガーデンズ」で、ここはマーサ・ワシントンのお気に入りの店の一つだった。彼女も夫同様にアイスクリーム好きだったらしい。アイスクリームは一七八二年七月一五日に、フランスの伝道所で最初に供され、ここにジョージ・ワシントンは貴賓として招かれていたという説がある。フィラデルフィアで最初に公衆にアイスクリームを売ったとして知られている店は、一八〇〇年にフランス人、ピーター・ボスによって始められた。

一八一八年、エレノア・パーキンソンが夫の居酒屋の隣に菓子店を開いた。この菓子店とそこで売るアイスクリームが大成功したので、この夫婦はやがて居酒屋を閉じた。フィラデルフィアがアイスクリームで評判を上げたのはパーキンソンのカフェのおかげだと言われることもある。エレノアはこの考えを料理書にも取り入れ、このように書いた――「フィラデルフィアは長い間、このおいしい混合物の製品で、素晴らしい評判を得てきた」。「長い間」というのは、相対的な言葉だ。

一八二〇年代にホワイトハウスで働いていた黒人の料理人、オーガスタス・ジャクソンは、そこでアイスクリーム製造の技術を改善し、一八三一年に生まれ故郷のフィラデルフィアでアイスクリーム・パーラーを開いた。のちにフィラデルフィアは、黒人所有のアイスクリーム・パーラーが多いことで有名になる。ジャクソンのアイスクリームは最高だと言われ、特に風味の種類の多さで褒めたたえられた。アイスクリームは主に夏の食べ物なので、ニューヨーク同様、フィラデルフィアのアイスクリーム・パーラーの多くは屋外のカフェだった。

アメリカのアイスクリーム史における恥ずべき瞬間は、「マッド・アンソニー」と呼ばれたウェイン将軍、ショーニー、ルナーペ、マイアミといった先住民を負かし、中西部の広大な土地から彼らを駆逐して白人の植民者に開放したことで褒めたたえられる人物にかかわっている。今日のオハイオ州トレドのすぐ外、フォールン・ティンバーズでの闘いの決定的な勝利のあと、彼は兵士たちにアイスクリームをふるまった。軍隊が「東を発ってからお目にかかっていなかった」と彼の言う、稀有なご馳走だった。

一八四三年、アイスクリーム産業は四八歳の女性によって、電撃的に変わった。ナンシー・ジョンソンという女性が、手回し式のアイスクリームメーカーを発明したのだ。この器械は氷を詰めた木製のバケツで、中に金属製のシリンダーがあり、そこに凍っていないアイスクリームを入れる。冷やす際、ボルトで止められた蓋にある穴に通したハンドルで混合物をかきまわす。シリンダーは二区画に分かれていて、一度に二つの風味を凍らせることができた。この器械は何十年もの間標準的なアイスクリーム製造器であり続け、アイスクリームを貯氷庫のある屋敷で供される特別なご馳走から、大衆的なものに変えた。だがジョンソンは商売より技術的なことのほうが得意で、この発明でたいして金を儲けなかった。

同様の器械であるアイスペール・メーカーが、ウィリアム・フラーによって一八五三年にロンドンで特許を取った。特許取得はジョンソンのものより遅かったが、ジョンソンの発明の前年、一八四二年に「アイスペール・メーカー」として名録に載っている。フラーはアイスクリームのレシピもたくさん作り、その大半が卵黄を使った濃厚なものだが、泡立てた卵白だけを使うレシピも一つあった。一八四三年、ジョンソンの発明と同じ年、もう一人のロンドン人、トマス・マスターズが、最初のアイスクリームメーカーを発明したと主張した。彼の器械の利点は、台に乗っているため使用者が屈みこまなくてもいいことだった。一八四八年にさらに三つのアイスクリームフリーザーが発明され、その一つは、プロのために大量に作るように設計された、手回し式の器械だった。

これらの器械の原理は、すべて同じだった。かき回さずに凍らせたアイスクリームは濃く、硬く、食べられない。凍らせる際に空気を入れ、軽い食感にする動きによって、アイスクリームはできあがる。

一八四四年、ロンドンのアイスペールの発明者マスターズは、『ザ・アイスブック――アイスにまつわるすべての歴史とレシピ（*The Ice Book: A History of Everything Connected with Ice, with Recipes*）』と題する本を刊行した。これはハウクア・ティーのアイスクリームのレシピだ。

クリーム四七〇ミリリットル、砂糖二二五グラム、二八グラムあるいは一杯作るのに十分な量の茶。クリームと混ぜる。凍らせる。九四〇ミリリットル。

ショウガのアイスクリームもある。

上等な砂糖漬けのショウガ一七〇グラムをすり鉢でする。レモン一個分の果汁、砂糖二二五グラム、クリーム四七〇ミリリットルを加える。よく混ぜ、馬の毛の濾し器を通して排水する。九四〇ミリリットル。

アメリカにおけるアイスクリームは、おうおうにしてミルクを売るより利益が上がったので、商売として急成長した。北と南の両方で南北戦争中にもっとも人気のあった女性誌ゴディーズ・レディース・ブックには、定期的にアイスクリームのレシピが掲載された。すでに一八五〇年に、そこには「(アイスクリームの) ないパーティーは、パンのない朝食か焼肉のない夕食のようなものだ」と書かれている。ゴディーズや、たいていの一九世紀のレシピは、読者にただ、アイスクリームを凍らせろと指示して終わる。だが凍らせるというのは錯覚だった。これがゴディーズの一八六〇年の凍らせたカスタードのレシピだ。

ミルク九四〇ミリリットル、卵五個と砂糖二二五グラムを用意する。卵と砂糖を一緒にこねる。ミルクを沸かし、こねながら卵と砂糖に流しこむ。ふたたび火にかけ、焦げないようにかき混ぜ続ける。濃くなったらすぐに火から下ろし、半分の濾し器で濾し、冷めたら風味を加え、こうして凍らせる準備ができた。

そしてこれが、一八六二年の「パイナップル」のアイスクリームのレシピだ。

熟れた水気のあるパイナップルの皮をむき、薄く切り、叩いて果汁を出す。砂糖をかけ、陶磁器のボウルにしばらく置く。砂糖がすっかり溶けたら果汁を上質なクリーム九四〇ミリリットルに出し、四五〇グラム弱の棒砂糖に加える。クリームをこね、普通のアイスクリームと同じように凍らせる。

一八七一年、本名はメアリー・バージニア・ハウィズ・ターヒューンという南部人のマリオン・ハーランドは、そのよく売れた料理書『家事の常識（*Common Sense in the Household*）』で、「セルフ・フリージング・アイスクリーム」の作り方を書いた。このレシピでは、本当に貴重な食材は氷だったことがわかる。また、クランクや同様の道具を使わずに「セルフ・フリージング」させるのは難しいこともわかる。

濃厚なミルク、九四〇ミリリットル
卵、八個——白身と卵黄を分けて、とても軽く泡立てる
砂糖、四カップ
濃厚で甘いクリーム、二・三リットル
バニラか別の調味料、大さじ五、あるいはバニラビーンズ一本を二つに折り、カスタードの中で沸かし、冷めるまでそのままにする。

ミルクを沸騰の手前まで熱し、卵黄を軽く泡立て、砂糖を加えてよく混ぜる。これに熱いミルクを少しずつ注ぎ、しばらく強く混ぜる。泡立てた卵白に入れ、ふたたび火にかける。湯の中に入れたペールかソース鍋の中で沸かす。混合物を約一五分間か、濃い煮沸したカスタードになるまで、かき混ぜる。ボウルに注ぎ、そのまま置いて冷ます。よく冷めたら、クリームの中で強く混ぜる。ビーンズを使わなかった場合は風味づけをする。

大量の氷を用意し、ハトの卵以上の大きさではないかけらにする。これは小さいほうがいい。大きな氷の塊をきめの粗い麻袋か古い絨毯の間にはさみ、うまく包んで、布地の上からハンマーか槌で細かくなるまで叩くと、簡単にできる。氷を無駄にすることも、直に手で触れる必要もない。ただ絨毯か布の隅を一緒につかみ、外側の容器に好きなだけ滑りこませればいい。普通の旧式の直立型のフリーザー［金属製のシリンダー］を使って、深いペールに置く。しっかり周りを包む。まず砕いた氷の層、つぎに岩塩の層。普通の塩ではだめ。このため、ペールに入れる前にフリーザーの蓋を閉め、塩が入らないように注意深くどけ、長い木製のひしゃくか平らな棒［私はこれを一本、このために作った］で疲れ果てるまで休みなく五分間カスタードを強く混ぜる。ふたたび蓋をし、氷と塩をその上にしっかりのせる。数回折りたたんだ毛布か絨毯で覆い、一時間放置する。外側をよく拭いてから、フリーザーの覆いを外す。底と側面に、濃い凍ったカスタードが固まっているだろう。反対側は薄いはずなのでひしゃくでこれを取り除き、長い切り盛り用ナイフできれいにしてもいい。ふたたび、カスタードが滑らかで凍ったカスタードになるまで強く混ぜる。アイスクリームの滑らかさは、この時点での動作にかかっている。覆いをし、さらに氷と塩をのせ、塩水［溶けた氷と塩］を出す。ふたたびフリーザーを氷で見えなくなるほど覆って二重の絨毯をかけ、三時間か四時間そのまま置く。水が大量にたまってフリーザーが浮くようだったら水を出し、氷と塩で満たすが、フリーザーは開けないこと。さらに二時間したら氷から出し、開き、下のほうに湯で絞ったタオルを当て、硬い、きめの細かい、ビロードのように滑らかな舌触りのクリームの塊を出す。

凍らせるのに塩と氷を組み合わせるという技術は古いものだ。一五八九年、ジャンバティスタ・デラ・ポルタはワインを凍らせるのに硝石と氷を使うと書いた。この人物はナポリ人で、「秘密の教授」としても知られ、魔法のように見えることをして見せた。スペイン統治下のナポリの審問を受けた。その行為の一つが、錬金薬液と称するも液体に入れることでワインを凍らせるというものだった。だが彼は一五八九年の本で、他のものと一緒にその種明かしをしている。塩は水よりも氷点が低いので、氷の氷点も下がる。これによって氷は溶けるように見えるが、氷が液体に変わっても冷たい温度は保たれ、リキッドアイスができ、これはアイスクリーム・フリーザーにずっと容易に入れることができる。のちにフリーザーについて、チューブで移動させられる冷却材を作るのにこの技術が使われることになる。

フランスにアイスクリームが到着したことを表わす、アイスクリームのレシピしか載っていない最初の本が、一七六八年に刊行された。ムッシュー・エディと、名前しか明かさない人物によるもので、約二〇〇ページにわたってアイスクリームのレシピを紹介した。

ソーダ売り場は、フィラデルフィアの六番街とチェスナット通りの角で始まった。店のオーナーは、ナポレオンの軍隊で薬剤師をしていたフランス人、エリアス・デュランだった。彼はもともとは、一八二五年に開いた店を薬局にするつもりだったのだが、客たちは彼の売る発泡水に惹かれ、店はソーダを飲みに集まる場所になった。やがてソーダに風味をつけるようになり、ソーダとクリームの時代が始まった。一八七四年、ロバート・M・グリーンが、店で売る発泡水にアイスクリームを加えた。彼の収入は一日に六ドルから六〇〇ドルにはね上がった。アイスクリーム・ソーダの誕生だ。

フィラデルフィアは食品の商標にその名をつけるのが好きな街だが（たとえばフィラデルフィア・チーズステーキ、フィラデルフィア・クリームチーズなど）、さらにアイスクリームでも有名になった。サラ・ローラーは一九一二年の本の中で、「フィラデルフィア・アイスクリーム」という言い方をしている。ローラーは「レディース・ホーム・ジャーナル」の創始者の一人で、食品と栄養に関する影響力のある著述家で、フィラデルフィア・クッキング・スクールの創設者でもあった。彼女のフィラデルフィア・アイスクリームは、卵や、その他のとろみをつけるものを使わず、新鮮な食材を使うことにこだわっている。あるいはそのように彼女は主張した。ときおり缶詰の果物を使い、上質なクリームが手に入らない場合は缶詰のコンデンスミルクを使うように勧めた。新鮮なクリームを使う際、卵を入れずに泡立てたクリームがホイップ・クリームになってしまうのを防ぐため、クリームの半分を熱し、それが冷めてからもう半分を加えるように助言した。卵を入れないフィラデルフィア・アイスクリームはゆっくりと凍らせる必要があると強調し、さまざまな面白い風味を提案した。これはリンゴのアイスクリームだ。

大きな酸っぱいリンゴ、四個
クリーム、一九〇〇ミリリットル
砂糖、二二五グラム

レモン果汁、大さじ一

クリーム半分と砂糖全量を火にかけ、砂糖が溶けるまでかきまわす。混合物が完全に冷めたら、凍らせ、レモン果汁と皮をむいて細切りにしたリンゴを加える。凍ったら容器に入れ直して落ち着かせる。

リンゴはクリームに入れる直前に皮をむいて細切りにする。皿で皮をむき、そのまま空気にさらされていると、黒くなり、クリームの色が悪くなる。

エド・バーナーズという名前の男がミシガン州トゥーリバーズでアイスクリームパーラーを経営していた。よく語られる信じがたい物語だが、一八八一年にジョージ・ハロアーという客が来店して、アイスクリームにチョコレートのソースをかけてくれと頼んだ。どうやらそれまで、誰もアイスクリームにチョコレートソースをかけようとしなかったらしい。とにかくトゥーリバーズ周辺の多くの人々がこれに倣い、まもなくリンゴ酒がけアイスクリーム、チョコレートとピーナッツを添えたアイスクリーム（「チョコレートピーニー」と呼ばれた）、その他さまざまなトッピングをのせたアイスクリームができた。この物語はアメリカのジャーナリズム史上もっとも尊敬される人物の一人であるH・L・メンケンが、著書『アメリカの言語（*The American Language*）』の中に書いて有名になった。だが彼はただ、どこかで聞いた物語だと述べて、詳しく調査することはなかった。出生記録によると一八八一年に一八歳だったエド・バーナーズが、本当にアイスクリームパーラーを経営していたのだろうか？

おとなりウィスコンシン州のマニトワックという町では、ジョージ・ギフィーがトッピングを加える流行に乗ったが、噂によると日曜日だけのことにしたという。小さな女の子がある日、日曜日ではないからといって、このご馳走を断わられた。どうやらこの子は「ぜったい日曜日《サンデー》のはずよ！」とごねてアイスクリームを手に入れたらしい。以来、それは「サンデー（sundae）」と呼ばれている。なぜスペルの最後がyではなくeになったのか、その理由はまだわかっておらず、今後のお楽しみというところだ。

ここでまた、それならわかっていると主張する人もいる。その説によると、信心深い人々がアイスクリームのような軽薄なものがサンデーと呼ばれることに腹を立てたので、店の主が客を失わないようにスペルを変えたそうだ。イリノイ州エバンストンの郷土史家は、このスペルの変更は、彼らの地元のアイスクリーム店「ガーウッズ・ドラッグストア」で行われたと主張している（サンデーの発祥地でもないのに）。

ニューヨーク州イサカは本当のアイスクリーム・サンデーの誕生の地だと自称して、ウィスコンシン州の町々を苛立たせ、郷土史家たちはこれを立証しようとした。その話によると、一八九二年四月三日の日曜日の午後、ジョン・M・スコット師は、礼拝のあとで「プラット&コルト・ファーマシー」へ行くのが習慣だった。そこで彼は店のオーナーであり、教会の出納方でもあったチェスター・C・プラットと会う。ここが二人の決まった日曜日の打ち合わせの場所だったのだ。プラットは給仕にアイスクリームを二皿注文をした。給仕のドフォレスト・クリスチャンスは、この凍ったご馳走にチェリーシロップと砂糖漬けのチェリーを加えることにした。このときスコットはこの皿をチェリーサンデーと名づけた。

特に中西部で、あらゆる種類のサンデーが作られ始めた。一九三四年の万国博覧会では、熱いメープルシロップをかけてイチゴがのっているサンデーが供された。これが、カンザスシティーのユニオン駅「ウェストポートルーム」のマシエル料理長が「ホット・ストロベリーサンデー」を着想する源になったと言われている。これがそのレシピだ。

イチゴ、四七〇ミリリットル、半分に切る
ジャマイカ・ラム（ダークのもの）、大さじ四
濾したハチミツ、四分の三カップ
レモン果汁、大さじ四
オレンジ一個分の皮、千切りにする
バニラアイスクリーム、九四〇ミリリットル

イチゴをラムに一時間漬ける。小さなソース鍋でハチミツ、レモン果汁、オレンジの皮をゆっくり沸騰させる。オレンジの皮を除く。イチゴとラムの混合液を風味のあるハチミツと合わせ、火から下ろし、すぐにバニラ・アイスクリームにかける。

ニューヨーク市バワリー街の無名のアイスクリーム行商人が、前世紀の初頭にアイスクリーム・サンドイッチを考案したと考えられている。彼は路上で、一つ一ペニーでそれを売った。だがたくさんの国のたくさんの文化において、地元のウエハースからパンまであらゆるものでアイスクリームのサンドイッチが作られたので、どこが最初だったかを決めるのは難しい。

一八九三年のシカゴ万国博覧会でアラスカパイが発明されたという主張に、異論を唱える者はいない。硬く凍った四角いアイスクリームに、衣をつけてさっと揚げたものだ。もう誰もこれを食べていないからかもしれないが、もしかしたらこれは、一九二〇年にアイオワ州オナワでデンマーク人の移民クリスチャン・ケント・ネルソンが作ったエスキモーパイの前身だったのかもしれない。彼はチョコレートで覆われた菓子のことを「私は叫ぶ《アイ・スクリーム》バー」と呼んだ。彼はチョコレート製造会社のラッセル・ストーバーと提携し、ストーバーがエスキモーパイと名前を変えた。エスキモーパイは一九二二年には一日に一〇〇万個も売れ、ネルソンはエスキモーパイで財産を築いた。彼は一九九二年に、九九歳で裕福なまま死んだ。

アイスクリームコーンについては、またたくさんの物語がある。その一つがイタロ・マルキオニーという男の話で、彼は一八九五年にイタリアからニューヨークに移住し、ウォール街で、レモン・アイスやアイスクリームを手押し車で売って歩いていた。最初、彼は菓子を小さなグラスに入れて売ったが、食器は割れやすいうえ、洗わなければならなかった。それで彼はワッフルを焼き、まだ熱いうちに折って「食べられるカップ」にした。まもなく彼は大成功をおさめ、四〇以上の手押し車を束ねるようになった。食べられるカップを作るのが需要に間に合わなくなったとき、彼はホーボーケンの工場で製造する産業的方法を開発した。

アイスクリームコーンの本当の発明者はアーネスト・ハムウィだと信じる者もいる。一九〇四年のセントルイス万国博覧会でペルシャのワッフルを売り、アイスクリームコーンを紹介した人物だ。マルキオニーの娘、ジェイン・マルキオニー・パレッティによると、父親は一九〇四年の博覧会でアイスクリームを売っていて、食べられるカップが品切れになってしまったとき、ワッフルの男、ハムウィが手を貸してくれたのだという。

この話は広く認められ、アメリカ郵政公社が記念切手を出しさえしているが、問題がある。まず、マルキオニーが移住する七年前、そしてセントルイス万国博覧会の一六年前に、イングランドではアイスクリームと凍ったデザートのレシピでアイスの女王として人気のあったアグネス・バーサ・マーシャルが『ミセス・マーシャルの料理ブック（*Mrs. A. B. Marshall's Cookery Book*）』という本を出し、そこに「クリームを詰めたコルネ」のレシピがあるのだ。それは、とても陽気な外見のコルネ、あるいはコーンだった。レシピはこのようだ。

クリームを詰めたコルネ

細かく砕いたアーモンド一一〇グラム、精製した粉五五グラム、グラニュー糖五五グラム、大きな生卵一個、塩一つまみ、橙花水大さじ一を混ぜて練り粉にする。一つか二つの焼き型をオーブンに入れ、熱くなったら白蝋でこすり、冷たくなるまで冷ます。型に練り粉を薄くのばし［二〇分の一インチぐらい］、オーブンで三、四分焼く。型を取り出し、直径六から七センチの丸い抜型ですばやく練り粉を抜き、円形の練り粉をすぐに、内側も外側も軽く油を塗ったコルネ型の外側につけ、端を押して練り粉がコルネの形になるようにする。練り粉をはずし、型の中に入れ、もう一つの型を練り粉の中に入れて、二つの型の間で形を保持するようにする。程よく熱したオーブンに入れ、パリパリに乾くまで置く。それを取り出し、型をはずす。ブリキ缶に入れて乾いた場所に置いておかなければ、長時間はもたない。縁を絞り袋を使って少量の素敵なアイシングで飾る。アイシングを違った色の砂糖につける。絞り袋を使って、甘くしてバニラの風味をつけたホイップ・クリームを詰め、皿か紙かナプキンの上に山積みにする。これらのコルネはどんなクリームやシャーベットを詰めてもいいし、カスタードや果物でもいい。ディナーや昼食、夕食の一品として供する［もしこのレシピを試してみたかったら、錫のコーン形の型「コルネ型」は、まだ手に入る。やってみるのは簡単だが、やり通すのは難しい］。

これは食べられるアイスクリームコーンに言及した最古のもので、さらに古い言及が見つかるまでは、アグネス・バーサ・マーシャルがその発明者だということになる。一八九九年、彼女の創造物に新たな意味が加わった。黴菌を気にしたロンドンが、ペニーリックを禁じたのだ。そのころアイスクリームは小さなグラスで供され、文字通りきれいに舐めとられていた。そのグラスがきれいに洗われておらず、病原菌を広めるのではないかと恐れたためだ。いずれにしても、ペニーリックは一ペニー分というわずかな量をごまかすためにデザインされた、見かけ以上に深さのないグラスだった。

マーシャルはヴィクトリア朝時代のイングランドで有名人になり、大衆に向かって講演をし、料理を披露した。彼女の専門はアイスクリームで、四冊の料理書のうちの二冊はそれだけを扱っている。彼女はまた、彼女の売るベーキングパウダーの容器に本のクーポンをつけるという、押しの強い商売人でもあった。自分で新聞を出し、そこで大型で浅いアイスクリームメーカー「アイスケーブ」やアイスクリームを貯蔵する断熱された箱、糖分の含有量を測る検糖計など、独自の製品を宣伝した。

彼女の本は、自分が売っている製品を恥ずかしげもなく宣伝した。七つの「アイスを作るヒント」を挙げ、その一つ目は「砂糖を入れすぎるときちんと凍らなくなる」、二つ目は「砂糖が少なすぎると凍ったときに硬くて岩のようになる」だ。両方とも確かにそのとおりで、きちんと作るための簡単な方法は、彼女のレシピ通りの分量で作ることだ。だが彼女は解決方法として、彼女が売っている検糖計を使うことを勧めた。六つ目のポイントは「果物のアイスはその果物によって色づけする必要がある」ということで、彼女は、自分の名前の刻印のある瓶に入った一連の「まったく無害の野菜の着色料」を売った。

マーシャルはイングランドでアイスクリーム作りを広めて、ノルウェーからの氷の輸入量の増加を招いたとされる。だがノルウェーの氷をロンドンへ運んだ、本当に重要な人物はカルロ・ガッティ、一八三〇年代後半にイタリア語圏のスイスの町ティチーノからロンドンへ移住した人物だった。彼は手押し車でワッフルとコーヒーを売ることから始め、やがて町中に常置の食事スタンドやカフェを作り、ティチーノから連れてきた移住者たちを店員にした。ガッティはロンドンに、不幸なペニー・リックを持ちこんだ。彼はまたたくさんのティチーノからの移住者を、ホーキーポーキーマンとして世に出した。

「ホーキーポーキーマン」とは、ロンドンとニューヨークの両方で、手押し車でアイスクリームを売るイタリア人の移住者を指した呼び名だった。その起源は不明だが、彼らの歌うイタリア語の歌の歌詞を発音し間違えたものだと考えられている。ホーキーポーキーマンは路上で長時間働き、上首尾の日には一ドルの利益を上げた。

ホーキーポーキーマンの手作りアイスクリームは不衛生な地下室や車庫で作られたと言われ、それでこの男たちは常に、彼らが病気をばらまいていると主張する保健視察官に追いかけられていた。この非難は真実味があるが、他のアイスクリーム店の多くに関しても同じだっただろう。ホーキーポーキーマンは反移住者感情の犠牲者だったようだ。

一八五〇年代、ガッティは大規模なアイスの卸売業を始め、ノルウェーから何千トンもの氷を輸入し始めた。このため、アグネス・マーシャルのアイスクリームの流行の際、すでに氷は入手可能だった。

万国博覧会が開かれた一九〇四年、アグネス・マーシャルは乗馬中の事故でひどい怪我を負い、回復することなく、翌年に四九歳で死んだ。彼女は四冊のベストセラー、クッキングスクール、そして自ら発明したたくさんの機械を残したが、彼女の家族はそのどれによっても経済的成功をおさめられず、アイスの女王とアイスクリームコーンの創案者はまもなく忘れられた。

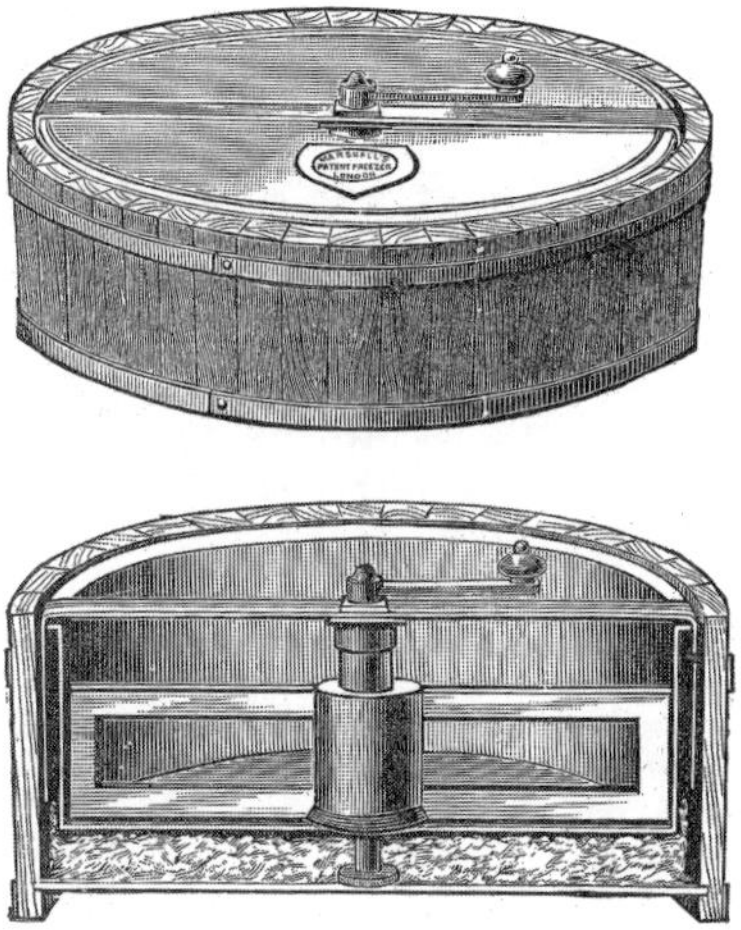

『ミセス・マーシャルの料理ブック』に載っているアイスクリームフリーザー

「アイスの女王」ことアグネス・バーサ・マーシャル。『アイス――質素かつ極上（*ICES: Plain and Fancy*）』（1885年）より

『アイス』に載っているアグネス・マーシャルのアイスクリーム型

一八五九年、南北戦争の始まる前年、アメリカで生産されたアイスクリームの総量は一万五〇〇〇リットルに見積もられる。それはまだ贅沢品で、幸運な少数の人々に売られた。大半のアイスクリームは個人的消費のために家庭で作られたので、この見積もりはかなり粗いものだ。だが一八六九年までに、拡大しますます産業化の進むこの国では、九万リットルが作られた。この世紀の最後の年には、一八九三万リットルが製産された。

アイスクリームの需要は、製産力をはるかに超えていた。一八九九年に売られた一八九三万リットルは、まだ手回し式のフリーザーで作られていた。だがアイスクリームの製造だけでなく、その保管も問題だった。産業的なフリーザーがなければ、アイスクリーム製造者はどんなものを作っても数時間以内に売らなければならなかった。売れ残ったものは無駄になるのだ。

二〇世紀の初頭、巨大な塩水循環式のフリーザーが手に入るようになった。これらは大規模な業者のための機械で、はるかに大量のアイスクリームを製造できた。一九〇四年、四六一八万リットルのアイスクリームが製造された。五年後、製造量は二倍以上の一億一二二〇万リットルになった。アイスクリームはもはや贅沢品ではなく、誰でも楽しめるものだった。

だが信じられないことに、アメリカのアイスクリームの卸売業は、それを保管するフリーザーができるより前に、手作りのアイスクリームで始まった。最初のアイスクリーム卸売業は、一八五〇年代にジェイコブ・ファッセル・ジュニア、ボルティモア出身の酪農家で、クエーカー教徒の奴隷制度廃止論者でもあり、エイブラハム・リンカーンの友人だった人物によって始まった。他と同様に、ファッセルはアイスクリームのほうがミルクよりも儲かると考えた。通常の価格よりもはるかに安く売った場合でもだ。安い価格にすると需要に追いつくのが難しくなったので、彼はボルティモアにアイスクリーム工場を建て、さらにワシントンDC、ニューヨーク、そしてボストンにも建てた。フリーザーによる輸送手段がないので、彼の会社は工場のある場所でしか商売をできなかった。同業者たちは常に、彼が低価格で売ることを非難した。それでも彼は低価格アイスクリームで大儲けをし、まもなく他の者たちもその例に倣った。

産業的フリーザーができる前、アイスクリームは磁器で内貼りをした大きな鉄製の缶に入れ、氷を詰めたヒマラヤスギの桶の中で保管された。だが鉄製の缶では、限られた時間しかアイスクリームを保持できなかった。配達用のワゴンにも氷と塩が詰められていたが、塩分がワゴンの部品をゆっくりと蝕んだ。アイスクリーム製造者は、氷不足につながる暖冬にも気を揉まなければならなかった。氷はニューイングランドとニューヨーク州北部で採集し、年間を通じて断熱された貯氷庫から船で送られた。

塩の価格変動が値段に影響するので、アイスクリーム製造者の中には独自の製塩所を開く者もいた。またときおり、アイスクリームが安価に作りすぎたり古かったりすると分離を始め、缶の中間部分はよく保存されても、上部と底の部分が劣化することがあった。これを避けようとして、全体を保持させる卵白を使い始める製造者もあったが、卵白を使うとアイスクリームの味は淡泊になった。

ペッルグリーノ・アルトゥージは裕福なフィレンツェの絹商人で、自費出版した『美食の芸術（*L'Arte di Mangiar Bene*）』はイタリアの料理書の古典になっているが、彼はアイスクリームを作る際に塩を節約する方法を発案した。彼の提案は、アイスクリームができたあと、塩水を煮詰めて塩の結晶にし、再使用するというものだった。アルトゥージは非常に質素だったわけではないが、多くの裕福な商人層がそうだったように、彼も税金を嫌い、これもまたイタリア政府の塩に対する税から逃げる方法だった。

アルトゥージの本には一三のアイスクリームのレシピが書かれている。ピスタチオには卵黄を六個、バニラには八個を使うが、卵を一つも使わずに作る軽いアイスクリームもあった。その一つがこれだ。

カフェラテ・ジェラート

ミルク、九四〇ミリリットル
砂糖、一と二分の一カップ
エスプレッソ、四七〇ミリリットル

ミルクを熱し、砂糖を溶かし入れ、コーヒーに混ぜて冷ます。この混合物をアイスクリーム・マシンに入れ、硬くなったらカップか小さなグラスに入れて供する。

上質の自家製アイスクリームと、過剰にホイップした産業的な製品とが、はっきり区別されるようになった。一八八三年のコンフェクショナーズ・ジャーナルでは、産業化されたアイスクリームのことを「魂も実体もない、ごまかして膨らませた品物」と呼んだ。

一九〇二年は、アイスクリーム業界に変化が始まった年だ。この夏、ペンシルベニア州ウォレンのI・X・L・アイスクリーム・カンパニーは、十分な氷を手に入れられずに困っていた。会社のオーナーの息子バー・ウォーカーは、地元の石油会社がアンモニア圧搾機で塩水を冷やすことによってワックスを冷やしていることを知った。冷却の原理は、エネルギーを使って熱を奪うということだ。圧搾機は液体を非常に速く蒸発させることができた。蒸気は膨張した液体だ。その膨張にはエネルギーが要り、それは周囲にある物体から熱を奪うことによって得られる。だからアンモニアを蒸発させることは、氷点の低い塩水からエネルギーを得て、それを冷やすということになる。

ウォーカーは最初の塩水フリーザーを作った。他の者がこれに倣った。これらは巨大で不格好な機械だった。ウォーカーフリーザーには一二トンのアンモニア圧搾機がついていて、これで一日三トンの氷ができ、会社は一日に三七〇〇リットルのアイスクリームを製造できるようになった。零下五度の塩水五三〇リットルを循環させ、三・七リットルのアイスクリームを六分から八分で凍らせた。

一九〇五年、ニューヨークの大きなデパート、シーゲル・クーパー・カンパニーのソーダ売り場のマネジャー、エメリー・トンプソンは、横型だったフリーザーを縦型にデザインして、アイスクリームの生産を改善した。アイスクリームの新しい塊はてっぺんから入り、出来上がった塊が底から出てくる。縦型なので場所をとらない。いかにもニューヨーク的なアイデアだ。シーゲル・クーパーの地下の、七メートル×一八メートルの部屋で二台の機械を動かして、トンプソンは一日に一五〇〇リットルのアイスクリームを作った。

新しいフリーザーは非常に高価で、最初、数カ所の会社しか買おうとしないか、買うことができなかった。だが一九一五年の冬、自然の氷を扱う業者にとって壊滅的に暖かい年に、突然フリーザーの値段はもっともだということになった。その価格は、氷不足による損失を下回った。まもなくアイスクリーム卸売業者はどこも、製氷機だけでなくアイスクリームのフリーザーを持つようになった。

大量生産のアイスクリームに、昔ながらの手作りの風味と共通するものは何もなかった。もっとも人気のある風味であるバニラは、もはや本物のバニラ・ビーンズとは似ても似つかなかった。本物のビーンは、実際はランのさやであり、栽培が難しいために高価だ。一八七〇年、科学者たちがバニラをアルコールに浸出させる方法を開発し、他の植物や薬品からこの風味を再現することも始めた。二番目に好まれる風味のチョコレートは、バニラには後れを取っていたが、ココアパウダーで作られた。つまり、ココアバターを除いたチョコレートだ。第三の風味、イチゴは、缶詰のイチゴから作られた。

たいてい四月から一〇月までに食べるものだったが、アイスクリームの人気は、新興アイスクリーム産業によって推進されて上がった。アイスクリーム会社は春のアイスクリームシーズンの幕開けを祝うパレードを主催した。小さな記念品が配られたり、ただでアイスクリームを配ることさえあった。アイスクリームのシーズンは野球のシーズンの幕開けと同期していて、一九一三年、業界は、デトロイト・タイガースの選手たちの九〇パーセントは一日に少なくとも一回アイスクリームを食べ、七五パーセントは昼食と夕食の両方で食べたと広く発表した。

　フリーザートラックが一九二〇年代に作られ、オハイオ州ヤングスタウンに店を持っていたハリー・B・バート・シニアは、棒に凍らせたアイスクリームの新型品を作り始めた。彼はこれを「グッド・ヒューマー・バー」と呼び、エスキモーパイの移動式の売り方からヒントを得て、このバーを一種のハイテクなホーキーポーキーマンを乗せたフリーザートラックで売ることに決めた。


　アメリカは、まさにアイスクリームの国となった。一九一九年には、毎年三億七〇〇〇リットルが作られた。アイスクリームをインド、日本、中国に運べるように、蒸気船にフリーザーが設置され始めた。アジア人は乳製品を食べないという誤った話が頻繁に言われていたにもかかわらずだ。

　一九二〇年から一九三三年の禁酒法期間、バーに集まるわけにいかず、ソーダ売り場が多くの人にとって寄り合う場所にあった。禁酒法が終わったとき、その人気は先細りになった。

　フリーザーはまだ、小売業者にとっては大きくて高価すぎた。これは一九三〇年代、クラランス・バーズアイとゼネラルフーズ社が、小型で安価なフリージングユニットを店のショーウィンドーに置き始めるまで変わらなかった。消費者がアイスクリームを買って、それを家庭で保存できるようになる最終段階は第二次世界大戦後、実際に機能するフリーザーのついた冷蔵庫が作られるまで始まらなかった。

　ヨーロッパでは、フランスでさえもかなりあとになるまで、冷蔵庫のある家庭はほとんどなかった。二〇世紀初頭、フランス人修道士のマルセル・アウディフランが、世界初の電動家庭用冷蔵庫を発明した。だが彼はこのアイデアをゼネラル・エレクトリックに売ったので、冷蔵庫はアメリカのものになった。

第二次世界大戦中、多くの政府はアイスクリームを不必要な軽薄なもの、資源の無駄だと見なした。イギリスとイタリアでは禁止された。日本の天皇は価格を製造費よりも低くするよう強要したので、誰も作ろうとしなかった。アメリカだけがアイスクリームを士気を高める貴重なものだと考えた。国際乳製品製造業者協会と全国酪農協議会、乳製品の人気を高めるのに重要な役割を果たす二つの陳情運動をする団体（それがあまりにも過剰だと言う者もいる）は、アメリカ政府にアイスクリームを必須食品のリストに入れるよう説得をした。しかしながら、風味の数や特別品の数を制限しようとした。たいていが輸入品だった砂糖を過剰に使うのは、戦時中の経済に適さなかった。

軍隊にもアイスクリームはあった。軍隊が独自に作り、一九四三年までに、軍隊は世界最大のアイスクリーム製造者となっていた。前線の兵士たちにアイスクリームを届けるための、フリーザー船を建造した。一九四五年に、アイスクリーム船に一〇〇万ドルが投じられた。荷船の上のアイスクリーム店だ。

アメリカで標準的な風味となったものの中に、ペパーミントスティック・アイスクリームがある。ペパーミントはミントを異種交雑させたもので香りが強く、フランスとアメリカで非常に人気があった。最初のペパーミントスティックは一七世紀にドイツで生まれたが、赤いストライプのペパーミントスティックは、一九世紀半ばまで現われなかった。まもなく、これはペパーミントスティック・アイスクリームのために砕かれることになる。この一九四二年のレシピは、南部の小説家マージョリー・キナン・ローリングズのものだ。

普通の半量の砂糖とともに作り、沸騰させたカスタード（泡立てた卵黄と砂糖を、クリームとともに煮詰める）、一カップ
一〇ペニー分のペパーミントスティック
濃いミルク、一カップ
ドラのクリーム、二カップ［ドラは彼女の牛。気難しい気性と濃いミルクを出すことで知られた。ロウリングズはこのおかげで彼女のアイスクリームはとてもおいしくなると主張した］

ペパーミントスティックを砕き、ミルクと一緒に沸騰した湯の上に置く。キャンディーがすっかり溶けるまで、ときどきかき回す［ペパーミントスティックによっては、小さな塊がいくつか残る］。カスタードと混ぜて、冷やす。クリームを加えて凍らせる。これはすてきな淡いピンク色で、ペパーミントの風味がちょうどいい。

ヨーロッパ、特にフランスやイタリア、またアメリカでもニューイングランドのような強力な酪農文化のあるところでは、小さな店で職人的なアイスクリームが作られ続けた。また、小さな容器に入った、高価だが高品質のアイスクリームを求める市場があることに気づいた企業家もいた。一九六一年、ローズ・マタスとその夫ルーベンが、そのような銘柄品を開発し、ハーゲンダッツと

名づけた。このブランドの成功は、アメリカ人が外国の名前のついた食品を好むことを証明した。サイアントロと呼ばれたときだけコリアンダーを使い、「ソルベ」という名称でシャーベットの人気が復活したように。マタス夫妻はデンマーク語風の響きやスペルを使ってハーゲンダッツ（Häagen-Dazs）としたが、デンマーク語ではウムラウトは使われない。だが外国風の単語にしたかったら、ウムラウトほどいいものはないだろう？　三〇年近くにわたり、これは世界でもっとも急成長したアイスクリーム会社であり続け、二八か国で売られた。だが一九八〇年代にピルズベリー社へ売却されてから一連の変化や合併を経て、ハーゲンダッツはネスレの子会社におさまった。

これは小規模だが上質のアイスクリーム会社が成功を試みた結果、大半がたどった運命だった。一九七八年、二人のニューヨーカー、ベン・コーヘンとジェリー・グリーンフィールドはアイスクリーム作りの通信講座を終え、バーモント州バーリントンにアイスクリーム店を開いた。まもなく、グレイトフル・デッドの人気者ジェリー・ガルシアから名付けたチェリーガルシアなど、面白おかしい名前をつけた変わった風味のアイスクリームで評判を取った。嗅覚がないため味覚が限られていたコーヘンは、食感の強いアイスクリームを好み、彼らのアイスクリームはたくさんの具が入って濃厚なので有名になった。彼らはまた、環境保護の立場をとり、特に畜牛に成長ホルモンを使用することを拒否した。彼らには大勢のファンがいるが、それはアイスクリームの質ばかりでなく、その主張によるところもあった。だが二〇〇〇年に、彼らは会社をユニリーバに売った。

ワシントンやジェファーソン同様、キューバ革命の指導者フィデル・カストロはアイスクリームが大好きだった。彼の友人でありコロンビア人のガブリエル・ガルシア・マルケスは『フィデルの肖像（*A Personal Portrait of Fidel*）』の中で、この指導者がアイスクリームを一八すくい食べて食事を終えたと回想している。二〇〇七年に一般に公開されたＣＩＡの文書によると、ＣＩＡはカストロのアイスクリーム好きを知って、好物のチョコレート・ミルクシェイクに毒薬を仕込もうとしたが、成功しなかった。どうやら殺人者は毒薬をアイスクリーム・フリーザーの中に入れておき、それがくっついて、取り出そうとしたときに落ちてしまったらしい。

カリブ海の気候はアイスクリームを食べるのに最高だが、作るには暑すぎる。しかしながら、カリブ海の島々の多くに、アイスクリーム製造の伝統がある。ジャマイカ人のキャロライン・サリバンは一八九三年の『ジャマイカ料理書（*The Jamaican Cookery Book*）』で、たくさんのアイスクリームや、バナナとココナッツの両方のアイスクリームのレシピを紹介した。バナナのレシピがこれだ。

バナナ、二本
卵、二個
ミルク、七〇〇リットル
砂糖

卵、ミルク、好みに応じて砂糖で、カスタードを作る。冷えたら、潰して滑らかにしたバナナを加える。かき混ぜてしっかり混ぜ、凍らせる。

だがキューバには、ジャマイカよりも困難な歴史があった。ようやく一八九八年にスペインの植民地支配から解放され、キューバの経済を支配したアメリカ人が引き継いだ。多くの必需品がもっぱらアメリカから流れこみ、その中にはガロン単位の容器に入った、大きなアメリカの営業用アイスクリームブランドもあった。ハワード・ジョンソンが人気があった。それから一九六二年、アメリカはキューバへの輸出を全面的に禁止すると宣言し、キューバ人たちは早急に、アメリカから買っていたものの多くの作り方を学ばなければならなくなった。その中に石鹸や靴、コカ・コーラ、そしてアイスクリームがあった。

フィデル・カストロは個人的にキューバ・アイスクリームの開発に興味を持ち、キューバでアメリカよりもいいアイスクリームを作る決心をした。彼はその仕事を親しい仲間の一人であるセリア・サンチェスに割り振った。主導的な葉巻製造業者がすべて島を離れてしまったあとで、見事に葉巻産業を復活させた人物だ。

サンチェスはバレエが好きで、指名されたアイスクリーム店を、大好きなバレエからコッペリアと名づけた。ロゴはチュチュを着てトウシューズを履いた丸ぽちゃの脚。バレリーナへのアイスクリームの食べすぎの警告だ。

伝説によると、フィデル・カストロは三六種類の風味のアイスクリームの素晴らしいレシピを持っていた（もっと多かったという説もあるし、少なかったという説もある）。これらのレシピがどこから来たのかはわからないが、時代を考えると、没収されたものだったかもしれない。彼はカナダに技術者を行かせて風味の作り方を学ばせ、最高級の機械をスウェーデンとオランダから運ばせた。彼

1900年ごろのジャマイカのミルク配達。頭上にのせた缶でミルクを運び、カップに注いでいる女性のそばで、少女が自分のカップを持って待っている（キーストン・ビュー・カンパニーのカード、著者所蔵）

は「世界一の人々」のための世界一のアイスクリームを売る世界一大きなアイスクリーム店を作りたかった。

実際にキューバ人は世界一大きなアイスクリーム店を作り、一日に三万五〇〇〇人の客に一万六〇〇〇リットルを売ったと主張した。客は二時間以上列に並ばなければならず、コッペリアにできたその列はハバナ文化の一つになった。もともとは、コッペリアにはグアバ、ムスカテル、クリスマスの時期にだけ供される特別なエッグノッグに似た味のクレーム・ド・ヴィなど二六種類の風味があった。ソビエト連邦の崩壊後、一九九〇年代にこの国は不況に陥った。コッペリアの長い列は相変わらずだったが、もともと二六あった本日のメニューの欄には、今日では二つか三つしか書かれていない。たいていはバニラ、イチゴ、あるいはチョコレートだ。種類は少ないが、まだ高品質だ。おいしいアイスクリームがなければ、社会はどこへ向かうというのか?

アイスクリームコーンは非常に人気が出たばかりでなく、非常に儲かった。利幅の小さいミルクよりもはるかに多かった。一般にアイスクリームはミルクより儲かるが、アイスクリームコーンはアイスクリームを売るうえで、より利益の上がる方法の一つだった。ワイオミング州との州境に近いアイダホ・フォールズの酪農家、アラン・リードは、農場の製品を売る小さな店を持っている。新鮮なミルクとクリーム、自分で作ったチェダーチーズ、チーズサンドイッチ、そして自分で作ったアイスクリームで、アイスクリームは箱で売るか、カップかコーンで食べさせる。彼は、いちばん利益の上がった品物はアイスクリームコーンだと言う。多くの小売業者が同意するだろう。

私のお気に入りのアイスクリーム料理（子供のころ大好きで、最近は自分で作らない限りお目にかからない）は、砂糖漬けの栗を使って作るクープ・オ・マロンだ。これは、一九三五年のアンリ・シャルパンティエの回想録『アンリの人生（*Life à la Henri*）』からのレシピだ。

バニラアイスクリーム、九四〇ミリリットル
甘いクリーム、ホイップしたもの、二五〇ミリリットル
シロップ漬けのマロングラッセ〔砂糖漬けの栗〕、大さじ四、切っておく

シャーベットグラスの底にマロングラッセ大さじ一を入れ、アイスクリームをひとすくいのせる。ホイップしたクリームで囲み、栗を丸ごと一つ飾る。

Ⅱ

危ない飲み物

「私は、あなた方が、常に何百人もの溺れた子供を
押し流してきた大きな川のほとりに立っていたようなもの
だと訴えます」

――ネイサン・ストラウスによる市長と議員の全国評議会への手紙
（1897年９月29日）

10　ミルクで死ぬ

一七世紀の終わりまで、ミルクを飲むことの危険は頻繁に議論されはしたが、この話題はどこか緊急性を欠いていた。ヨーロッパとアメリカでそれが変わったのは、赤ん坊に哺乳瓶で動物のミルクを飲ませる「人為的授乳」という行為が一般的になったときだった。

人為的授乳に関する資料はあまりないが、イタリア北部、ドイツ南部、アイスランド、スカンディナビア、スイスとオーストリア（酪農文化の盛んな土地）のようなヨーロッパのいくつかの地域では、中世に遡って一般的に行われていた。また補助食品を加えたミルク、今日では調合ミルクと呼ばれているものも、ある地域では赤ん坊に与えられていた。スイスのバーゼルでは、赤ん坊に小麦粉と水を加えたミルクを与え、そこの子供たちは健康だとされていた。一八世紀のフランスを長く統治した国王ルイ一五世には、人為的授乳を支持するN・ブルゼという医師がついていた。彼は、アイスランドとロシアの人為的授乳を受けた子供たちはとても健康で丈夫で、南の国の子供たちよりも病気にかかりにくいと主張した。彼は一七五四年に出した小児医療についての本で、モスクワ大公国とアイスランドでは母乳は知られていないも同然だと書いた——「生まれた直後から赤ん坊は一日じゅう母親によって地面に寝かされ、近くにミルクかホエーの入っている桶があり、それにはチューブがついていて、赤ん坊は腹が減るか喉が渇くかしたら、その先端を見つけて口につけて吸えばいいと承知している」。ブルゼは、これらの子供はフランスよりも幼少期の「危険を逃れ」、「動物のミルクを子供に与えるのは危険ではない」とした。

一八世紀のフランスでは、そしてこの本が翻訳されて有名だったイングランドでも、人為的授乳がまったく風変わりなものとして説明が必要だったというのは、興味深いことだ。人為的授乳はロシア、スカンディナビア、ドイツ北部、オーストリアだけでなく、イタリア北部、特にティロルでも普通に行われていた。面白いことに、人為的授乳がよく見られたこれらの地域では、乳母は存在しないに等しく、信用もされていなかった。

人為的授乳は進んで選ばれた手段とは限らなかった。一七世紀のアメリカの植民地では女性の数が少なく、乳母を頼める泌乳中の女性を見つけることが難しかったので、人為的授乳が一般的になった。

ヨーロッパとアメリカでは、赤ん坊に人為的授乳をする際、劣化したミルクを飲ませる危険を避けるための方法の一つは、子供に動物から直接を吸わせることだった。一六世紀のフランスの孤児院では、特にフランスで、赤ん坊がヤギのミルクを吸うのはよくあることだった。二〇世紀になるまで、田舎で、そしてパリでも、フランスの養育院ではヤギとロバが直接授乳するために飼われていた。一八一六年、コンラッド・ツバイエルラインというドイツ人が、その著書『最良の乳母としてのヤギ（*The Goat as the Best and Most Agreeable Wet-nurse*）』を通じて、子供にヤギのミルクを吸わせることをヨーロッパ中に流行らせた。大きさか、気質か、手に入りやすいからか、あるいはそのミルクの品質が信頼できるせいだろうか、アラブのベドウィンから南アフリカのホッテントットまで、ヤギは世界中で子供への授乳に使われてきた。ヨーロッパでは、豚が使われることもあった。

一八世紀、科学者がミルクの中身をおおざっぱながら分析できるようになり、ロバのミルクが人間の乳にもっとも近いことがわかった。二番目に近いのがヤギのミルクだった。ロバとヤギのミルクは、子供に与えるための需要が大幅に増えた。だが牛のミルクが、風味は落ちてももっとも一般的に使われたのは、それがいちばん簡単に手に入ったからだった。

ミルクは健康に悪いと考える者が常にいて、今では本当にたくさんの人々、特に子供が、ミルクによって病気になったことがわかっている一方で、ミルクは健康にいいという根強い信頼もある。一五世紀のフランス国王ルイ一一世はたくさんチーズを食べ、新鮮なミルクを飲むことによって健康を改善しようとした。この時代の裕福なフランス人にしては、後者は珍しい行為だった。一六世紀初頭にフランスのフランシス一世が病気になったとき、医師はロバのミルクを処方した。国王は快復し、その後具合が悪くなるたびに、ロバのミルクを飲んだという。

料理書には頻繁に、年長者や病人に向けた章があり、ミルクを基にした治療薬の作り方がたくさん載っている。一八世紀と一九世紀には、「ミルクウオーター」が一般的な治療薬だった。これは水で薄めたミルクに、病状によってさまざまに違った成分を混ぜたものだ。エライザ・スミスは二つのミルクウオーターの料理法を紹介した。その一つがこれだ。

胸のがんのためのミルクウオーター

新しいミルク五・四リットル、クレーンズビル［ゼラニウム］四つかみ、ワラジムシ四〇〇匹を用意する。これらを冷たい蒸留器に入れて、とろ火で蒸留する。トウアズキ［毒のある種をつける熱帯植物］三〇グラムと白糖キャンディー一五グラム、どちらも粉状のものを用意する。それらを混ぜ、朝、昼、そして夜に、この粉一ドラクマ分をミルクウオーター〇・五リットルの中に入れて飲む。これを三カ月か四カ月続ける。素晴らしい薬になる。

少なくとも裕福な階級で、ミルクがそれなりの地位にあったことを示す一つの例として、フランス語で「娯楽用の酪農」と呼ばれるものがあった。これは裕福な女性を喜ばせるために作られた、ミニチュアの酪農場だ。ここで女性たちは牛の搾乳をし、バターやチーズを作り、田舎を散策したりした。酪農の真似事ができる装飾的な農場を訪れるのも、富裕層に人気のある娯楽だった。

「レトリ」は、神話や牧歌的な田園風景を表現した美術品が飾られた、ミニチュアの理想化された酪農場だ。その時代の最高の建築家が、その建造を委任された。国王ルイ一六世は一七八六年六月、妻のマリー・アントワネットのためにランブイエの森にレトリを作らせた。そこには優雅に牛の搾乳や酪農の仕事をしている姿のニンフたちの、浅浮彫の磁器の彫刻が飾られていた。これらはフランスのセーブルの有名な磁器工場で作られた、ただの酪農のイメージにすぎない。

同じく一七八六年、ベルサイユのトリアノンの観賞用農場が、やはりマリー・アントワネットのお楽しみのために建てられた。六月に国王が彼女を農場を見せに連れていったとき、最初は何も見えなかった。それから枝のカーテンが取り払われ、驚くような光景が広がった。女王は酪農場での暮らしを夢見ていたらしく、トリアノンで劇を上演し、みずから乳しぼり女に扮して歌った。


さあ、さあ、ちょっとした乳製品があるわ。

誰かミルクを買いませんか?


なんて可愛らしいと、国王は思ったに違いない。

この時代、家族の女性のためにレトリを作るのは、フランス国王の伝統だった。ルイ一四世は一六九八年に、曾孫の嫁であるブルゴーニュ公爵夫人のためにこれを作らせた。公爵夫人は牛の搾乳をし、自分でバターを作って、自慢げにルイ一四世の食卓にのせたと言われている。

一八世紀にとても人気が出たフランス貴族の庭園のように、レトリは、現実から避難して自然を静観する場所だった、女性は酪農と特別な関係があるという、ジャン・ジャック・ルソーなど当時の主導的な思想家が推した考えもあった。結局のところ、女性はミルクを与える者なのだ。

だが残念ながら、マリー・アントワネット王女が小さな酪農場を使うことはなかった。国王が彼女を驚かせたとき、まだそれは完成しておらず、三年後にそれが完成してまもなく、革命によって国王たちの暮らしぶりも命も絶たれることになる。

一七世紀と一八世紀に、また一六世紀まで遡っても、酪農を楽しい娯楽だと考えた裕福な女性が、

皇太子時代のジョージ４世（1762年生まれ）が、1786年にウィンザー近くの酪農場でバターをかき混ぜている様子。ジョージ・パストン（エミリー・モース・シモンズのペンネーム）の『18世紀の社会風刺画（*Social Caricature in the Eighteenth Century*）』（ロンドン、1905年）より。　HIP/Art Resource,NY

自分たちの子供には動物のミルクを与えたいと思う母親であったのは、偶然のことではない。ニワトリと卵のどちらが先かの議論になるかもしれないが、それは彼女たちの服装にも表われている。女性の服装は、授乳がしやすいような、ゆったりしたものだった。だが、上流階級の服装の流行が変わった。女性はきついボディスを身に着け、胸を締めつけて平らにした。これは授乳には適さず、もしかしたら泌乳できなくなったかもしれない。クジラの骨や金属さえ使って、あばら骨にひびが入ったり骨折したりするほどきつく背中を締めた、硬い革製のコルセットで体型を補正した。それと同時に、裕福な者たちは授乳を、下層階級の行為だと見るようになった。

上流階級の女性が授乳をしなくなるにつれて（上流階級は常に中流階級に強い影響力を持っていて、中流階級もまたこれにならった）、授乳しない女性を非難する声が上がるようになった。ここでもまた、女性の体のことを議論するのは男性だった。実際、一七世紀、一八世紀になっても、乳母が必要になったとき、それを探し、雇用条件を交渉するのは夫だった。一七世紀のフランス人法律家でモリエールの友人だったボナバンチュール・フルクロアは、フランスの各家庭に、赤ん坊に授乳している女性を夫の監視下に置くようにと提案した。一七九四年のプロイセンの法律では、すべての母親は夫に乳離れを命じられるまで子供に授乳することが義務づけられた。

一七世紀後半、ボストンのオールドノース教会のコットン・マザー牧師は、ハーバード大学で医学を学んだ有名な医療専門家であると同時に、魔女裁判の強力な支持者でもあったが、赤ん坊に授乳しない女性は「生きながら死んでいる」と言った。ハーバード大学が彼の魔女裁判に関する考えを受け入れがたいとしたため、新しい大学を設立するようエリヒュー・イエールを説得したマザーは、神は授乳を拒否した女性のことを否定的に審判するだろうと述べた。ハーバード大学も、この点には異存はなかった。ハーバード大学の学長ベンジャミン・ワズウォースは授乳しないという選択を、「犯罪的で非難に値する」と言った。

これらの男性たちによると、授乳しない女性は有難くも神に授けられたものに背を向けたということになる。この議論には当然、階級的偏見が加味された。授乳しない女性の大半は上流階級だったからだ。母親としての責任を無視して贅沢に暮らす女性について、多くの議論が交わされた。彼女たちは母親の義務を果たさず、怠惰で虚栄心の強い存在だというのが、たいていの含意だった。この議論で見逃されていたのが、農場や商売にとって不可欠な労働力と目されている女性には、授乳をする代理人が必要だったということだ。

特にプロテスタントの人々は、授乳の擁護者だった。実際、授乳しないことで女性を攻撃するのは、宗教改革までは珍しくなかった。ニューイングランドの清教徒のような、もっと過激な宗派では、その能力のある女性が授乳をしないことは稀だった。過激な牧師たちは、授乳しないという罪悪について定期的に説教をした。

宗教的な場でも世俗的な場でもどこででも、男たちは女性のするべきことに口を出していたようだ。多くは語らずとも論駁の難しい説教の名士ベンジャミン・フランクリンは、「母親のような看護師はいない」と言った。ジャン・ジャック・ルソーは五人の子供を孤児院に捨てたあと、適切な子供の養育について健全な意見を述べ、乳母を使うことを非難した。

この議論の核心にあるのは、動物のミルクの危険が十分に理解される前からあった、母親の母乳がいちばん安全だという信念だった。もう一つ広く信じられていたのは、乳母を使うと乳児死亡率が高くなるということだった。個人的に乳母を雇う上流階級ではこの証拠はほとんどなかったが、孤児院では、乳母に育てられた乳児の死亡率は恐ろしいものだった。フランスの捨て子養育院を訪れたあとでは、多くの人々が、乳児は母親によって授乳されるべきだと熱く主張するようになり、イギリスの植民地で広く名の通っていた医師ヒュー・スミスのように、瓶による授乳のほうが乳母よりも安全で好ましいとした者もいた。

だが、医師のアルフォンス・ルロイによると、そうではない。彼は一七七五年に捨て子養育院に行き、なぜたくさんの子供が死ぬのか、その原因を突き止めた。彼は、死の原因は乳母ではなく、人為的授乳にあるという結論に達した。当時、細菌の存在は知られておらず、ミルクが十分に新鮮でないと致命的な細菌が含まれることになると考えたわけではない。ミルクを飲ませる容器をきちんと洗わないと、そこから致命的な細菌が広まる可能性があるとは知らなかっただろう。彼が結論としたのは、動物のミルクで赤ん坊が死ぬのは、人間のものでも動物のものでも、ミルクは空気にさらされると有害になるからだということだった（理由は間違っているが、結論としては正しい）。彼の提示した有効な解決法は、子供たちにヤギのミルクを直接吸わせることだった。

それでも、赤ん坊は人為的な授乳を受け続け、養育院での乳児死亡率は悲劇的に高いままだった。結局のところ、養育院でミルク用の動物を飼うのは非常に難しい。一八世紀の終わり、ダブリンの養育院では乳児死亡率が九九・五パーセントにのぼった。言い換えれば、この養育院で赤ん坊が生き延びることは、ほぼないということだ。ここは、一八二九年に閉鎖された。

乳母は、下位中産階級の労働者世帯の者が多かった。他人の子供の乳母をするため、自分の子供には人為的授乳をする者もいた。奉公人をするよりも給金がよかった。

乳母は清潔好きでなければならない、乱交や飲酒はだめだ、そして明るい性格であること、ブルネットがいいというのは揺るがなかった。ブロンドは陽気な性格だが興奮しやすく、そのせいで乳の質が変わるかもしれなかった。一八三八年のベルリンでの研究で、ブルネットとブロンドと赤毛の女性の乳の成分を比較し、赤毛の乳が最悪で、ブルネットが最高だとはっきりわかったという。

乳母の特徴が他人の子供に移ると考えられていたのに、奴隷社会においては、大半の乳母が奴隷であったことは興味深い。事実、乳母としての奴隷の需要は高く、子供がいて泌乳中であれば、その奴隷の価値が上がるほどだった。

赤ん坊がパップ、あるいはパナーダと呼ばれる補助食品、つまり調合ミルクを与えられることもあった。貧しい地域では、何かを付加してミルクのかさを増やした。ドミニカ共和国のサトウキビは育つが不毛な地域では、過去、そして現在でも、砂糖と水がしばしばミルクの代用品になった。ローマ人の墓地脇から発掘されたものには、かなりの量の人為的授乳を示唆する赤ん坊のミルク用の瓶ばかりでなく、小麦粉とミルク、あるいは小麦粉と水を赤ん坊に与えた「船型食器（パップボート）」もあった。

一五世紀には、パップはミルクか水で煮た小麦粉やパン切れを指すようになった。パナーダは、ミルクで煮た野菜の煮出し汁で、バターを加えるか、場合によっては卵を加えることもあった。ミルクで作る場合、これらの調合ミルクはミルクを煮沸しているという利点があり、それで安全だった。シモン・ド・バランベールのことを知っている人は多くはない。一五六五年にフランスで初めて、小児科学に関する本を発行した人物だ。この中で彼はパップのレシピを挙げている。

これを作る小麦粉は、昨今では多くの看護師が、他の下準備はせずに篩にかけるだけだ。生の小麦粉の粘り気を取るため、パンを出したあとの、鉛で覆った、あるいはガラス化した陶器に入れてオーブンで加熱する者もいる。小麦粉と混ぜるミルクは通常ヤギか牛のものだが、ヤギのほうがいい。栄養を加えたかったら、最後に卵黄を、便秘になるのを防ぎたい場合はハチミツを加える。

もっと簡単なレシピがジェーン・シャープによってもたらされた。一六七一年にイングランド初の女性による産婆術に関する本を発行した人物だ。彼女のパップは、ただ「大麦のパンを水にしばらく浸けておき、それからミルクで煮る」というものだった。

一八世紀、医師たちはこれでミルクの栄養が人間の乳に近くなると主張して、補助食品で薄めた牛のミルクを是認し始めた。一九世紀、人為的授乳も乳の補助食品も、広く受け入れられた。キャサリン・ビーチャーとハリエット・ビーチャー・ストウは、一八六九年の二人の共著書で、このように助言した。

子供を「手ずから」［乳母によらずに］育てる場合、新しい乳牛のミルクに、三分の一の水を加えて少量の白糖で甘くしたものだけを、歯が生えるまで与えるべきだ。これは、栄養が凝縮しすぎている小麦粉やクズウコンを使った調整品よりも、ずっと適切だ。

ミルクを飲むことが広く普及し、健康上の利点が称賛されても、人々はますますそれに懐疑的になった。一八五〇年七月四日、ある暑い日、アメリカ合衆国一二代大統領で、「老暴れん坊」というあだ名のあったザカリー・テイラーは、ワシントン記念塔の礎石を置き、それから冷たいミルクをグラスに一杯飲んだ。だが夏のミルクは危険だ。大統領はその後まもなく死んだ。多くの者は死因をコレラとしたが、グラス一杯のミルクで死んだと考える者もいて、本当にそうだったのかもしれない。

テイラーの話が真実だとしたら、彼はミルクの被害を被った唯一の大統領ではない。エイブラハム・リンカーンが七歳のとき、家族はケンタッキー州を離れて、インディアナ州南部のリトル・ピジョン・クリークという小さな町に引っ越した。一八一八年、彼が九歳のとき、母親のナンシー・リンカーンが「牛乳病」と称するもので死んだ。これは流行病だった。ナンシーのおばやおじ、デニス・ハンクスという名のいとこも死んだ。その後、この病気は一二年間消えていた。一八三〇年にこの地域で再発したとき、リンカーン一家はここを出た。

牛乳病は、牛がマルバフジバカマという植物を食べたときに起きる。北米先住民の草である、イラクサ、プールウィート、プールルート、ホワイトサニクル、インディアンサニクル、ディアウィート、ホワイトトップ、ステリアなどとも呼ばれる植物だ。植物学ではマルバフジバカマとして知られ、この草のせいで晩夏、牛と、そのミルクを飲んだ人間が病気になった。一九世紀、今日の中西部とプレーンズで多数の死者が出た。だがもっと早い時期、メリーランド、ノースカロライナ、ケンタッキー、テネシー、アラバマ、ミズーリ、イリノイ、インディアナ、オハイオの各州で、最初の白人入植者の間でも起きていた。この病気は激しい吐き気を催し、体が燃えるように熱くなり、三日ののちに患者が死ぬことも多かった。症状は同じではないが、マラリアと混同されることが多かった。

独立前のノースカロライナ州では、早くも牛乳病は単独の病気と認知されていて、ミルクによって起きるのではないかと疑われていた。晩夏にミルクやチーズなどすべての乳製品の摂取を控えた者たちはかからず、かかってしまっても、病気になってから乳製品を控えた者は症状が軽かった。

この病気は夜間に作られる有毒な露によるものではないかと疑う者もいた。目に見えない微生物によって起きると考える者もいた。のちのルイ・パスツールの「細菌理論」の、初期の形の一つだ。これは鋭い推測だが、この病気の原因とは何も関係がなかった。

夏の終わりから秋の初めの乾燥期、牛たちは有毒なマルバフジバカマを食べた。いつもの牧草が見つからず、代用品として食べたのだ。雑草がほとんど生えていない囲われた牧草地にいた牛は、感染しなかった。

正確にどの雑草が病気を引き起こすかは、しばらく謎だった。ウルシ、ウォーターヘムロック（ドクゼリ）、インディアンハッチー、インディアンタバコ（ロベリアソウ）、大麻（アメリカアサ）、バージニアクリーパー（アメリカヅタ）、ツリガネカズラ（カレーパイン）、インドスグリ（シンホリカルポス）、リュウキンカ（カルタパルストリス）、トウダイグサ（ユーホルビアエスラ）、マッシュルーム、さまざまな植物に生える寄生的なキノコやカビなど、あらゆる毒が疑われた。数人が正解を当てた。スネークルート（マルバフジバカマ）だ。これは森に生える植物で、入植者たちが土地を牧草地に変えれば変えるほど、病気はなくなった。

だが田舎でミルクによって人が死んだとしても、ニューヨークやシカゴやロンドンといった都市部で起きたミルク関連の死と比べれば、たいした犠牲ではなかった。

植民地化の初期から、マンハッタンは酪農に熱心なオランダ人が入植したため、酪農の中心地だった。イングランド人とは違い、オランダ人は入植のために特別に酪農家を募った。一六六四年にイギリスに乗っ取られ、ニューアムステルダムからニューヨークに変わったあとでさえ、ここが大量の乳製品が生産されて消費される場所であることは変わらず、オランダ人は次世紀まで酪農家であり続けた。バターとバターミルクの両方が人気があった。バターを塗ったパンは標準的な朝食であり、夕食にも供された。ミルクとパンは朝食か夕食に食べられた。イギリス領となったあとでイギリス人がコーヒーを持ちこんでも、もっとも人気のある熱い飲み物はミルクを入れた茶だった。ニューヨーク人はチーズも、朝食と夕食の両方に供した。

ニューヨーク市がさらに都市化しても、牛を一頭か二頭飼う伝統は続いた。一九世紀、牛は杭につながれて、生ごみを飼料として与えられることも多かった。土地の所有者は牛をつないでおく場所を貸し出し、厩肥を要求した。それは農家に売れた。街中のにおいの問題があったが、すでに下水道の問題があり、そもそもにおいの強い街だった。

古いオランダの農家は清潔に保たれていたが、ニューヨーク市では、衛生管理をあまり気にしなかった。牛は生ごみに囲まれて飼われ、搾乳された。ミルクは蓋のないバケツに溜められた。売り歩く者は二つのバケツを天秤棒で肩に担いで運び、そのまま通りを歩き回っては、ひしゃくでミルクを汲んで客に渡した。

一九世紀、西の領域や広大な土地のある州は、アメリカの主要な穀類や農作物の生産地となった。東部の人々は太刀打ちできなかった。ニューイングランドの農場はすでに疲弊の兆候を見せていた。だが限られた土地でも競争できたのが乳製品で、そこで彼らは偉大なる乳製品製造者になった。その極端な例がニューヨーク市で、ほとんどないに等しい空間で、大量のミルクを生産した。

輸送手段が改善されると、ミルクはハドソン川を下る蒸気船か列車によってニューヨーク市に運ばれた。だが夏の暑い日に何時間も輸送するのは、ミルクを危険なものにした。都市部は生乳にとって最悪の場所だったかもしれないが、皮肉なことに、ミルクを飲むことが最初に流行った場所でもあった。

街の成長とともに、ミルクを飲むことが増えた。ミルクが母乳の代用品や、乳離れした幼児と子供のための食品として好まれるようになったのは、都市でのことだった。

ミルクは体にいいとされていた。六週間「ミルクホーム」に滞在して、一日に五・六リットルのミルクを飲むという「ミルク療法」が流行りさえしたが、本当の健康上の効用は、まだ発見されていなかった。骨の発達におけるカルシウムやリンの役割がすっかり解明されるのは、二〇世紀初頭になってからだ。だが産業革命と街の成長とともに、母乳で育てるのは旧式で、近代的で産業化された都市に住む女性はもはや栄養価の高い乳の供給者ではないと考えられるようになった。動物のミルクが、より望ましい代用品だった。

ホエーの健康上の効果に関する古い信仰は残っていた。アメリカの最初の偉大なる女性作家リディア・マリア・チャイルドは、奴隷廃止論者の立場をとったせいで小説を排斥され、料理書の執筆に転向した。彼女とその夫はともに反奴隷制の活動家で金がなかったため、彼女は限られた予算で料理する術を知っていて、一八二九年に『質素な主婦（*The Frugal Housewife*）』を、一八三七年に『家庭の看護師（*The Family Nurse*）』を上梓した。後者には、新鮮なミルクに酸を加えて作った九種のホエーのレシピが載っている。酢、オレンジ、リンゴ酒、ワイン、レモンなどだ。すべてが、さまざまな体調不良のための治療薬として提案されている。レモンのホエーは高熱に、糖蜜のホエーは十分な乳の出ない乳母のため、からしのホエーは微熱や神経熱にいい、という具合だ。

だが街で動物のミルクの需要が増えるにつれ、品質は悪化した。そこここの杭につながれた数頭の牛は、声高に求める大勢の客に対応できるほどミルクを産出しない。何百頭も牛を飼う大きな小屋がビール醸造所の近隣に建てられ、ミルクは大規模な収益の上がるビジネスになった。ビール製造で出た残りかすが、木製のシュートで隣接する乳製品工場へ運ばれた。だがビールの廃棄物は牛にとっていい飼料だとはいえず、その牛の産出するミルクは脂肪分が少なく水っぽくて、薄く青みがかっていた。生産者は橙黄色のアナトーという染料を加えて色を改善し、粉ミルクを加えて濃くした。ミルクの量を増やすために水を加え、さらに粉ミルクを加えて希釈したのをごまかしたのだ。新鮮なミルクの微かに甘い風味を演出するため、少量の糖蜜が加えられることもあった。

一八四〇年代には、マンハッタンで生まれた赤ん坊の半分近くが幼年期に死に、その死因は大半がコレラだった。この高い乳児死亡率の理由にはたくさんの説があったが、ビール醸造所の乳製品工場で産出されるミルクのせいだとしたのは、禁酒運動家のロバート・ミラム・ハートリーだった。

ハートリーは多くの主義主張を持つ社会改革者だった。若いとき、モホークバレーの工場マネジャーの仕事を捨てて、さまざまな社会問題を提起するためにニューヨーク市へ移り住み、その活動を生涯にわたって続けた。禁酒と貧困の惨状が、この時期の彼の最大の関心事だった。だがそれから、彼はミルクに目を向けた。彼は、少なくとも衛生的な方法で生産されたものならば、ミルクは完璧な食品だと信じていた。おそらく彼が「残滓乳」という言葉を作ったのだろう。彼はその生産者を暴き、やめさせようとした。「ニューヨークの街や近隣にいる一万頭ほどの牛は、まったく無慈悲にも、薬品で変化し、醸造所から熱い状態で漏れ出してくる穀類の残滓や廃水を飼料に与えられている」と報告した。

ハートリーはまた、混み合った醸造所の牛小屋は不潔で、多くの牛が病気だったり死にかけたりしているが、それでも搾乳されていると報告した。立っていられないほど弱り、ストラップで体を持ち上げておかなければならなくてもだ。彼はマンハッタンやブルックリンの、主に街のはずれで、年間に五〇〇〇万ガロンの混ぜ物をした青っぽいミルクを生産している、五〇〇もの乳製品工場を突き止めた。その多くはハドソン川の近くか、当時は街の北端にあたった一五番街と一六番街の間だった。設備を清掃せず、換気装置もないため、小屋からは耐えられないような異臭が漂っていたという。多くのヨーロッパの国にも、特にイングランドとドイツにもビール醸造所の乳製品工場があり、ボストン、シンシナティ、フィラデルフィアでも残滓乳が作られていると記されている。

だがハートリーの指摘でもっとも重要だったのは、残滓乳と幼児の死亡率の増加が関係している可能性だった。一八一五年、ボストンの死者の三三パーセントが五歳以下の子供だった。これだけでも十分恐ろしいことなのに、一八三九年には、五歳以下の子供はボストンの死者の四三パーセントにのぼった。五歳以下の子供は、一八一五年にはフィラデルフィアでは死者の二五パーセント、ニューヨークの死者の三二パーセントだったが、一八三九年にはどちらも五〇パーセント以上になった。急速な増加は、ビール醸造所の乳製品工場でのミルク生産量の増加と一致していたように見える。このミルクは有毒だったのだろうか?

ハートレーが一八四二年に出した『ミルクについて（*An Essay on Milk*）』の衝撃がどれほどだったかは明らかではないが、これは残滓乳問題を取り上げた最初の本で、これによって、まともに取り上げられるまでに一五年もかかったテーマに関する議論が始まった。一八四八年、ニューヨーク医学アカデミーは残滓乳を調査し、農場で取れたミルクよりもずっと栄養価が低いと結論づけた。これは重大な発見だった。かなりの数の幼児の死は、栄養失調が原因だったのだ。

ミルクについては、もう一つ大きな問題があった。微生物だ。だが一九世紀半ばまで、この目に見えない組織についてはほとんど何もわからず、その病気を広める能力が理解されるのには、さらに四〇年を要する。

一八五五年、アメリカで最大の街に住んでいる七〇万人のニューヨーカーたちは、年間六〇〇万ドルをミルクに支払っていた。その三分の二以上が残滓乳に費やされ、幼児の死亡率は上がり続けた。ハートリーの本が出た一八四二年から一八五六年の間に、年間死者数のうち、五歳以下の子供の占める割合は三倍以上になった。それが残滓乳と関連しているのではないかと疑う者が、ますます増えた。

一八五七年、ブルックリン市議会が調査に乗り出し、ミルクを飲んだ、あるいは子供に与えたニューヨーカーがショックを受ける報告書を発表した。この報告書は、動物の扱いに興味のある者にとっても、心苦しい内容だった。報告書には、牛が乳製品工場に連れてこられて、一カ所に縛られ、生涯ずっとその場にいる様子が描かれていた。一日に三度、醸造所から湯気の立つかすが傍らに流れてきて、牛は汚物にまみれて立ち、かすが食べられる程度に冷めるのを待つ。平均的な牛はこのかすを一日一二〇リットル食べるが、ここには牛の必要とする水分の全量が入っていると考えられていたため、他に水は与えられなかった。噛む必要のあるような硬い餌がないため、牛が歯を失うことも頻繁にあった。

ブルックリンの報告書がきっかけになって、有名誌のフランク・レスリーズ・イラストレイテッド・ニュースペーパーがこの問題を取り上げ、一連の痛烈な記事が、宙づりにされた瀕死の牛が搾乳されている場面などの挿絵とともに掲載された。残滓を飼料にした牛は健康ではないかもしれないが、たくさんのミルクを産出した。レスリー誌の一八五八年五月号の記事には、「残滓乳には、麻

1850年代のニューヨークでは、牛は近くの醸造所の残余物が入った残滓を飼料として与えられた。これらの牛が産出するミルクは残滓乳と呼ばれ、年間何千人もの幼児が死んだとして大きな食品スキャンダルになった。1878年8月17日のハーパーズ・ウィークリー誌より

薬がそうであるように、『有毒』という単語を烙印しておくべきだ」とある。夏には、囲いこまれた小屋の中の温度は摂氏四〇度を超えることもあった。牛のまわりには厩肥が山積みになり、稀にかき出されることがあると、それらは近くの川に投げ捨てられた。醸造所の乳製品工場の牛は通常、半年しか生きなかった。

そのうえ、牛はしばしば結核にかかり、それでも搾乳された。牛の結核はそのミルクを摂取した人間にも感染するが、当時は広く、ウシ亜科の結核は人間に移らないと信じられていた。それで一九一三年に、ロンドンの駅に到着した一〇のミルクのサンプルを検査したところ、その一つに結核菌が含まれているのが発見されても、あわてたロンドン人はほとんどいなかった。

残滓乳は手押し車に積まれて、路上で売られた。その手押し車にはよく、「純粋な田舎のミルク」とか、「牧草を食べた牛のミルク」などと書いた看板がついていた。これはもっとも貧しい人々のためのミルクではなかった。そのような人々はそれを買う余裕はなくて、赤ん坊に母乳を与えたのだ。これは労働者階級と中流階級の人々のためのものであり、富裕層でも買う者がいた。一八六〇年代、この言葉はすたれた。一八六九年の本でキャサリン・ビーチャーは、子供がミルクを嫌がったら、親はまず、そのミルクが本当に「新しい乳牛のミルクかどうかを確かめるべきだ……とても古いのかもしれないから。その牛が、正規の飼料を与えられているかどうかも調べること。街ではよくあることだが、かすを与えられた牛は、健康に良くないミルクを産出することが多い」と警告した。

レスリー誌の運動のおかげで、たくさんの醸造所の乳製品工場が閉鎖した。清掃されたものもあり、一九世紀後半には、公衆の圧力を受けてミルクの純度に関する法律が通り、醸造所の乳製品工場は閉鎖された。この世紀の後半、乳脂計が発明された。ミルクに含まれる固形物や脂肪の量を測るもので、州のミルクの純度に関する法律をさらに強化させた。ニューヨーク州では、ミルクは一二パーセントの固形物を含んでいなければならず、その少なくとも三パーセントは乳脂肪でなければならない。そうでなければ、生産者は罰金を科せられた。皮肉なのは、今日よく売れているミルクのいくつか（脂肪〇〜二パーセント）は、一九世紀には違法だったということだ。だが脂肪に関する考えは変化した。今日、人々はそれを健康によくない避けるべきものと見がちだが、かつては高品質の印だったのだ。

乳脂計が発明されたあとも、本物の「純粋な田舎のミルク」を含めて、ミルクによって人が、特に子供が死ぬことがあった。あるフランスの科学者が、一つの理論を持っていた。だがそれを信じる者はほとんどいなかった。

11　初めての安全なミルク

一八四五年、サウスカロライナ州カムデンのフィニアス・ソーントンによる『南部庭師の料理帳（*The Southern Gardener and Receipt Book*）』で、ミルクについての興味深い画期的な報告がなされた。

外国の新聞によると、あるミルクがスウェーデンの船で運ばれてきて、リバプールで展示された。これはスウェーデンから西インド諸島への往復という二度の航海を経ていて、それでも完璧に甘くて新鮮だった。

彼はさらに、新たに発見された産業的加工法（缶詰）が、これを可能にしたと記し、こうつけくわえた。

この発見が海においてもっとも有効であるのは明らかだ。だが瓶を簡単に手に入れられるのであれば、街や村に住む、牛を飼っている多くの家庭は、いくらかをこの方法で保存しておき、牛が通常ミルクを出さなくなる冬のための蓄えにしておくといい。どんな場合も、実験的な試みには代価が必要だ。

缶詰は、産業革命における食品に関わる最初の発明品の一つだった。初期の産業的発明の大半がそうであったように、フランスのアイデアを、イギリスが最初に展開させた。フランスには科学者と技術者がいて、イギリスには企業家がいた。ナポレオンが世界中に軍隊を送っていたとき、劣化しない携帯食料はフランス軍にとって大きな課題であり、優れた解決法には一万二〇〇〇フランが与えられることになった。

料理人であり菓子と酒の製造者だったニコラ・アペールは、この対処法を開発するのに一四年を費やした。食品は、ガラス製の瓶に密封して熱すれば、劣化することはない。彼は野菜、シチュー、果物、ジャム、そして滅菌したミルクでも試した。だがミルクの実験は成功せず、結果としてできた製品は不愉快な味だった。彼はこの方法について本を書き、それが一八〇九年に英語に翻訳された。訳書が出たとたん、ピーター・デュランドというロンドン人がまったく同じ案の特許を取った。そして、さらに考えた。なぜガラス製の瓶を使うんだ？　別のタイプの容器のほうがうまくいくかもしれない。その後まもなく、ブライアン・ドンキンという男が、テムズ川のほとりに最初の缶詰工場を建てた。

だがミルクは缶詰にされなかった。それはもっとあとのことだ。それよりも、ジャムや砂糖漬けのように、瓶に入れることが多かった。スウェーデンが最初にミルクを缶詰にした国だったのかどうかは定かではないが、そうかもしれない。なにしろ一人当たりのミルクの摂取量が最大の国だ。これを指摘した者は、次に必ず、スウェーデン人が長身で健康だと話し始める。

缶詰食品は一八一九年にアメリカに持ちこまれたが、南北戦争までは普及しなかった。南北戦争の際、軍隊での必要性や、水に塩と塩化カルシウムを加えると温度が上昇してこの製法がさらに有効になるという事実がわかったことによって、広く使用されることになった。

同時に、食品を瓶に詰めることへの興味が高まって、この製法のレシピが料理書に掲載され始めた。その中に、保存ミルクのレシピがあった。

一八六七年、特別に科学的な経歴など何もない、ジョージア州の裁判官の未亡人、アナベラ・P・ヒルは『ミセス・ヒルの南部実用料理（*Mrs. Hill's Southern Practical Cookery and Receipt Book*）』を書き、これは何版も重ねて、一九世紀後半に大きな影響をおよぼした。彼女が健康にいいミルクに興味を持ったのは、一一人の子供のうち五人が五歳になる前に死んだせいだったかもしれない。これは当時は珍しいことではなかった。彼女はこの「旅のためにミルクを保存する」レシピを挙げている。

新鮮で甘いミルクを瓶に入れる。それを冷水を入れた加熱調理器具の中に置く。次第に沸点まで温度を上げる。瓶を取り出し、すぐに栓をする。瓶を沸点まで戻す。瓶をそのまま一分置く。加熱調理器具を火から下ろし、その中で瓶を冷ます。

一九世紀のミルクについて、意図的にこれを薄める商人とは別にもう一つ、たまたまミルクのバケツに入る土や小枝、葉、ごみなどの問題があった。蓋のないバケツが新鮮なミルクを運ぶ手段として認められていたという事実から、いかに衛生管理に無頓着だったかがわかる。

言い伝えによると、一八八三年にニューヨーク州ポツダムの医師ヘンリー・G・サッチャーは、ミルクを買う列に並んでいた。彼の前に、すごく汚い古びたぬいぐるみの人形を抱えた少女がいた。売り手がバケツから少女のピッチャーにミルクをすくって入れる際、少女はうっかり人形をバケツに落とした。だが優しいミルク売りは人形を拾い上げ、ミルクを振るい落として、それを少女に手渡した。それからサッチャーにミルクを売った。

こんな人形が実際にあったかどうかはともかく、この話は真実を伝えるいい話だ。商人はミルクのバケツに人形が落ちても困らず、客が気にするとも思わなかった。

この実際あったかどうかわからない出来事がきっかけで、サッチャーは一年後に、密封できる蓋つきのミルクの瓶の特許を取った。八〇年前に密封した瓶にミルクを入れることを始めたアペールのことを考えると、たいした発明ではない。だがこれは最初の瓶入りミルクであり、安全なミルクへの偉大な一歩だった。

この新しいアイデアを、乳製品業界の全員が歓迎したわけではなかった。業者はこれらの瓶を買って、割れたら新しいものと交換しなければならないのだ。おそらく瓶が割れるのはしょっちゅうだろう。それに衛生関係の権威から、使うたびに瓶を洗うように命じられるに違いない。だが消費者は、汚いバケツから汲んでもらうよりも密封された瓶入りのミルクを買うほうを好み、次の世紀になるころには、大半のミルクが瓶で届けられるようになった。酪農家が乳製品工場にミルクを届け、乳製品工場でミルクを瓶詰にした。乳製品ビジネスから家族経営の雰囲気が消え、より産業的になった。

瓶の使用が受け入れられると、それまで人気のあった「人為的授乳」という言葉は次第に好まれなくなった。代わりに「瓶による授乳」という言葉が使われるようになった。

瓶は、ミルクに他の成分を加える考えを促した。「調合ミルク」の生産だ。一八六〇年代、多くの医師や家事の指導者が、水とクリームとハチミツのさまざまな組み合わせでミルクを調合するように助言した。一八六七年、スイスにいたドイツ人製薬者アンリ・ネスレは、病気で苦しんでいる子供のいた隣人に、新鮮なミルクと小麦粉と砂糖を混ぜたものを飲ませるように提案した。子供は回復し、優れた企業家だったネスレは、その調合ミルクを瓶詰にして、これで子供の命を救ったと宣伝をした。この話には、病気の隣人が登場しないバージョンもある。いずれにしてもネスレの調合ミルクは、ミルクに他の成分を加えたものだった。彼はこの発明品を、「スイス・ミルク・アンド・ブレッド」と呼んだ。これが世界で初めて商業的に売られた瓶詰の子供用調合ミルクで、スイスのブベーでのネスレ社の始まりだ。

調合ミルクは、人間の乳は牛のミルクよりも薄くて甘い味がするという考えに基づいている。それで、牛のミルクを人間の乳に近くするため、水を加えて薄くし、甘くしなければならなかった。だがそうすると、その調合ミルクは人間の乳の脂肪分に欠けると考えられたため、少量のクリームが加えられた。人間の乳はアルカリ性で、牛のミルクのほうが酸が強いと考えた者が、水を加えて酸度を正すよう提案した。実際、誰もが手探りで、牛のミルクから人間の乳と同等のものを人為的に作る方法を模索した。

一八八四年、フィラデルフィアの医師A・V・メイグスが人間の乳に関する化学的分析を発表し、これが標準になった。彼の研究室では、一八八四年にしては洗練された技術を用い、人間の乳は八七・一パーセントの水分、四・二パーセントの脂肪分、七・四パーセントの糖分、一パーセントの塩や灰分のような無機物、そして一パーセントのカゼイン、つまりタンパク質であるとした。それから彼は牛のミルクを分析し、それは八八パーセントの水分、四パーセントの脂肪分、五パーセントの糖分、〇・四パーセントの灰分と三パーセントのカゼインであることを突き止めた。初期の調合ミルク製造者が水を加えたのは間違いで、脂肪と砂糖を加えたのは正しかった。

メイグスは人間の乳と比べて牛のミルクのカゼインの含有量が高いことを心配した。カゼインは硬く凝固するので、メイグスは、それが多すぎると赤ん坊には消化できないと考えた。そこでカゼインを分解してアルカリ性にするため、牛のミルクにライム水を加えることを勧めた。糖分の含有量を調整するため、すでにミルクに含まれている糖分である乳糖を加え、クリームを加えることによって脂肪分を増やした。これが何年にもわたって使われる調合ミルクになった。ここで避けがたかった不都合な点は、すべての人間の乳が同じではないことだった。すべての牛のミルクも同じではない。たとえばジャージー種はホルスタイン種よりもはるかに脂肪分が多い。それでもとにかく、これが人々が信用した調合ミルクだった。

調合ミルクは、少なくともそれを買う余裕のある多くの女性に、適切な母乳の代用品があると信じこませた。一九世紀末のアメリカでの研究では、労働者階級の女性の九〇パーセントはまだ授乳しているが、中流および上流階級の女性は、授乳しているのは一七パーセントしかいなかった。二〇世紀には、低温殺菌ミルクの出現と、改善された商業的調合ミルクによって、授乳はさらに減った。一九五〇年、アメリカの赤ん坊の半分以上が調合ミルクを与えられていた。だがこの増加はまた、一九世紀のもう一つの発明品のおかげでもある。缶詰のエバミルク（無糖練乳）だ。

一八二八年、アメリカの最初の商業缶詰業者であるウィリアム・アンダーウッドは、砂糖を混ぜたミルクを瓶詰にしたが、これは売れなかった。一八四七年、フランシス・バーナード・ベカルトという名のベルギー人が、炭酸石灰を加えることによって調合ミルクの改良をした。それと同じ年、ジュールス・ジャン・パティスト・マーティン・ド・リニャックは少量の砂糖を加えて蒸発させ、ミルクの量を六分の一にする工程の特許を取得した。だがこうした方法はいずれも失敗した。ミルクの脂肪が分離し、液体の中にうまく受け入れられなかったからだ。ミルクは加熱しすぎて焦げたような味がした。これは魅力のない製品だった。

今日、ゲイル・ボーデンはコンデンスミルク（加糖練乳）あるいはエバミルクの発明者として知られている。彼は「condensed（凝縮された）」という言葉を使ったが、「evaporated（蒸発させた）」もよく使われた。ミルクは蒸発器で凝縮され、ボーデンは実際には何も発明はしなかったが、魅力のある保存されたミルクを初めて生産したのだ。歴史に残っている発明家が真の発明家ではなく、アイデアを商業的に成功させた者であることはよくある。トーマス・エジソンも、電球を発明はしなかった。

　ゲイル・ボーデン・ジュニアは一八〇一年、アメリカを創設した家に生まれ、ロード・アイランドの創設者ロジャー・ウィリアムズと、独立宣言の署名者二人の子孫だった。正式な教育を受けたのは二年に満たなかったが、それでも測量士、そして新聞発行人になった。一八四〇年代、産業革命で画期的な新しいアイデアが次々に生み出され、彼もご多分にもれず発明家になる決心をした。この時点でテキサス州ガルベストンに住んでいて、最初の発明は「移動更衣室」、車輪のついた箱型の部屋で、女性が日光や波、詮索好きな目にさらされずにメキシコ湾へ移動できるというものだった。それから彼は「水陸両用機」と称する一種の大型幌馬車を作った。これには帆があり、海を横断できた。

　次に彼は、産業化された食品に興味を持った。最初に考えたのは、大規模な冷蔵庫施設の建造だ。一八四六年の一一月、ジョージ・ドナーとジェームズ・リードに率いられた八七人のグループが、シエラネバダの高地で大雪のために動けなくなった。彼らは二月まで救助されず、そのころには四八人しか生存していなかった。多くは飢えで死に、生存者の多くは死体を食料として生きていた。これは一八四七年にあった有名な衝撃的事件で、ゲイル・ボーデンは、ドナーのグループの人々は、いい保存食料があれば全員が生き延びられたはずだと考え続けた。

　このときボーデンが思いついた発明品は、乾燥したミートビスケットだった。肉をオーブンで乾燥させ、小麦粉か野菜の粉を混ぜ、圧縮して分厚いクラッカー状にする。彼は世界中の軍隊や、ドナーのグループのような長距離移動をする探検家や移住者から注文が殺到すると想像した。このビスケットで彼はロンドンの博覧会で金メダルを獲得したが、誰も買いたがらなかった。ひどい味だと、みんなの意見が一致したからだ。

ロンドンから船で帰る途中、しけに遭い、乗船中の幼児にミルクを供給するために乗せられていた二頭の牛がストレスで役目を果たせなくなった。幼児が何人か死んだ。ボーデンはこれにたいそう心を痛めたらしい。アメリカに戻ると、彼は缶に保存したミルクを作り始めた。

ボーデンの最初の試みは、ミルクに糖蜜をいくらか加えて蓋のない平鍋で沸かすというもので、保存はきいたが、色が黒っぽくて汚いと言われた。糖蜜のにおいも不評だった。

一八五三年、ボーデンはニューヨーク州ニューレバノンのシェーカー教徒のコミュニティーに行き、真空釜と呼ばれる面白い道具を見た。これは一八一三年に、砂糖精製のためにイングランド人のエドワード・チャールズ・ハワードによって発明されたものだった。この釜は、沸騰している液体にかかる圧力を、逃げていく蒸気によって通常かかる圧力よりも減らす。それによって、液体をずっと低い温度で蒸発させることができる

ボーデンがニューレバノンを訪れるより一八年前、別のイングランド人ウィリアム・ニュートンは、濃縮されたミルクは、低温で濃縮させたほうが味がいいと考えて、初めてミルクにこの真空釜を用いた。だが彼は、このアイデアを宣伝しようとは思わなかった。

ボーデンの最初の試みはうまくいかなかった。ミルクが銅製の濃縮用釜の側面にこびりついてしまった。彼は釜に脂を塗ることを考え、これでかなりうまくいった。ミルクの味はよかった。だが特許局は最初、それは発明ではない、すでになされていたことだと言って認めなかった。確かにそ

のとおりだったが、ボーデンはそれまでよりも良質のコンデンスミルクを生産した。彼は特許申請書を出し続け、一八五六年、四回目にしてようやく、砂糖を加えて真空釜で作ったコンデンスミルクの特許を獲得した。ボーデンの「甘くしたコンデンスミルク」は一八六〇年に売りに出され、急成長しつつあった北軍に売りこむのに間に合った。

その時期はまた、フランク・レスリーの残滓乳反対運動のせいで、ニューヨークの人々が牛から直接出たミルクを怖がっていた時期でもあった。ボーデンはニューヨーカーたちに、赤ん坊のための甘くて安全な缶詰のミルクを提供したのだ。

ボーデンのコンデンスミルクの広告。1888年ごろ

12　新たな果てしなき闘い

ミルクを飲むことにほとんど興味のなかったフランス人が、ミルクの生産にこれほどの衝撃を与えることができたのは奇妙だと思うのであれば、ルイ・パスツールは特にミルクに興味があったわけではないという事実を知って胸をなでおろしてほしい。彼の興味と調査対象は、まずはビールとワインだった。だが彼の「細菌理論」（真実だと認められるまでに時間がかかったため、こう呼ばれる）は乳製品、公衆衛生や医学一般に大きな衝撃を与えた。

言うのは簡単でも論証するのは厄介なもので、パスツールの理論は、肉眼では見えない小さな生物がいて、それが病気、そして発酵も引き起こすということだった。有益な微生物も、有害な微生物もいる。パスツールの理論で、すでに知られていたミルクに関する多くの事柄を説明できた。なぜミルクによって人々が病気になり、死ぬのか。なぜ非衛生的な乳製品は多くの病気を引き起こし、チーズやヨーグルトといった発酵した乳製品では、暖かい気候のときでも病気にならない傾向が強いのか。

何世紀にもわたって、暖かい気候がミルクを変質させると考えられてきたため、農場には、井戸か泉から冷たい水を常に流して冷やしておく乳製品貯蔵庫があった。ミルクは雷雨によっても劣化すると考えられていたので（おそらく稲妻のせい）、ガラスのような非伝導性の物質でできた容器に入れられることも多かった。

消費者はミルクの判定方法について、昔から日常的な情報を与えられていた。エレナ・モロコベッツの助言はこうだ。

ミルクの滴は水の中で沈むので、いいミルクというのはいくらか水よりも重い。未加工のいいミルクの滴を指先にたらしたら、丸い形が保持されるだろうが、水で薄められたものは形が崩れてしまうはずだ。いいミルクは濃くて真っ白だが、混ぜ物をしたミルクは薄く、青みを帯びている。指の間でこすってみて、脂っぽいかどうか確かめること。

彼女はまた、ミルクを沸かすのは病気の可能性をなくすためによく使われる方法だが、これによって栄養は損なわれると指摘した。

バクテリアの存在は一七世紀後半から知られていた。オランダ人のアントン・ファン・レーウェンフックが、それまでの装置はせいぜい五〇倍だったところを、物体を二七〇倍に拡大する顕微鏡を作った。この道具で、水滴の中でうごめいている微生物、バクテリアを見ることができた。だがパスツールまでは、バクテリアがどんなことをするのか、確かな理解はされていなかった。「バクテリア」という言葉さえ、ドイツ人自然主義者のクリスチャン・ゴットフリート・エーレンベルクが一八三八年に提案するまで、存在しなかった。また科学者たちも、バクテリアは水中だけでなく、ど

フランスの90サンチームのルイ・パスツール切手。1926年

こにもいるものだと理解し始めたばかりだった。

パスツールの理論では、これらの「細菌」と呼ばれるバクテリアが病気を引き起こすとされていたが、彼はそれを証明できなかった。当時、病気は地面から発する毒気によって起きると考えられていた。一八五四年、麻酔の使用とともに医療における衛生管理も擁護したイングランドの医師ジョン・ショーは、病気は不潔な水中に住む細菌を通して広がると主張した。だが彼を信じる者はほとんどいなかった。

イングランドの田舎の医師の息子で、一〇人兄弟のうちに七人もいた医師のうちの一人だったウィリアム・バドは、一八五七年から一八六〇年の間に、チフスは悪い空気ではなく接触することによって人から人へ広がるとする一連の記事を、医学専門誌ランセットに寄稿した。多くが彼の発見を否認したが、彼はチフスの研究を続け、自説を裏づける証拠をたくさん発見した。ブリストル医科大学の教師でもあった彼は、消毒薬あるいは殺菌剤の使用の擁護者でもあり、一八七四年に『腸チフス（*Typhoid Fever*）』を刊行するころには、彼によって感染症に対する医療的アプローチが劇的に変わっていた。一八四九年、ブリストルでコレラが流行して二〇〇〇人が死んだ。一八六六年にまた流行したが、このときはバドのアイデアが実行されたおかげで、二九人しか死者が出なかった。

五歳ですでに新聞を読むことを自習したという、ノーベル賞受賞のドイツ人科学者ロベルト・コッホは、さらに新しいアイデアを医療とミルクにもたらした。一八六〇年、彼はゲッティンゲン大学で、あらたな「細菌理論」の信望者であるヤコブ・ヘンレのもとで解剖学を学んだ。コッホはそれから胞子を形成するバクテリアによって起きる感染症、炭疽の広がりを調査し、その一方、普仏戦争ではドイツ軍に従軍した。何も道具がなかったので彼は木片を使って炭疽を生じるバクテリアをネズミに注入した（痛い！）。彼は他の病気の感染についても研究し、一八八二年、はっきりと三つの結核菌があることを突き止めた。鳥によって広まる珍しいもの、人から人へ広まる通常のもの、そして最初のものほど珍しくはないが第二のものほど通常でもない、ミルクによって広まる通常のものだ。

この一八八二年の発見は、しばらく前から存在していた説の証拠であり、乳製品業界を変えた。「ミルクの低温殺菌」という言葉は、パスツールの名前からパストゥライゼーションと言われているが、むしろコッホの名前を冠するべきだった。だがパスツールは、のちにコッホが発見した病気を除去する過程を突き止めた人物だった。

畜牛に見つかった牛結核は、ミルクによって人間にうつされる。それは腺、腸、そして骨を侵す。これは地中海熱というものを引き起こし、症状は激しい関節の痛み、発汗と悪寒で、熱が六カ月も続くこともあった。場合によっては、症状が永遠に続いた。この病気を引き起こすバクテリアはイギリスの医師デビッド・ブルースにちなんでブルセラ菌と名づけられたが、歴史家たちはこの発見は、ブルースの下で働いたマルタ島の医師テミストクレス・ザミットのおかげだと考えている。

この病気から快復した人間は背中が曲がる脊柱後彎になるか、別の変形を起こすことが多い。特に子供がかかりやすく、背骨の変形を防ぐために何年も装具をつけていなければならないことも多い。

一八八〇年代と九〇年代のイギリス軍によるマルタ島での調査で、牛、羊、あるいはヤギのミルクを介して人間にうつる可能性のある別の細菌が発見された。

もう一つの同様の発見によると、これはヤギのミルク擁護者には悪いニュースだったが、生のヤギのミルクにはブルセラ・メリテンシスと呼ばれるバクテリアがいて、これが波状熱、ひどい発汗と関節の痛みを引き起こし、これが数週間か数カ月続くこともあるという。

科学者が調査すればするほど、ミルクによって運ばれるさらなる病気が発見された。不潔な乳房からとったミルクによって、深刻な腸の病気がうつされる。感染症にかかった農場労働者は、ミルクのバケツを通してそれを広める。猩紅熱、ジフテリアとチフスは、すべてが元をたどれば汚染されたミルクだった。

こうしてミルクは、研究室で検査を受ける最初の食品となった。一八七〇年に設立された政府機関であるアメリカ公衆衛生局は、一八八七年、この目的のための研究所を作った。

一八九二年、アメリカはすべての酪農場の牛について、牛結核の検査を始めた。この検査方法は、たまたまロベルト・コッホがこの病気のためのワクチンを開発していた際に、彼によって開発された。彼のワクチンは効かなかったが、もし病気にかかっていたら、感染している牛は注射した場所が赤くなる。これが結核菌の検査方法となり、結果は恐ろしいものだった。アメリカの牛、つまりはアメリカのミルクが、かなりの割合で感染していた。感染した牛は群れから離されて、牛結核の人間への感染は劇的に減った。

一八八〇年代、滅菌されたミルクという考えがアメリカにもたらされた。人々は、一度煮沸してから冷やしたミルクを与えれば、赤ん坊の命が助かると信じた。ルイ・パスツールは一八五〇年代と一八六〇年代にフランスで滅菌方法を開発した。産業に携わる情熱的な科学の信奉者として、彼は一八五四年に、醸造所の多い地域であったフランス北部のリールで教授の職を得た。彼は液体が酸敗して傷む理由を突き止めようとして、発酵した物質をすべて検査し、生きている有機体が含まれているかどうかを調べた。論証がもっとも簡単だろうと考えて、まずはミルクから始めた。想像以上に困難だったが、彼はなんとか、乳酸の発酵が生きている有機体によって起きることを示すのに成功した。

まだ三五歳だったパスツールは、ミルクから離れて他の物質を研究し、この有機体がどこから来て、それをなくすにはどうすればいいのかという、より大きな問題に取り組んだ。酸っぱくなったワインに活発な生きている有機体が含まれていることを発見したが、摂氏六〇度から七〇度の間まで熱し（水の沸点である一〇〇度よりはるかに低い）、その温度で数分保ち、それから急速に冷やすと、ワインは酸敗しなかった。これがもともとの低温殺菌の方法だ。パスツールはここから始まって、他にもたくさんの研究を実施した。そこには炭疽やコレラ、狂犬病などの病気に対する免疫の分野での調査も含まれていた。

「低温殺菌」という言葉がミルクに適用されたのは、パスツールの人生では最後の数年だった。彼は一八九五年に七二歳で死んだ。彼は一八六四年に低温殺菌の方法を開発したが、科学者がそれをミルクに適用するまでに何十年もかかった。適用してみると、ミルクを沸点の手前で二分間熱し、それから急速に冷やせば、酸敗もせず病気も起こさないことがわかった。しかし、その過程でいいバクテリアも死んでしまうので、多くのチーズ製造者は低温殺菌されたミルクを使うことを拒否した。昨今の消費者には、低温殺菌のミルクは死んでいると不満をもらす者もいる。だが、煮沸によってあらゆるものが壊されるが、低温殺菌は沸点の手前までしか熱さないので、栄養素は生きているという主張もある。

新しい科学によって可能になった、ミルクの公衆衛生問題への対処法が二つあった。まず、多くの人が嫌ってはいても、政府がすべてのミルクに低温殺菌を義務づけることができる。もう一つは、「品質保証ミルク」を設定し、生のミルクの品質を保証するための監視システムを作ることだ。ニュージャージー州ニューアークのヘンリー・コイトは、医療的なミルクに関する委員会として知られる医師団体のネットワークを作った。一八九四年に、最初の品質保証ミルクの瓶がフェアフィールド・デイリーで製造された。一九〇七年、全国の委員会が結束し、アメリカ衛生ミルク委員会連合が創立された。委員会から認められれば、そのミルクに品質保証ミルクと記すことができ、はるかに高い価格をつけられた。だが次の世紀で、また別の特別品質ミルクに起きた現象と同じく、消費者は品質保証を受ける費用を賄うためについた高値を支払いたがらなかった。

一方、ニューヨークやボストン、フィラデルフィア、シカゴといった街では、低温殺菌と品質保証ミルクの効果が議論されながらも、乳児死亡率はそれから二〇年間は高いままだった。

ネイサン・ストラウスは一八四八年にドイツで生まれ、一八五六年に二人の兄弟と母親とともに、二年前に移住した父親を追って、ジョージア州の小さな町に行った。だがストラウス一家は南北戦争中にほとんどの財産を失い、一八六五年にニューヨークに移動した。そこでストラウス兄弟は、やがてニューヨーク最大のデパートのうちの二つ、メイシーズとアブラハム・アンド・ストラウスの支配権を得ることになる。

ネイサン・ストラウスは社会的良心に導かれて行動した。彼は従業員に、低価格の昼食と保険を提供した。一八九二年から九三年の厳冬には、貧しい者に石炭を配り、ホームレスのために手ごろな料金の宿泊所を提供した。彼はニューヨーク市における乳児死亡率の高さを心配し、その原因はミルクにあって、その解決法は低温殺菌だと確信した。一八九三年六月、彼はローワーイーストサイドの貧しい移住者の地区にある西三番街に、「ミルクデポ」と称するミルクの物流拠点（デポ）の第一号を開いた。実をいうと、四年前にニューヨークの小児科医ヘンリー・コプリックが、同じ地区に最初のデポを開いていた。純粋な低温殺菌ミルクが、ストラウスのデポでは一リットルにつき四セントで売られ、この破格に安い料金でも払えない者は、無料のミルクがもらえた。

ニューヨーク公衆衛生局の獣医師の検査を受けた牛のミルクは、このときには冷蔵列車によって街に運ばれていた。ストラウスは自分で工場設備を持ち、そこでは低温殺菌をして瓶詰するまで、ミルクは氷の上に置かれた。多くの人々が毎日このデポを訪れて新鮮なミルクを買い、川沿いのテントでは医師がいて、医療的な助言をしたり、子供を診察したりした。

次にストラウスは、ニューヨークの他の地区にも五つのデポを開いた。最初の年、三〇万本の低温殺菌ミルクが配られた。まもなく彼はニューヨーク市内に一二のミルクデポを持ち、そのすべてが赤字だった。実のところ、ミルクデポは彼のデパートの収益の取り分以上に経費がかさんだ。だが彼には使命があった。彼は、ミルクはタンパク質と炭水化物と脂肪の完璧なバランスの取れた、完璧な食品だと信じていた。

当時、低温殺菌ミルクは奇妙な味がすると思いこんでいる者が多かったため、ストラウスは公園にスタンドを建てて、誰でも一杯一ペニーで試飲ができるようにした。全国的にキャンペーンをすることにして、大都市の市長にミルクデポを建てることを勧める手紙を書いた。

この低温殺菌ミルクの普及活動においてストラウスはしばしば、マンハッタンとクイーンズの間のイースト川に浮かぶランドールズ島での出来事を引き合いに出した。この島は孤児院として使われていて、子供たちが良質の清潔で新鮮なミルクを飲めるように、畜牛が飼われていた。だが一八九五年から九七年の間に、安全な生乳と思われるものを飲んだ子供三九〇〇人のうち、一五〇九人が死んだ。

この恐ろしい統計値を受けて、ストラウスはこの島に低温殺菌工場を建てた。子供たちの食事を変えたり孤児院の衛生管理を改善したりすることはせず、ただミルクを低温殺菌しただけだ。子供の死亡率は、四二パーセントから二八パーセントに下がった。二八パーセントの死亡率でも今日では驚きだが、一八九八年には、これは素晴らしい改善だと考えられた。

ミルクデポはボストン、シカゴ、フィラデルフィア、クリーブランド、セントルイスに作られた。だがヨーロッパでもアメリカでも、そしてパスツールが敬愛されるフランスでも、人々は低温殺菌ミルクを好まなかった。その味が非難されたのだ。イギリスの酪農家たちは、低温殺菌の機械が高すぎると文句を言った。低温殺菌することで栄養が失われるという医師もいた。

アメリカでは、低温殺菌を義務化し、生乳を違法とするという提案をめぐって争いがあった。一九〇七年の春、低温殺菌ミルクの擁護者たちはストラウスの主導のもと、ニューヨーク市での生

マンハッタンの市役所広場にあったネイサン・ストラウスのミルクデポ
（ニューヨーク市立博物館）　Museum of the City of New York/Art Resource, NY

乳の販売を禁止する条例を提案した。この条例のための集会で、ストラウスは、「生の低温殺菌していないミルクを無責任に扱うのは、国家的犯罪となんら変わらない」と発言した。

低温殺菌に金を使いたくない酪農家たちは条例に反対し、低温殺菌が酪農家に誤った安全概念を植えつけ、農場の衛生管理が悪くなると考える者も同様だった。死んだバクテリアより生きているものを食べるほうがましだと主張する者さえいた。低温殺菌ミルクは、死んだ有機物が浮かんでいるミルクにすぎないというのだ。

代替案としては、一八九一年にハーバード医科大学で開発された品質保証ミルクがあった。熱を加えられて死んだも同然の低温殺菌ミルクで諦めるのではなく、もっと注意を払って生乳を生産するために、何もかもを厳しく監視する、畜牛の健康から農場の衛生管理、ミルクが市場で売られるまでのあらゆる段階のミルクを監視するのだ。だが品質保証ミルクは生産費がかさみ、通常、医師からしか買えなかった。

低温殺菌の擁護者は、しばしば、生乳は低温殺菌ミルクより栄養があることを認めたが、それでも飲料としては低温殺菌ミルクのほうが安全だと主張した。品質保証ミルク、あるいは「清潔な生乳」の擁護者たちは、こちらも安全だと主張し、訴え続けた。その支持者にはニューヨーク市の衛生局も入っていて、問題解決のためいっそう厳しい視察が必要だとして譲らなかった。ストラウスの提案した条例は、一九〇七年五月に否決された。

ミルク・クエスチョンと呼ばれるものが、改革者だと評判だったテオドール・ルーズベルト大統領の興味を引いた。彼は公衆衛生局に、この問題を調べるように命じた。乳製品の専門家とされる二〇人の調査団を招集し、一九〇八年、生乳は危険で、低温殺菌によってミルクの組成や風味は変化しないと結論づける報告書を発表した。多くがこの調査団の発見に異議を唱え、それは今日も変わっていない。

煮沸して水分を抜いたミルクの研究によって、骨の組織が劣化する病気、骨軟化症の原因が「新しいミルク」にあるかもしれないとされたことも、低温殺菌主義には有利に働かなかった。壊血病の多くの症例も、ミルクにビタミンCが含まれていないことが原因とされた。

一九〇八年八月、シカゴはミルクの低温殺菌を義務づける最初の街となった。一九〇九年一月以降、シカゴで売られるすべてのミルクは、低温殺菌されなければならなくなった。唯一の例外は、一年間結核にかかっていないという検査を通った牛が産出した生乳だった。これは、品質保証ミルクも是認されたということに近い。州内の酪農家たちはこの取り決めに激しく反対し、商売の自由に対する侵害だとして裁判沙汰になった。

一九〇九年ニューヨークで、ストラウスはふたたびみずから提案した条例を通そうとし、また否決された。だが一年後、街の衛生局が立場を変え、飲用のミルクは煮沸するか低温殺菌しなければならないと決めた。一九一一年、全国ミルク基準委員会が品質保証ミルクと低温殺菌ミルクの両方を受け入れ、すべてのミルクはどちらかでなければならないと宣言した。アメリカ医師会も、同じ結論に達した。

一方のストラウスは、みずからの条例が赤ん坊の命を救うと主張し続けた。彼は、「この敗北は赤ん坊の死を意味する」と言った。この条例はふたたび採決に持ちこまれ、今回は圧倒的多数が賛成した。一九一二年、ニューヨーク州で低温殺菌されていないミルクを売ることは違法になった。一九一四年、ニューヨーク市のミルクの九五パーセントが低温殺菌されていた。一九一七年には、アメリカ国内の四六の主要都市で、ミルクの低温殺菌が義務づけられた。

最初、低温殺菌の方法として選択されたのは、「フラッシュ・メソッド」と呼ばれたものだった。ミルクは摂氏八五度で、ほんの数秒間、熱せられる。だが、ストラウスのミルクデポで使われていた「ホールディング・メソッド」のほうが多くのバクテリアを殺すことができるとわかった。ミルクを低温で熱し、そのまま二〇分置くのだ。全国的に低温殺菌ミルクが受け入れられるにつれて、この方法が定着していった。

大好きなミルクが安全だとわかったら、時に奇妙と思われるような意味が加えられることもある。一九二三年、当時の商務長官、のちに大統領となるハーバート・フーバーは世界牛乳学会で、次のように語った。

他の食品業界の何にも勝って、この産業には、公衆衛生の問題ばかりでなく、白色人種の成長と精力までもがかかっているのだ。

ニューヨークでの無料のミルクプログラムの様子。ロイ・ペリー撮影（ニューヨーク市立博物館）　Museum of the City of New York/Art Resource, NY

アングロスイス・コンデンスト・ミルク・カンパニーは、ゲイル・ボーデンがアメリカで会社を始めた一〇年後に、ヨーロッパでも操業を始めた。一八八〇年代、ヨーロッパ工業は年間二五〇〇万缶のコンデンスミルク（加糖練乳）を生産していた。ミルクを濃縮するのは保存手段の一つで、ウィスコンシン州やスイスなど、ミルクが売れる以上に多く生産される場所では、歓迎されるアイデアだった。

コンデンスミルクはまた、長距離の輸出市場をあてにするオーストラリアにとっても都合のいい解決法だった。クイーンズランド州南部の小さな町トゥーグーラワに、二〇世紀最初の一〇年間に、初のコンデンスミルク製造会社ができた。一九二九年、ネスレがアングロ・スイスと合併し、工場を買い、それを、アジア中にコンデンスミルク工場を建てるという計画の一環としてビクトリアに移した。

ミルクは低温殺菌されれば安全だといったん見なされると、コンデンスミルクを使う主な理由は、新鮮なミルクやクリームほど高価ではないということだった。サラ・ローラーは一九一三年のアイスクリームと凍ったプディングについての本で、「普通の果物のアイスクリームは、コンデンスミルクを使えば一リットル一五セントぐらいで作れるだろう。これはもちろん、通常のミルクとクリームを使うより安い」と書いた。一九二七年、ゼネラル・エレクトリック社は『電気冷蔵庫のレシピ（*The Electric Refrigerator Recipes*）』という料理書を出した。この中に、「エバミルクの使い方」に関する助言がある。

重いクリームを使うのが不都合なときは、エバミルクを使っても素晴らしい出来になる。混合物は、クリームを使った凍らせたデザートほど濃厚でも、高価でもない。通常以上に長時間冷蔵庫に入れておかなければ、滑らかで、過剰に冷たくなることもない。

エバミルクを二重鍋の上部に入れ、水の上で熱する。三分から四分、あるいはミルクが沸くまで加熱する。ボウルの中に入れる。室温の平鍋の中で冷ます。凍らせずに、数時間冷蔵庫に置けば、風味がより繊細になる。卵を泡立て器でとても軽くなるまで混ぜる。エバミルクは、クリームのようにホイップする前に、煮沸して冷ましておかなければならない。一カップが、二倍から三杯のかさになる。好みによって、泡立てずに使ってもいい。どのゼラチンを含むムースやアイスクリームにも、クリームの代用になる。

ファニー・ファーマーは一八九六年の本で、ミルクの煮沸の仕方を端的に説明した。

二重鍋の上部に入れ、下の部分で湯を沸かす。蓋をし、二重鍋の縁の周囲でミルクが渇いたように見えるまで、コンロの上に置く。

コンデンスミルクは収益が上がるようになり、多くの会社が製造を始めた。缶の性能が良くなり、ミルクも改善された。一九〇九年、低温で蒸発させることによって軽減されたが、完全になくなってはいなかった脂肪の分離の問題が、均質化と呼ばれる工程によって解決された。これは、気づきさえすれば当たり前のアイデアだった。ミルクを非常に目の細かいフィルターに通すと、脂肪の塊が小さくなり、もはや分離しない。このアイデアはもともとは一八九〇年代にフランスで、プール・マリックスがマーガリンを作るために開発したものだった。さらに別のフランス人が人工バターを作ろうとして、このアイデアを改良した。均質化の方法が実用化されると、エバミルクが缶の中で分離することはなくなり、貯蔵寿命は大幅に延びた。

一九〇〇年のパリ万国博覧会では、ルドルフ・ディーゼルによって開発された新しいエンジンの登場、発声映画、そしてエスカレーターが呼び物だった。W・E・B・デュボワとブッカー・T・ワシントンによるアメリカ社会に対するアフリカ人の貢献についての展示や、新しいアールヌーボーのデザイン展示があった。さほど注目されなかったが、世界初の均質化された新鮮なミルク、オーギュスト・ガウリンの「レ・オモゲニゼ」もあった。これはガウリン・デイリー・マシナリー・エキプメント・カンパニーのオーナーであったガウリンが、前年にパリで開発したものだった。万国博覧会の客たちはこの発明品を安定したミルクという意味の「レ・フィグゼ」と呼び、どうしたらいいのか戸惑ったが、博覧会が終わったあとガウリンは機械を改良し、それは大成功をおさめて、エ

在チューリヒのアメリカ領事チャールズ・ペイジが1881年に創設したアングロ・スイス・コンデンスミルク・カンパニーの1883年の広告。ボーデンの成功に影響を受け、スイスのミルクをイギリス市場向けに販売した。ネスレに合併されるまでボーデンの主な競合相手の一つだった

バミルクや産業的に作られるアイスクリームの製造に使われた。

ミルク業界は均質化されたミルクを歓迎したが、一般大衆は新鮮なミルクを均質化されるのを好まなかった。人々は、瓶の中でクリームとミルクが接する場所、「クリームライン」を恋しがった。そこでミルク業界は均質化の価値を広めるため、さまざまな奇妙で食欲をそそらない実演をすることにした。ミシガン州フリントのマクドナルド・デイリーは、一九三二年に均質化されたミルクの販売を始めた直後、ある実験を行った。あるおかしな記事によると、この会社は「プロ」を雇い、普通のミルクと均質化したミルクの両方を「管理された研究所の条件のもと」で飲んで吐き出させたと発表した。これで、均質化されたもののカード（凝乳）のほうがよく消化されていることが明らかに示された。吐き出されたカードはホルムアルデヒドの瓶に入れられて、配達人が道々、客に見せて歩いた。

一九五〇年代、私が子供のころ、牛乳の配達人が金属の持ち運び用ラックでミルク瓶を家まで持ってきた。瓶の上部は首のあたりまでが他よりも濃い色になっていた。クリームが分離していたのだ。注ぐときは、まず瓶を振った。兄弟や姉妹、そして私も牛乳が大好きで、毎朝冷たいまま、グラスに一杯飲んだ。だがある日、もう牛乳が好きではなくなった。何かが違ったのだ。瓶の中が全部同じ色だった。いくつか違うブランドを試したが、すべて同じだった。牛乳は以前ほどおいしくなくなり、私たちはそれまでのように大好きではなくなった。均質化のミルクの時代が始まったのだ。まもなく、アメリカのほぼすべてのミルクが均質化された。

コンデンスミルクは多くのデザートにおいて重要な食材となり、イギリスとアメリカでファッジの人気の高まる要因となった。ファッジの起源は不明だが、一般に、一八八〇年代にアメリカで発明されたと考えられている。そのころ、コンデンスミルクは普通に手に入ったが、最初からファッジを作るのに使われていたわけではないようだ。最初のファッジ作りの記録はボルティモアで、四五〇グラムにつき四〇セントでそれを売った男によるものだった。バッサーカレッジの学生エミリン・B・ハートリッジは、新鮮なミルクを使う彼のレシピを手に入れた。

グラニュー糖、二カップ
クリーム、一カップ
甘くしていないチョコレート、五五グラム、削っておく
バター、大さじ一

砂糖とクリームを合わせ、中火で熱する。これが熱くなったら、チョコレートを足す。常にかき混ぜる。混合物がソフトボールのようになるまで熱する（摂氏一一二度から一一四度）。火から下ろし、バターを加える。少し冷まし、ファッジが濃くなり始めるまで混ぜる。バターを塗ったブリキ製の容器に移す。ファッジが固まりきらないうちに、ダイヤ形に切る。

バッサーから姉妹校のウェルズズリーやスミスに、ファッジ作りは広がった。そのどれもコンデン

スミルクを使っておらず、新鮮なミルクを使っておいしいファッジを作るのは難しい。だが世紀が変わるころ、ファッジ製造者がコンデンスミルクの存在を発見し、やがてコンデンスミルクはデザートの標準的な食材になった。のちに、マシュマロフラフも、おいしいファッジを作るのに欠かせない食材になった。

マシュマロフラフは一九一七年に、マサチューセッツ州サマービルで、アーチボルド・クエリーによって創案された。彼はそれを家で作って売った。第一次世界大戦後、二人のマサチューセッツ州の退役軍人、H・アレン・ダーキーとフレッド・L・モワーが、それを商業化した。フランスの戦地から戻ったばかりで、彼らは最初それを、フランス語の「すぐに（トゥ・ドゥ・スイット）」をもじってトゥット・スイート・マシュマロフラフと呼んだが、誰にも理解されなかったので、まもなくトゥット・スイートをはずした。一九三〇年ごろには、彼らはニューイングランド中のラジオ番組のスポンサーになっていて、マシュマロフラフはとても有名だった。だがそれを誰が最初にファッジに入れたのかは明らかではない。

アメリカのクッキーのレシピの草分け的存在であるマイダ・ヒーターによる極めつきのファッジレシピがこれだ。「コンデンスミルク」と「エバミルク」が互換性のある言葉であることに注意。

好みで、焼いたペカンまたは半分か丸ごとのクルミ、二〇〇グラム（二カップ）
エバミルク、一四〇グラム（約三分の二カップ）
マシュマロクリーム、ジャー一杯（二〇〇グラム）

無塩バター、半本（四分の一カップ）
砂糖、一と二分の一カップ
塩、大さじ四分の一杯
セミスイートのチョコレートのかけら、三四〇グラム（二カップ）
バニラエッセンス、大さじ一杯

五〇平方センチの四角い平鍋の内側にアルミホイルを貼る。平鍋を上下逆さにして、八〇平方センチのホイルの光っている側を平鍋にかぶせ、ホイルの側面と角を押しつけるようにして平鍋の形にし、ホイルを取り、平鍋を正しい向きに返し、形をつけたホイルを平鍋の中に置き、そっと押して平鍋の形にする。内貼りをした平鍋を脇に置く。

お好みのナッツをよく調べ（ときどき殻が混じっている）、見た目のいいものを二分の一カップほど、ファッジの飾り用に取っておく。ナッツを脇に置く。

エバミルクを重いシチュー鍋に注ぐ。マシュマロクリームとバター、砂糖と塩を加える。弱火にかける。混合物が沸騰するまで、木製のスパチュラで休まずにかき混ぜる。この混合物は焦げやすい。必要に応じて火力を調節し、焦げないように、ときどきゴム製のスパチュラで鍋の底をこする。

混合物が沸騰したら、時間を測り始める。五分間、かき回しながら沸騰させる（混合物は多少カラメル化する。温度計で混合物を測る必要はない。時間だけだ。沸かす時間が終わるとき、一〇八度から一〇九度になっているはずだ）。

シチュー鍋を火から下ろす。チョコレートを加える。溶けて滑らかになるまでかき混ぜる。バニラをまぜ入れる。ナッツ一と二分の一カップをまぜ入れる。すばやく平鍋に入れ、表面を平らにする。残りのナッツ二分の一カップを、均等な間をあけて表面に置き、落ちないように押し入れる。冷めるまで置いておく。硬くなるまで冷やす。ホイルの角を持ち上げて、平鍋からファッジを出す。注意深くファッジを小さく切る。透明なセロファンかワックス紙、アルミホイルで一つずつ包む。あるいは冷凍用密封容器に入れる。数日以上保存する場合は、冷凍する。

注意：ナッツを焼くには、浅い鍋に入れて三五〇度のオーブンの中央に置く。ときどきかき混ぜながら、熱くなるまで、だが焦げないうちに火から下ろす。一二分から一五分。

イギリス支配の一九世紀後半のインドでは、赤ん坊に与えるために膨大な量のコンデンスミルクが使われた。インド人はまた、茶に入れたり、一六世紀に遡るレシピを覆して、凍らせたデザートであるカルフィに甘くしたコンデンスミルクを使い始めた。中国はやはり一九世紀に赤ん坊のためにコンデンスミルクを輸入したが、それを珍しいミルク料理、「フライドミルク」に使い始めた。ドミニカ共和国では、国民の軽食と言ってもいいバティダ・デ・レチョサを、コンデンスミルクとパパイヤと砂糖をミキサーにかけて作る。バニラエッセンスを数滴加えることもある。まったく新しい品も作られた。アルゼンチンでは、煮詰めて甘くしたコンデンスミルクで濃くて黒いカラメルソース、ドゥルセ・デ・レチェが作られ、これは全国的な食品になった。コンデンスミルクを煮詰める方法はたくさんあるが、よく使うのは、沸騰している水に缶を入れ、四時間か五時間放置するというものだ。簡単だが、落とし穴がある。水が蒸発して缶が空気にさらされるようになると、缶は爆発する。

アメリカとヨーロッパのミルクビジネスで奇妙だったのは、その成長が需要と一致しないことだった。ときに、生産側のほうが需要より早く成長した。農業家を動かした動機は、ミルクの価格がとても安いため、農場として生きていくにはたくさん牛を飼って、たくさんミルクを産出させなければならないという事情だった。一九世紀、ニューイングランドの三頭から五頭の牛しかいない家族経営の農場が生き残るのは不可能に近かった。この傾向は続き、二〇世紀には、牛四〇頭の農場でも生き残るのが困難だった。

アメリカ人が西に動き、さらに広い土地のある場所へ行くにつれて、アメリカで飼われている牛の数は増えていった。一八五〇年には、六五八万五〇九四頭の牛がいた。一八五〇年の頭数は、およそ三倍の一七一三万五〇九四頭だ。

品種改良の重要性は、アメリカよりもずっと前にヨーロッパで認識されていた。イングランドの酪農家ウィリアム・エリスは、一七五〇年に「この雌牛は健康で頑丈で、おとなしく、搾乳しやすかった。このような牛は、種を増やすに値する」と書いた。一八世紀、イギリスの酪農家たちは、雄牛の質は、生まれる牛の質とおおいに関係があることに気づき始めた。一七二六年、ジョン・ローレンスは『新しい農業システム（*New System of Agriculture*）』という本を執筆した。この中で彼は、雄牛にもっと注意を払うべきだ、なぜなら「すべての生物で、男が種族と生殖において重要だからだ」と書いた。彼の論理は多少疑わしいが、いい牛を誕生させるにはいい牛以上に必要なものはない、という基本的な考えは重要だった。

イギリスの酪農家たちは、高品質の雌牛を、適当に手に入った雄牛、あるいは彼らの言い方では「ありきたりの息子」と交雑させるのは無駄だと気づき始めた。望ましい雄牛の特徴が固まり始めた。雄牛は広い額があるべきだ。目は大きくて黒いのがいい。角は長く、体毛はビロードのようになめらかで、首は太く、胸部は大きく、臀部は四角い……などだ。酪農家によって違った基準があり、さまざまな種が作られた。オランダの牛はよくミルクを出すという評判のおかげで、それらがイングランドの農場へ持ちこまれ、独自の品種として使われるか、交雑に使われるかした。

もともとヨーロッパの家畜は、肉の品質あるいは役畜としての力を強めるために交雑された。だが一八世紀になると、チャネル諸島から来たジャージー種やガーンジー種のような新しい品種の中には、そのミルクの品質で評判になるものも現われた。スコットランド南西部のエアシャー種は、一七世紀からの古い品種で、もともと酪農のために開発されたものではなかった。だが一八世紀、これらの牛のミルクの産出量が格段に高く、また特に味もいいことがわかった。乳糖の含有量が多く、甘い味がした。また、とても小さくて均一の脂肪球を含んでいて、これは均質化以前には、とても好ましい特徴だった。

一九世紀後半、優れた牛の品種のいくつかがヨーロッパからアメリカに持ちこまれた。その中にイギリスのショートホーン種がいて、これは一時、アメリカの畜牛の中心的な存在になった。オランダ北部からのホルスタイン・フリーシアン種。スコットランドからのエアシャー種。イングランドの南からのジャージー種とガーンシー種とレッドポール種。スイスからのブラウンスイスとシメンタル種。そしてフランスからノルマンディー種。一九世紀のもっとも高く評価されたイギリスの品種の一つに、オールダニー種があった。チャネル諸島からの、もともとはノルマンが起源の小型の牛で、ミセス・ビートンはこれがもっとも濃厚なミルクを出すと記した。純潔種がチャネル諸島にいなくなったあと、交雑されたオールダニー種が数頭アメリカに輸出された。畜牛の専門家によると、今日、本物のオールダニー種に近いものはアメリカにいるという。だがこの説も、議論の余地がある。

アメリカには現在、あらゆる最高のミルク産出地域から来た最高品種がいる。輸入された牛の品種によって、ミルクの平均年間産出量は、一八五〇年の六五一キログラムから、一九〇〇年には一六四五キロになった。アメリカはミルクでいっぱいだった。幸運にも、新鮮なミルク以外にも、産業的成長の余地のある製品があった。コンデンスミルク、赤ん坊の調合ミルク、そしてチーズが、成長しつつある市場だった。

一八四〇年代、列車の発達とともに、乳製品を運搬できる距離は伸び始めた。このことで酪農家たちの生産費は増加したが、チーズにとっての新たなチャンスでもあった。一八五〇年代まで、農場はチーズ工場を支えるのに十分なミルクを産出しなかった。それぞれの農場で、いくらかのチーズを作っていたのかもしれない。ニューイングランドでは共同農場が作られ、酪農家はチーズ生産のためにミルクを溜めた。こうした共同農場は、この地域ではまだよく見られる。

アメリカで最初の長続きするチーズ工場と産業規模のチーズ製造会社ができたのは、一八五一年のニューヨーク州ロームで、チーズ製造者の家に生まれたジェス・ウィリアムズが実現した。産業革命からいろいろ学んだウィリアムズは、チーズを組み立てラインで生産した。一〇年後、大量生産されたレンネットが手に入りやすくなり、工場のチーズは作りやすくなった。

何年もの間、多くの人々が工場システムはチーズの製造に適していないと考えていた。美食的見地から、それはまだ議論すべきテーマではあるが、この世紀の末には、チーズ工場が経済的に採算がとれるということは、ほとんど疑いのない事実になった。それは工場の時代であり、たいていの問題を解決する、ありがたい解決法だった。

乳製品業界のリーダーであったザークシーズ・アディソン・ウィラードは、一八六五年にこう書いた。

この質問は頻繁に問いかけられてきた。工場システムは経年に耐えられるのか？　ずっと利益を上げ続けられるのか？　あるいはいずれ破綻して、酪農家はふたたび旧式のチーズ製造に戻るのだろうか？　私の意見では、それは生き残る。このシステムは進歩への一歩であり、一歩踏み出したら後戻りはできないことは、歴史が教えてくれている。

チーズ工場は利益を上げたが、職人的なチーズ製造者も生き残った。ウィスコンシン州には過剰なほどのミルクがあり、この州は大規模なチーズ製造者となり始めた。

ウィスコンシン州でチーズを最初に産業化したのが誰だったかはわからない。ウィスコンシン州の最初のチーズ工場は一八五八年にシェボイガン郡でヒラム・スミスが建てたとよく言われるが、彼は一年後にチーズ作りをやめ、工場は新鮮なミルクを扱うようになった。一八六四年、チェスター・ヘイスンがラドガに建てたチーズ工場も、しばしばウィスコンシン州初のチーズ工場だとされる。

一八七〇年代半ば、ウィスコンシン州ドッジ郡のジョン・ジョッシが、独自のチーズの製造を始めた。これを彼はブリックチーズと呼び、ウィスコンシン州にあるスイス・チーズ・カンパニーが所有する工場で生産した。彼はその後、ウィスコンシン州中に他の工場を開いた。一九四三年まで生産を続けていた彼の工場は、やがてクラフトチーズ・カンパニーに買収された。

次の世紀になるころ、ウィスコンシン州はさまざまな規模の一五〇〇もの工場のある、主導的なチーズ生産州となっていた。

ヨーロッパでもチーズ工場が建ち始めた。実は世界初のチーズ工場は一八一五年にスイスで建てられたものだったが、これは商業的に成功しなかった。イングランドでは、最初のチーズ工場が一八七一年に開き、オランダでは一八八〇年代に開いた。二〇世紀には、職人的なチーズ作りは急速に衰退した。

一八八九年、ニューヨーク市の「マンハッタン・デリカテッセン」のオーナーで、州北部にモンローチーズ社も持っていたアドルフ・トードは、有名なドイツチーズ、ビスマルク・シュロスケーゼの信頼できる供給元を探すのに苦労していた。彼は自分のチーズ会社に、それを地元で作るように頼んだ。二二歳のエミル・フレイがそれに着手し、一八九二年に、ドイツのチーズとまったく同じとはいえないが、かなり近いチーズを作った。トードたちは、こちらのほうがおいしいと考えた。それはリーデルクランツと名づけられた。ドイツ語で「合唱団」という意味で、フレイはこの名前の合唱団のメンバーだった。最初、リーデルクランツはニューヨーク市だけのチーズだったが、評判が広まり、一九二六年にはニューヨーク州モンロー郡で、それを作るミルクが不足するほどになった。生産は豊富なミルクの供給がある中西部オハイオ州バンワートに移らなければならなかった。

一九一八年、フレイはベルビータというチーズを発明した。他のチーズはカードからホエーを排出してできるのに対し、これはホエーを加えるものだった。それはベルベットのような食感のチーズとして売り出され（だからベルビータという名前だった）、非常に溶けやすいと宣伝された。これは大変な成功をおさめて、ベルビータだけの工場が一九二三年に作られた。これもまた、一九二七年にクラフト社に買収された。

アメリカの工場が生産したよく溶けるチーズが豊富に手に入るようになり、アメリカでは溶けるチーズ料理（チーズバーガー、グリルドチーズ、マカロニ・アンド・チーズ）が開発され、これが典型的なアメリカ風料理ということになった。だが溶けるチーズの料理は新しいものではなく、アメリカ独自のものでもなかった。イタリアにはピザが、ブルターニュにはチーズクレープがあった。一六世紀からあるスイスの国家的料理は、フォンデュというかたちの溶けたチーズとワインだ。アメリカはそれらすべてを受け入れ始めた。

また、ウェルシュラビットというチーズトーストもあった。これは二〇世紀に、アメリカも含め

1960年のベルビータチーズの広告所蔵）

てたくさんの国で人気が出たものだ。今日、この溶けたチーズの料理はレアビットと呼ばれるが、これはおいしい軽食という意味の言葉で、ウサギ（ラビット）ではないことは明白だ。「ラビット」はラベルを誤ったものだと考えられている。もっとも古い一七二五年の記録ではラビットとされていて、一七八〇年まで誰もレアビットとは呼ばなかった。また、そもそもウェールズのものだったのかどうかも明らかではない。イングランド人は「ウェールズ」という言葉を軽蔑的に使いたがる。二級品やまがい物を指してウェールズと呼んだ。だから、ウェルシュラビットというのはイングランドの悪い冗談だったのかもしれない。この料理はもともとイングランドのものだったのだろうか？伝統的にこれに使われたのはグロセスターかチェダーで、両方ともイングランドのチーズだ。

だがウェールズ人も、溶けるチーズが熱烈に好きなことで有名だ。一四世紀の笑い話には、ウェールズ人が天国でぶらぶらしていると書かれている。彼らを追い出そうとして、ペテロが門の外に立ち、「焼いたチーズ」という意味のウェールズ語「カウズ・ポビ」と叫んだ。ウェールズ人はそれを手に入れようと走り出し、ペテロは勢いよく門を閉めた。

一八八三年のルイス・スティーブンソンの小説『宝島』（新潮社、二〇一六年）でわかるとおり、スコットランド人も同じように焼いたチーズが好きだ。哀れな難破人ベン・ガンは、チーズを想いながらこう言う――「チーズを夢見て幾多の長い夜を過ごした。たいてい、焼いたチーズだ」。

ハンナ・グラスは、スコットランド、ウェールズ、イングランドのラビットのレシピを紹介した。これはスコットランドのラビットだ。

パンを両面ともよく焼く。バターを塗る。チーズをパンと同じくらいの大きさに切り、両面を焼き、パンにのせる。

グラスのウェルシュラビットはほとんど同じだが、からしを加える。イングランドはワインを加える。今日では、この料理は通常ビールを使って作られる。

フランス人もウェルシュラビットが大好きで、これをウェルシュと呼ぶ。アメリカ人やスコットランド人、ウェールズ人、スイス人以上に、フランス人は溶けたチーズが大好きなのだ。フランス文学には、溶けたチーズが満載だ。アルフォンス・ドーデは『月曜物語』（岩波書店、一九五九年）の中に、部屋に満ちたチーズスープの匂いの衝撃についての物語を入れている――「ああ！　チーズスープのいい香りだ！」。

アメリカ人は、産業革命までは溶けたチーズの料理を食べられなかった。工場生産のチーズが豊富に手に入るようになって初めて、こうした料理は普及した。セントルイスのユニオン駅のレストランで、料理人のスタンリー・ハミルトンが作ったチーズスープは次のようなものだった。ハリー・トルーマン大統領が頻繁にここを使い、このスープは彼のお気に入りだったと言われている。ハミルトンはこのレシピを「ウィスコンシンのクリームのチーズスープ」と呼んだ。

塩味クラッカー、一二枚
牛肉のブロス、〇・九リットル

おろした香りの強いチェダーチーズ、三カップ
バター、大さじ三
中力粉、大さじ三
ウスターソース、大さじ一
軽いクリーム、一カップ
白コショウ、小さじ一

塩味クラッカーをオーブンに入れて温める。シチュー鍋にブロスを二カップ入れて、中火にかける。チーズを加え、溶けるまでかき混ぜ続ける。残りのブロスを加え、滑らかになるまで煮る。その一方で、小さなスキレットを中火にかけ、バターと小麦粉でルウを作る。滑らかになったら、最初の混合物に加える。クリーム、ウスターソース、コショウを少しずつ加えながらかき混ぜ続ける。一五分間煮る間、絶えずかき混ぜる。焼いたクラッカーとともに供する。

産業化される前も、フランス人はそれを熱心に料理に用いるほど、十分なチーズを作っていた。その多くはグリュイエールかスイスのタイプだった。タルトの中に入れるものがオニオンスープであろうと、魚や貝やなんであろうと、表面に粉にしたグリュイエールが溶けている、「オ・グラタン」という料理ができた。

パリのレストラン「トゥールダルジャン」の長身で優雅なオーナー、クロード・テライユは、ま

さに溶けたチーズが大好きな世代のフランス人だった。パリで最高の夜景が楽しめるレストランで供される昔ながらの料理で、一九五〇年代にミシュランの三つ星を獲得した。やがて大量の溶けたチーズが時代遅れに見えるようになり、彼の格付けは下がった。

プレストダックがもっとも有名だが、テライユは、ベシャメルソースと溶けたチーズをかけたシタビラメの切り身の料理のようなものも作った。ウェルシュラビットが大好きで、それはグロスターチーズで作るべきだと主張した。

まず、このチーズ二五〇グラムを小さく刻むか削り、イングリッシュ・マスタード小さじ半杯、イギリスのエール一デシリットルと混ぜる。弱火にかけ、フォークでかき混ぜる。熱くなるとチーズは溶け、ビールと混ぜるのも難しくない。

完全に溶けたら、それを薄切りにしてバターを塗った食パンの上にかける。

高温で上から焼く。

一八四八年、フェルディナンド・エディアールは熱帯地方からパリに戻る際、マンゴー、バナナ、パイナップルといった珍しい果物を持ち帰った。彼はマドレーヌ広場に店を開き、それ以来、パリジャンたちはそこで異国の製品を買っている。実をいうとその製品の多くは、今ではありきたりになっているのだが。エディアールとその妻と娘は、こうした奇妙で面白い果物の使い方をパリジャンに見せるレシピを考案した。もちろんその一つに、溶けたチーズと合わせるものもあった。グラタン・ド・バナーヌのレシピがこれだ。

料理用バナナの両端を切り、皮ごと縦長に切り、五分間茹でる。冷めたら皮をむき、熱いバターに浸し、そのバターを使ってシナモンで風味をつけたミルク一リットルとともに軽いベシャメルを作る。唐辛子を一つまみ加える。バナナを輪切りにし、バターを塗った型かグラタン皿に並べる。ベシャメルを流し入れ、おろしたグリュイエールチーズを散らす。五分間オーブンに入れ、熱いまま供する。

乳製品とチーズ製造の産業化による影響の一つに、女性から仕事を取り上げたことがあった。世界中の農場で、女性が伝統的に、牛の搾乳、チーズやバター作りの責任を負っていた。長時間にわたる重労働だったが、一八三〇年アメリカの「私はかわいい乙女（*Pretty Maidens Here I Am*）」という、乳しぼり女のファニーをうたった歌のように、酪農場の女性は美化されていた。

都市部でも、ミルクの売り子はやはり女性だった。三〇キログラムもあるバケツを往来に持ち出して長時間売る、丈夫な女性たちだった。ロンドンでは、「この下にミルクがあります」という意味の「ミオウ（Milk below）」という呼び声が有名だった。従業員のいる裕福な農場でも、女性が乳製品に関係する仕事のために雇われ、その見返りに家が提供された。

酪農場の女性は常に、乳製品の売りになった。女性は健全で女性らしいイメージで偶像化された。

ルイジ・シャボネッティ（1765～1810年）の「メイドとミルク」。ロンドンの路上のミルク売りの様子　HIP/Art Resource, NY

一七世紀半ば、友人のジョン・ダンと同じ文学の高みを目指したアイザック・ウォルトンは、フライフィッシングに関する本『釣魚大全』（平凡社、一九九七年）の中で、本の中間あたりでだしぬけに、一章丸ごと割いて乳しぼり女の素晴らしさについての詩と論考を載せている。彼は同時代人（クリストファー・マーロウ、ウォルター・ローリー、そしてジョン・ダン）を、彼らの愛についての詩は乳しぼり女のことを描いたものだとほのめかして茶化し、おかしな考察をしている――「我らが善きエリザベス女王はしょっちゅう、五月の乳しぼり女になりたいと願っていた。恐怖も心配事もなく、一日じゅう楽しく歌っていられるのだから」。ロマンティックに描かれた乳しぼり女には、大変な仕事についての言及は一切ない。

一七八四年、イングランドの酪農場の質と効率に心を砕いた作家ジョシア・トワムリーはこう書いた。

> 酪農場で働く女性については、清潔さ以外に褒めるべきものはない。それ以上に彼女たちが尊重される理由はない。酪農場が徹底的に清潔であることに気づいたら、誰もがそのきれいできちんとしている場所でバターかチーズを買いたいと思わざるをえない。

だが産業化に伴い、小さな家族経営の農場以外では、女性は次第に酪農業から押し出された。この傾向はもっと早く、一八世紀から始まっていた。チェダーチーズは産業的チーズの先駆けだった。一九世紀初頭のチェダーチーズ製造者ジョゼフ・ハーディが、なるべく効率的に、なるべく多くの

ウィリアム・ニコルソンの「乳しぼり女のM」。木版画をもとにしたリトグラフ、1898年（著者所蔵）

チーズを作りたいと考えたからだ。彼のアイデアの多くがチーズ工場で採用され、彼は男性のチーズ製造者を雇った最初の一人となった。大規模な製造工程の一部には、女性が扱うには大きすぎるうえに重すぎるほどの、巨大なチーズ作りもあった。

酪農場の管理者が、当時は珍しかった男性へと変わるのも、このころだった。女性は農場での仕事はできても、業界は男性のものだった。工場には、女性に対する偏見がはびこった。女性が工場で働くのを一切禁じたり、日曜日に働くのを禁じる、あるいは夜間の仕事を禁じる法律ができた国もあった。最初、多くのチーズ工場のオーナーはこれらの新しい法律に反対だった。オランダのチーズ製造者は、女性の専門知識がなければチーズを作れないと言った。だがやがて、従業員全員が男性でも、チーズを効率的に作れることがわかった。

酪農が真の産業になるために重要だった技術は、機械による搾乳だった。手による搾乳は時間がかかり、難しい作業だった。一七世紀以前の大半の牛の群れが四〇頭を超えなかったのは、家族だけでは搾乳の時間がなくて、大勢の従業員を雇えばすでに少ない利幅から経費が取られることになるからだった。

一九世紀、キャサリン・ビーチャーは、古代から変わっていない過程として、搾乳をうまく描写した。

搾乳の際は、乳首の乳房に近い部分に指を置く。両方の手の人差し指で強く握り、すぐに別の指で搾る。人差し指でミルクが乳房に戻るのを避け、他の指で外に押し出す。左の膝を牛の右の後ろ脚の近くにつき、頭を牛の脇腹に押しつけ、左手で常に蹴ろうとしている脚を撃退できるように構える。やわらかい乳首が長い爪で切れたり、いぼにひっかかったり、乳房に触れて痛かったりすると、おとなしい牛でも無意識に蹴ることがある。搾乳するたびに搾りつくさなければならない。さもないとミルクが出なくなる。もしたくさんミルクが出れば、一日に三度、八時間おきに搾乳ができる。搾乳の最後までやめないこと。そうしないと、牛がミルクを出すのをやめる原因になる。

なぜこの描写が、『アメリカ人女性の家（*The American Woman's Home*）』という本に載っているのだろうか？　もしかしたら、酪農の経験のない小規模な農業家が、一頭か二頭の牛を飼おうとすることがあったのかもしれない。

ビーチャーの描写は完璧なように見えるが、いくつか書かれていない事柄がある。たとえば手や前腕が痛くなってもやめることができないとか、不機嫌な牛あるいはふざけた牛に痛い思いをさせられることがあるとか。牛はとても大きい。もし牛を数頭飼っていて、搾乳と搾乳の間が八時間しかないとしたら、最後の牛を終えてから最初の牛をふたたび搾乳するまでの時間はほとんどないことになる。

一九世紀、毎月のように新しい機械が登場していたころ、多くの人が、牛の搾乳のできる機械を開発しようとした。だがこんな繊細で複雑な仕事を、どうやって機械にさせろというのか？　発明家たちがゴールに近づくほど、疑問が増えた。一八九二年、ミルクに含まれる脂肪分を計測するための便利な装置を発明して有名になったS・M・バブコックは『国家の酪農家（*National Dairyman*）』の中で、「搾乳機はミルクの質を劣化させ、乳牛の標準を落とすだろう」と書いた。

この世紀の半ばごろに開発された最初の搾乳機は、お粗末なものだった。チューブを牛の乳首に挿入し、筋肉を無理やり開き、チューブを通してミルクをバケツに流し入れる。もともとのチューブは木製だったが、のちに銀製、骨、あるいは象牙で作ったものなどが用いられ、二〇世紀初頭にも、まだ売られているものがあった。このイギリス人は一八三六年に、最初のチューブによる搾乳の特許を取った。だがチューブによる搾乳は牛と人間の両方に病気を広め、牛の乳首を傷つけて永続的にミルクがもれるようになることも頻繁にあった。

それからこのイギリス人はポンプを使おうと考えた。一八六〇年と一八六二年の間に、たくさんの発明家が、乳首に当てるカップとポンプによる吸引をする機械の特許を取った。一八八九年、スコットランド人のウィリアム・マーチランドは、牛の下に吊るして使う、うまく働く真空ポンプの搾乳機を作った。他にもたくさんの手動ポンプの機械が発明された。

一八九八年、ウィリアム・メリングの搾乳機が注目を集めたのは、二頭の牛を同時に搾乳できたからだった。結局、たくさんの牛を早く搾乳するというのが課題だった。メリングの搾乳機は脚でペダルを踏んで真空状態を作って動かすもので、二〇世紀初頭の何十年かはまだ使われていた。

蒸気動力の時代だったのに、一八九八年まで、誰も蒸気動力による搾乳機を発明しようとしなかったのは奇妙なことだった（最初の蒸気トラクターは一八六八年に発明された）。これはシース搾乳機と呼ばれ、グラスゴーのアレクサンダー・シールズによる設計で、蒸気動力による真空ポンプを使ったものだった。だが初期の搾乳機のすべてがそうだったように、これには深刻な欠点があった。搾乳が続くにつれて小さくなっていく牛の乳首の大きさの変化に対応できなかったのだ。機械による搾乳機はまた、ミルクの一部をポンプで乳房に戻してしまうこともあった。

一八九〇年代、この問題は、アレクサンダー・シールズによる、乳首をマッサージして液体を出す機械や、やはりマッサージ装置のついている二重の乳首カップなどの発明によって解決された。これで農場は、たくさんの従業員を雇わなくても、はるかに大きな群れを持つことができた。二〇頭でも四〇頭でも、いやそれ以上の牛が、搾乳所に入れられた。牛が搾乳中に楽しめるように、それぞれの牛房の前には牛が食べる草の入ったトレーが置かれていた。それぞれの牛の四つの乳首に、四つのカップがつけられる。カップが取り外されて（今日の現代的な機械では、カップは終了時に自動的に外れる）、牛たちは外に出され、新たな群れが入れられる。搾乳所は、清掃のための休止時間を入れて、時間通りに操業される。これで、ビーチャーが夢見た以上に多くの牛が扱えた。

品質保証ミルクの生産者たちは、まだ自分たちの酪農法が最高だということを示そうとした。一九三九年のニューヨーク万国博覧会で、ニュージャージー州の品質保証ミルク会社ウォーカー・ゴードンズ・サーティファイド・ミルク・デイリーは、ロトラクターと呼ばれる新しい搾乳機を展示した。これはすぐに、「牛のメリーゴーランド」とあだ名がついた。搾乳所は回転する円形で、周囲に五〇の牛房があった。牛は列に並び、一頭ずつ牛房に入る。搾乳者は清潔な布で牛の乳房を洗い、乳首に四つのカップをつける。搾乳機は回転し、牛は一〇分間、回転盤に乗っていて、最終的に出発点に戻ると、カップが外されて回転盤から下ろされる。このようにして、このメリーゴーラ小さな農場にとっては生産費を下回ることがある。もっと高くすることもできるが、そのミルクは政府の価格帯のミルクと競合はできないだろう。一九六〇年代に州間高速自動車道が整備されると、ミルクは必ずしも地元で生産されなくてもよくなった。

第二次世界大戦前は、アメリカのミルクの八〇パーセントが、玄関口まで直接配達されていた。二〇世紀後半まで、配達人が店に取って代わられることはなかった。巨大酪農場と手を組んで安いミルクを売る巨大スーパーマーケットチェーンが、市場を乗っ取った。瓶から紙パックに変わった。紙パックはそのまま捨てることができ、洗わずに済み、割れもしなかった。中のミルクは見えないが、均質化されているので、見るべきものもない。

二〇世紀、牛は買うのが高く、飼うのも高かった。アメリカの酪農場一つ当たりの牛の頭数は増えたが、小規模な農場の多くが閉鎖したので、国全体の総数は減った。同時に、ミルクの生産量は劇的に増えた。アメリカ政府によると、一九四四年にはこの国に二五六〇万頭の乳牛がいた。二一世紀には九〇〇万頭しかいなくなったが、その九〇〇万頭が、一九四四年の二五六〇万頭よりもはるかにたくさんのミルクを産出している。一九四二年には、平均的な牛が生涯で産出するミルクは、二二〇〇キログラム以下だった。今日、平均値は九五〇〇キログラムにまで上がった。同時に、ミルクの消費量は、人口ははるかに増えたのに減っている。これは予想外だった。一九世紀と二〇世紀初頭には、ミルクの消費量は順調に上がっていた。

牛一頭当たりのミルクの生産量の増加は、一部は高タンパク質の飼料の結果だった。農業家は今日、以前よりもアルファルファやトウモロコシのような高タンパク質の作物を育てるのに時間を費やす。昨今は、草の飼料を与えられている牛でさえ、冬を越すために飼い葉を与えられる。何が育つか、あるいは何が手ごろに購入できるかによって、さまざまな作物（オーツ麦、大麦、トウモロコシ、アルファルファ、サトウモロコシ、キビ、クローバー）が冬のために蓄えられる。酪農家の中には混合物を発酵させてサイレージと呼ばれるものを作ったり、雑穀を混ぜたりする者もいて、これらは牧草地で食べられる草よりもタンパク質が豊富なこともある。これによって、牛の給餌としてどちらがいいか、長く続く議論が起きた。

酪農家はまた、濃厚飼料にも以前より多くの金を費やしている。一九〇〇年、アメリカ全体で二五平方キロメートルしかアルファルファは植えられていなかった。一九八六年までに、その数はおよそ一一万平方キロメートルになり、現在はさらに増えている。

もう一つの変化は、品種改良の普及だ。ミルク産出量の多い雌牛と、そのような雌牛を作る雄牛は、今では種つけ用の家畜と見なされる。一九三〇年代と一九四〇年代に人工授精が開発され、効率のいい種つけができるようになった。今日の酪農家は、雄牛を見なくて済む。雄牛は気難しくて危険なので、それを大半の酪農家は喜んでいる。かつて、酪農家は近所で見かけのいい雄牛を探したものだった。今日、雄牛の精子はどこからでも取り寄せられ、外見ではなくそれまでの記録によって売られる。これによって、酪農家は動物の本来の姿から遠のくことになったと言う者もいる。

世界中の酪農家の多くに最高だと認められている牛は、オランダのホルスタイン・フリーシアン種だ。ホルスタイン種、あるいはフリーシアン種と呼ばれることもある。これはアメリカではもっとも古い品種の一つだ（一六一三年にオランダ人が持ちこんだ）。今日、この大きな黒と白の牛は、ンドは一時間に三〇〇頭の牛の搾乳をした。

万国博覧会では、この新発明が未来の搾乳機だともてはやされた。ウォーカー・ゴードンズは、品質保証ミルクの生産が水準の高い清潔なものだと、実演で見せたかっただけだった。展示した機械の生産や、それを未来の搾乳機として売りこむことには興味がなかった。それでも今日、もっとも高価で人気のある高性能な搾乳機は、ロトラクターとほとんど同じアイデアで建てられた、回転式搾乳所だ。

一九世紀半ばに始まった酪農業界は、生産するミルクの品質に焦点を当てていた。利幅が非常に小さい業界だったので、品質は重要だった。二〇世紀にも、農場の会報、農業大学の調査、そして農業家への助言など、酪農に関するあらゆるものが、大規模になることの重要性を強調した。もっと大きな牛の群れへ投資することだ。

小規模な酪農場は消えつつあった。一九世紀、牛が四〇頭いれば大規模な酪農場だとされたが、二〇世紀になると、大規模というのは牛が一〇〇頭、いや数百頭いることを指した。二〇世紀末、世界最大のミルク生産国アメリカでは、大規模な酪農場というのは何千頭もの牛を意味した。

ミルクの価格は、生産費に比べると常に安かった。これがいつでも、チーズ作りの動機となった。大恐慌の時期、人々は低価格でもミルクを飲む余裕がなくて、需要が落ちた。そこでまた価格が下がり、怒った酪農家たちは全国でストライキをした。連邦政府が介入してミルクの価格を安定させ、そのシステムが残っていた。政府がミルクの価格を決める。大きな農場にとっては適当な価格でも、

「ミルクは届く」。1940年、ロンドン空襲下のミルク配達人の姿だが、実は配達人の格好をしたカメラマンの助手である　HIP/Art Resource, NY

大量のミルクを生産するように種づけされている。たくさんの高タンパク質の飼料を与えることで達成できる目標だ。アメリカ農務省とミネソタ大学の科学者のグループは、ホルスタイン種のゲノムの二二パーセントが、過去四〇年間にわたる人間の選択によって変化してきたと計算した。

人工授精によって、種つけはとても効率的になった。精子は限られた数の場所で産出され、非常に詳細な記録が残されている。自然の種づけをした動物では、これは不可能だった。今日の種づけセンターは優れた雄牛を開発し、その精子を広く使うことができる。二〇一二年五月、雑誌アトランティックが、二〇〇四年生まれのバジャー・ブラフ・ファニー・フレディーという名のホルスタイン種の雄牛の記事を載せた。これは理想的な牛とされ、すでに三四六頭も娘を作っていた。だが成功への公式は複雑だ。牛は泌乳するためには妊娠しなければならず、それゆえ受精率が重要になる。だが牛のミルクの産出量が高くなるほど、受精率は低くなる。

ホルスタイン・フリーシアン種にはまた、いくつかの不都合がある。大量の飼料を食べるため、飼うのにとても金がかかるのだ。

厳密に言うと、ホルスタイン・フリーシアン種は世界でもっとも生産的な牛ではない。イエメンの一部、アラビア海に浮かぶソコトラ島には、世界中のどの牛よりも、飼料に対するミルクの産出量の多い小型の牛がいる。これこそ、もっとも望ましい牛だとされるべきかもしれないが、酪農家は一般に、どれほど飼料代がかさんでも、最大の乳牛を求めてしまう。

アメリカでは、ミルクの宣伝によく、可愛い茶色のジャージー種が登場する。とてもかわいい品種だ。だが今日では、ジャージー種はアメリカではめったに見られない。大きな黒と白のホルスタイン種はどこにでもいて、アメリカの畜牛の九〇パーセントを占めている。イギリスでも、ジャージー種、ガーンシー種、エアシャー種あるいはショートホーン種は珍しい。白と黒のホルスタイン種は風景の一部だ。それはヨーロッパの他の地域の大半、そしてアジアやオーストラリアでも同じことだ。いくつかの酪農家、特にチーズを生産するところでは、まだ高品質のミルクを出す伝統的な種が飼われているが、それは珍しい。公正を期して言うと、ホルスタイン種は良質のミルクを出す。ただ、ジャージー種やエアシャー種のほうがより良いというだけだ。他の種もあったが、消えてしまった。国連食糧農業機関は、毎月二種の家畜が消えていると見積もっている。

現代の酪農はとても難しいビジネスになった。

エアシャー種

ブラウンスイス種

ホルスタイン種

14 新しいミルク料理

一九世紀のアメリカ人、フランス人、イギリス人とイタリア人はミルクが大好きだった。それは乳製品のソース（ミルク、クリーム、そしてバター）、ミルクとクリームの料理、ミルクとクリームのスープ、そしてミルクとクリームの飲み物の時代だった。

クリームソースのアイデアはフランスで始まった。イングランドがミルクのソースを作り始めたとき、彼らはその料理をフランス語風に「ア・ラ・クレム」と名づけた。

風味のあるクリームソースは、まず「新しいフランス料理」とされ、のちに伝統的フランス料理として知られるようになったものの、顕著な特徴となった。魚と乳製品を合わせることの禁止はとうに忘れられ、乳製品のソースは特に魚と合わせるのに人気があった。

もっとも有名な魚とクリームの料理は、シタビラメのノルマンディー風だ。フランス料理専門の歴史家は、この料理が一八三八年の晩餐会にまで遡るとし、おそらくこの料理によって、ノルマンディー風というのが「クリームソースを使った」という意味になった。ノルマンディー地方はクリームで有名だった。

そもそも古典的なフランス料理は非常に濃厚で、クリームを好んで使った。一八四六年に生まれたオーギュスト・エスコフィエは、一九世紀の料理を二〇世紀に持ちこんだフランス人料理人だった。彼の料理と『エスコフィエ　フランス料理の真髄』（三洋出版貿易、一九七四年）や『エスコフィエの料理６００』（国際情報社、一九八五年）のような本が、フランスの古典的な料理を明確に表わしていると言われる。エスコフィエのモットーは「シンプルに作る」ということだったが、彼が実際にそうしたことはほとんどなかった。古典的なフランス料理では、ソースはソースに注ぎ足されたものから作られ、通常、家庭ではなくレストランで作られた。だがエスコフィエのソース・ノルマンドに必要なのは、良質な魚の煮出し汁、それとは別の三枚おろしにしたシタビラメの残りから取った煮出し汁、つまりはシタビラメのフュメ、みじん切りにしてバターでソテーしたマッシュルーム、ムール貝のブロス、その他いくつかのものだけだ。彼のソース・ノルマンドは料理の上にかけるものだが、シタビラメのノルマンディー風にとっては一つの要素にすぎない。他に、シタビラメを魚の煮出し汁の中で煮て、ムール貝を加え、薄切りにした黒トリュフ、クルトン、エビなどを用意しなければならない。忍耐力と時間と資金があれば、とても風味の深い料理ができあがるだろう。ソースの作り方はこうだ。

魚の煮出し汁三リットル、マッシュルームとムール貝のブロスを一デシリットル加える。シタビラメのフュメ二デシリットル。レモン果汁数滴を五つ分の卵黄と混ぜ、クリーム二デシリットルと混ぜる。強火で三分の一くらいに煮詰める。

チーズクロスでソースを濾し、ダブルクリーム一デシリットルとバター一二五グラムで仕上げる。

エスコフィエは、このソースはシタビラメのノルマンディー風のためのものだが、他の料理にも使えると言った。

クリームソースを作る簡単な方法は他にたくさんある。これは、女性誌ゴディーズ・レイディース・ブックの編集者サラ・ジョゼフ・ヘイルが一八四一年に出した本にあったレシピだ。彼女は鶏肉に合うとしているが、魚にも使えるはずだ。

小さじ一のミルクで大さじ一のバターを溶かし、少量の小麦粉をこねる。一個分の卵黄に小さじ一杯のクリームを入れて泡立て、バターに混ぜ、火にかけて常にかきまぜる。刻んだパセリを加えてもいい。

おそらくどちらのソースも、今日では主だった料理人は作らないだろう。エスコフィエのものは複雑すぎるし、ヘイルのものは、伝統がめったに絶えないニューオーリンズ以外では、ソースに小麦粉を使うのは流行遅れだからだ。だが小麦粉を使うのはとても古いアイデアだ。ローマ人は、西暦一世紀の有名な料理人アピシウスも含めて、小麦粉やトラクタでとろみをつけたソースを作った。ヨーロッパ人が肉や魚の料理のための風味あるクリームソースを作り始めたとき、小麦粉と溶けたバターでとろみをつけることから始めた。この方法はのちに、軽妙さに欠けるとして悪い評判を得た。このとろみをつけるもの、いわゆるルウは、小麦粉の練り粉にならないように、軽い食感にする必要があった。

ヨーロッパ人はルウの作り方をローマ人から教わったのか、それともたまたま創案しただけなのかはわからない。ミルクをルウで濃くしたソースにはたくさんのヨーロッパの名前がついているが、やがてベシャメルという呼び名で知られるようになった。

ラ・バレンヌという名前で有名なフランソワ・ピエール・ド・ラ・バレンヌは、一七世紀のフランスでもっとも影響力のあった料理人だった。この時期、フランス料理は低カロリーでにおいが強く、香辛料が効いていて酸味のある中世の味、そしてイタリアの影響から離れた。ラ・バレンヌは少量の小麦粉と溶かしバターでいくつかのソースを作ったが、他の具材もたくさん使ったので、本当のミルクかクリームソースにはならなかった。

一八世紀のフランスの王族、なかでも特に、ルイ一五世の愛人マダム・ド・ポンパドールづきの料理人だったことで有名なビンセント・ラ・シャペルは、一七三三年の著書『ザ・モダン・クック（*The Modern Cook*）』で、フランスの料理は過去と決別したと宣言した。彼はヒラメのベシャメル風と呼ばれるレシピを提案した。この名前は有名な同時代人のルイ・ド・ベシャメイユから取ったものと考えられているが、もしそれが本当なら、名前のスペルを間違っている。ヒラメは「ショートブロス」という、短時間で調理された煮出し汁で煮る。刻んだパセリ、葉タマネギ、ワケギを、バターの大きな塊とともに鍋に入れる。塩、コショウ、ナツメグを加え、少量の小麦粉も加える。魚は次に加えられる。そこでラ・シャペルは選択肢を用意していた。魚を調理するのはミルクでもクリームでも、「水でも同様にいい」。乳製品はおいしい料理に使われるようになったが、まだつけ足しのような存在だった。

だがこの直後、いわゆる近代的なフランス料理が、ミルクとクリームソースを用いることを意味するようになった。サセックス州ルイスのイングランド人の旅館経営者で、フランス人料理人の下で修業経験のあったウィリアム・ベロールは、乳製品のソースのフランス式の使い方など、新しい料理のアイデアをイングランドに紹介したことで知られた。家族経営の旅館だったホワイトハートは、エリザベス女王の時代まで遡る歴史があったが、ベロールのころには当世風になっていた。一七五九年の『料理の全手順（*A Complete System of Cookery*）』の目的は、著者によると、「この業界の経験者にも未経験者にも、もっとも現代的で最高のフランス料理という、完璧でシンプルな芸術を見せるため」だった。この薄い本には、内臓とクリーム、豆とクリーム、ほうれん草とクリーム、そして「鶏の胸肉ビンジャメル風」などの、おいしいクリームを使った料理がたくさん載っていた。故ムッシュー・ベシャメイユからさらに離れた名前になったが、これでクリームの使用はしっかり確立された。ベロールのレシピの多くは読めないが、彼の本はとても影響力が大きかった。彼の鶏肉の料理の一つを挙げる。オレンジを使うのは、彼自身の工夫だったかもしれない。一八世紀には、オレンジは裕福な家のオレンジ温室で栽培されるだけでなく、とても一般的になっていた。

二つの鶏肉を使って二つの料理を作るが、別々の方法を用いる。足つきの丸鳥から脚の部分を切り取る。これについては次に指示する。胸の部分は焼き、翼の先端部［羽の端にある最後の関節部分］がなければ、他のものとして供してもいい。焼く場合は皮をはぎ、白身を切り、厚めにスライスし、シチュー鍋に入れる。次のようにソースを作る。クリーム二五〇ミリリットルを取り出し、少量のバターを小麦粉と混ぜ、葉タマネギを一個か二個入れ、少量のパセリ、コショウと塩を入れ、沸いて濃くなるまでとろ火でかき混ぜながら熱し、エタミン［チーズクロス］で濾す。シチュー鍋の中の鶏肉にかけ、中まで熱くなるまで煮る。オレンジの果汁だけをかけ、食卓に出す。

このソースはどんな白身の肉にも使えるし、今とても流行っている。

マリ・アントワーヌ・カレームは一八世紀と一九世紀にまたがって活躍した料理人で、いわゆるオート・キュイジーヌを確立し、これを次世紀にエスコフィエが引き継いだ。カレームは基本的なソースが四つあると言い、その一つがベシャメルだった。一八一七年の『料理の芸術（*L'Art de la Cuisine*)』に書かれたクレム・ベシャメルは、一日がかりで作るものだった。まず、軽い肉の煮出し汁を作らなければならず、これは牛肉、ハム、鶏肉などを入れて煮立てて、肉の「精髄」を取ったものだ。煮出し汁が煮詰まってから、肉を突いて穴を空け、煮出し汁をさらに加える。ふたたび冷ます。やがて小麦のルウを加え、すべてを薬草とともに何時間も煮る。次に不純物を取り、ようやくクリームが加わる。このレシピの最後で、カレームは書いた。

このソースを煮詰める作業は、その持ち場を好きな人物がすることが肝心だ。無頓着な人物がやったら焦げ色がついてしまって、それはこのソースにとって最悪のことであり、さらに言えば、ブローテソースにクリームを加えることを思いつき、すばらしいソースにみずからの名前を与えたマルキ・ド・ベシャメルの名誉を傷つけることになる。

おそらくエスコフィエが、彼のレシピも十分複雑なのに、自分は簡単にしただけだと言ったのは、カレームの跡を継いだからだろう。彼のベシャメルは牛肉の煮出し汁だけを使い、彼の主張では（同意しない声もあったが）一時間で作れるはずだった。基本的には、このソースは牛肉の煮出し汁をミルクかクリームを入れて煮詰めたものに、バターと小麦粉のルーを入れたものだ。

クリームソースはイタリアでも広まった。イタリア人の料理人ペッルグリーノ・アルトゥージは、自分のベシャメルソースはフランスのものと似ているが、「彼らのはもっと複雑だ」と言った。

一九二八年、イタリアの一流女性誌プレッツィオーザの編集者エイダ・ボニは、イタリア料理の決定版を書くという不可能な仕事に取り組み、『幸福のお守り（*Il Talismano della Felicità*）』を出版した。これはいまだに定期的に重版されているイタリア料理の古典であり、たくさんのクリームソースを紹介している。多くが小麦粉とバターで始まるが、すべてではない。その中にはキジとクリームを合わせた、非常に濃厚なレシピがある。

小さいキジ、一羽
バター、大さじ三
タマネギ、半個、刻む
塩とコショウ
濃厚なクリーム、一と四分の一カップ
レモン果汁、大さじ一

ダッチオーブンの中に、キジをバター、玉ねぎ、塩とコショウとともに入れる。ゆっくり煮て、二と四分の一時間、全面をキツネ色にする。クリームを加え、三〇分煮続ける。供する直前に、肉汁にレモン果汁を加えて混ぜる。すぐに供する。

ボニのキジもそうだが、一九世紀アメリカでもっとも有名な海産物とクリームの料理であるロブスターのニューバーグ風も、小麦粉を使わなかった。ニューヨークの有名なレストラン「デルモニコ」の料理人ルイ・フォシェールは、ペンシルベニア州ミルフォードにホテル・レストランを開いた。本当かどうかわからないが、一八七六年、カリブ海の果物の貿易をしていたベン・ウェンバーグという人物がチャールズ・デルモニコに、卓上鍋で新しいロブスターとクリームの料理を作ってみせたという。デルモニコの店ではこの料理を、ロブスター・ア・ラ・ウェンバーグという名前で出し始めた。だがまもなく口論の末に友情が壊れ、敵討ちのように失語症の発作に襲われて、デルモニコは最初の音節を間違えてウェンバーグではなくニューバーグとしてしまったという。

一八九四年の著書『美食家（*The Epicurean*）』で、一八六二年から一八九六年までデルモニコの料理人をしていたチャールズ・ランホファーは、次のようなロブスターのニューバーグ風を挙げている。

一キログラム程度のロブスターを六尾、塩水で二五分茹でる。生きているロブスター六キログラムは、火が入ると、一キログラムから一・二キログラムの肉と、九〇グラムから一一〇グラムの卵になる。冷えたら、体から尾を取り、残りを薄切りにし、浅鍋に入れ、それぞれの切り身を平らにし、熱い澄ましバターを加える。塩で風味をつけ、焦がさずに両面を軽くあぶる。良質の生のクリームをひたひたになるまで注ぐ。すばやく半量に煮詰める。マデイラワインを大さじ二か三杯加える。液体だけをもう一度煮る。火から下ろし、卵黄と生のクリームでとろみをつける。少量の唐辛子とバターを加えながら、沸騰させずに煮る。野菜の皿にのせ、上からソースをかける。

ミルクに小麦粉でとろみをつけるのは、一九世紀と、二〇世紀初頭の料理に繰り返し見られた手法だ。穏やかな性格を指す言葉としても使われるミルクトーストは、とても人気があった。次のレシピは、一九世紀アメリカで刊行された料理書の中で最高に売れたと言われる『ミス・レスリーの料理案内（*Miss Leslie's Directions for Cookery*）』（一八五三年）のもの。レスリーは一七八七年生まれで、幼少期には父親が貿易会社をやっていたロンドンにいたが、生涯の大半をフィラデルフィアで過ごした。彼女のレシピもやはり、最初にミルクを沸かすという予防措置をとっている。

ミルクトースト

濃いミルクを〇・五リットル沸かし、火から下ろし、新鮮なバター一一〇グラムと混ぜ、小麦粉小さめの大さじ一杯を混ぜる。それからふたたび沸かす。深い皿を二枚用意し、それぞれにトースト六枚を並べる。熱いうちにミルクを注ぎ、食卓に出すまで蓋をしておく。

この料理は、フレンチトーストの前身と考えられることもある。古いパンを使い切る方法として、フランス人は失われたパン（パン・ペルデュ）と呼ぶ。

やがて美食家たちは、ドロドロした食感になり、味がぼんやりすると言ってソースに小麦粉を入れることに反対するようになった。実際、クリームソースは小麦粉を入れなくても、煮詰めることによって濃くなった。この考えは、決して新しいものでもなかった。一八世紀の主要なイングランドの料理人で、フランスの影響を受けながらも独自性のある料理を作った人物チャールズ・カーターは、このレシピを『完全実用料理（*The Complete Practical Cook*）』（一七三〇年）に書いた。

良質の塩ダラを用意し、茹でる。全部をフレーク状にし、ソース鍋にクリームとともに入れ、少量のコショウで風味をつける。湯通しして刻んだパセリを一つかみ入れ、弱火でゆっくり煮る。濃いバターと二、三個分の卵黄を入れて振り混ぜ、皿に盛り、ポーチドエッグとレモンの薄切りを飾る。

一八世紀と一九世紀のバターソースも、たくさんあった。エスコフィエは一ダース以上のソースを挙げた。オランデーズやベアルネーズのような卵で濃くしたものもあるが、ロブスターバターやシュリンプバター、ブールノワゼットといった、バターを使ったものも多かった。ブールノワゼットはヘーゼルナッツのバターというわけではなく、その色、いくぶん茶色いバターのことだ。ブールノワゼットを作る際の火を強くすると、黒いバター、ブールノワールになる。ブールノワールを濃い色になるまでゆっくり熱し、レモン果汁や酢などの酸っぱいものを加えると、色づくのが止まる。よく、ケッパーが加えられる。フランスでこのソースとともに供される伝統的な料理は二つあり、子牛か子羊の脳みそか、茹でたエイのヒレだ。
これがカレームのエイのブールノワール・ソースのレシピだ。

エイを用意し、洗って表面をこすり、ヒレを切りはずし、［ヒレを］冷たい塩水に入れ、それを沸かし、火から下ろし、半時間そのまま浸しておく。
スキレットを強火にかけ、その中にバターを一かけら入れる。焦げ始めたら、刻んだパセリと酢をスプーン二杯入れ、酢が飛ばないようにスキレットに蓋をする。
エイの水気を切り、皮をはぎ［切り口から皮をつかみ、強く引くとはがれる］、皿に置き、塩を振り、上からソースをかける。

ジュリエット・コーソンはボストン生まれの社会改革主義者で、料理の指導者でもあり、ニューヨーク・スクール・オブ・クッカリーと節約料理の本によって、貧しい人々のための料理を開発しようとした。一八八二年の薄手の本、『一〇〇万人の食事――みんなの料理本（*Meals for the Millions: the People's Cookbook*）』で、彼女はブールノワールの料理の節約版である「焦がしバターの卵」を提案している。

六個の卵を割り、それぞれをカップに入れて形を保っておく。フライパンにバターを大さじ四入れ、火にかけて焦がし、熱いバターの中に卵を入れ、好みの程度に焼く。ひしゃくでそれを取り出し、トーストの上にのせ、それをのせた皿を冷めない場所に置く。酢半カップをバターに入れる。一度煮立たせ、卵にかけ、熱いうちに供する。

もう一つの標準的なソースが白いバター、ブールブランだった。これは、白ワイン、酢、ワケギを一緒に煮て作る。噂によると、これは偶然発明されたことになっている。ロワールバレーで、バターソースとよく合う川魚が見つかって、クレマンス・ルフーブルという一九世紀の若い料理人が、カワカマスをベアルネーズソースで料理しようと準備していた。このソースはフランス南西部のベアルン地方の名前がついているのに、パリジャンが発明したものだった。クレマンスはワインと酢とワケギを煮詰めるところから始めて、卵黄を出そうとした。彼女はこれを、溶けたバターに混ぜるつもりだった。だが、しまった！　卵が切れていたのだ。だが冷たいバターはたくさんあったので、白ワインを煮詰める際にそれを混ぜ、こうしてブールブランができた。アイデアは偶然に生まれると信じたい人にとっては、いい話だ。いずれにしても、ブールブランは伝統的に、ロワール川のカマスのような白身魚と合わせて供された。

魚や貝のチャウダーでも、小麦粉と水の代わりにミルクやクリームが使われ始めた。一八七三年の年末、ボストンのパーカーハウスで作られた魚のチャウダーのレシピには、「チャウダーが壺に入れるには薄いと思ったら、火から下ろす直前に新鮮なミルクを加え、煮立たせること」とある。一九世紀の終わり、ニューイングランドのチャウダーは、ミルクかクリームのスープを意味した。クリームのスープは一九世紀と二〇世紀に、この世紀の後半、クリームや濃厚な食品の人気がなくなるまで、とても人気があった。一九〇三年に刊行された『料理ガイド（*Le Guide Culinaire*）』で、エスコフィエはクリームのスープのための二八のレシピを紹介した。

ルーファス・エステスは一八五八年にテネシー州で奴隷として生まれたが、高く評価される料理人となり、一九一一年、初めて黒人の料理人として料理書を出版した。ミルクかクリームを使ったトマトスープはよくある古い料理だが、ルーファス・エステスは南部の黒人という背景に忠実に、グリーントマトを加えた。

グリーントマト五個を刻み、かぶるくらいの水で二〇分茹でる。そこへ、あらかじめソーダをスプーン一杯加えておいた熱いミルク一リットルを加える。沸騰させ、火から下ろし、クラッカー四枚を練りこんだバターを四分の一カップ加え、塩とコショウで味を調える。

もっとも有名なクリームスープはニューヨークで、フランス人ルイ・ディアによって創案された。ルイ・ディアは一九一〇年にニューヨークに渡ってアメリカ市民になり、リッツ・カールトン・ホテルの料理人として四一年間、仕事中毒のように働いた。毎年夏に、ニューヨークの熱い季節のために冷製スープを考案し、一九一七年には冷製のビシソワーズを作った。このスープはフランスにあったものを取り入れただけだと言われることもあるが、ディアは、子供のころのヴィシー近くの地域の思い出から発想したと言った。そこではフランス人がクリームを入れたジャガイモとリーキのスープを作っていたが、通常は冷やさなかった。

これは私の子供のころの大好物だった。見た日も味もいいし、かき氷の入った皿の上にのった金属製のボウルで出されるのが好きで、ボウルもスープもすごく冷たくて、スプーンを入れるとスープは濃厚で、チャイブの緑が見え隠れするのも好きだった。プルースト現象だろうか、こうして書いていても、その味が蘇る。オリジナルだと主張するレシピがいくつかあるが、ディアが一九四一年に『リッツの料理（*Cooking à la Ritz*）』に書いたのはこれだ。

リーキ四本、白い部分
玉ねぎ一個、中くらいのもの
甘いバター、六〇グラム
ジャガイモ五個、中位のもの
水かチキンのブロス、〇・九リットル
塩、大さじ一
ミルク、二カップ
中程度の濃さのクリーム、二カップ
濃いクリーム、一カップ

リーキの白い部分と玉ねぎを薄切りにし、甘いバターできつね色にし、やはり薄切りにしたジャガイモを加える。水かブロスか塩を加える。三五分から四〇分煮る。目の細かい濾し器で濾す。火に戻し、ミルクにカップと中程度の濃さのクリーム二カップを加える。味を見て風味を加え、煮立てる。冷やして、とても目の細かい濾し器で濾す。スープが冷めたら濃いクリームを加える。供する前によく冷やす。供する際に薄く切ったチャイブを足してもいい。

他にもたくさんのミルクとクリームの料理が有名になった。今や忘れ去られたミルクの料理「ベイクドミルク」の、ルーファス・エステスによるレシピを挙げる。

石製の壺に新鮮なミルクを入れ、白い紙で覆い、ミルクがクリームのように濃くなるまで、中火のオーブンの中で熱する。こうすれば、非常に病弱な胃でも食べられるだろう。

おそらく最初にコーヒーにミルクを入れたのはフランス人だが、これは一七世紀にトルコ人がパリにコーヒーを持ちこんだ直後に始まった。だがイタリア人の愛する泡立ったミルクの入ったコーヒーは、二〇世紀に始まったばかりだ。イザベラ・ビートンの影響力のある一八六一年の著書『家事の本（*Book of Household Management*）』で、彼女は朝食に茶かコーヒーにミルクを添えて供することを書いていないが、彼女の死後に改訂版が出続けて、一八九〇年の版では、一週間分の家族の朝食のメニューが提案されていた。それには毎回、熱した、あるいは冷たいミルクを添えた茶、コーヒーかココアが含まれていた。
ココアにミルクを加えるのは、一六世紀初頭にスペイン人がアステカの地からヨーロッパにカカオを持ち帰り、砂糖と、その他の香辛料を加えた熱いチョコレート飲料を供し始めて広まった。スペインのマリー・テレーズは熱いチョコレート飲料が大好きで、夫のフランス国王ルイ一四世がたくさんの愛人と寝ている間、おそらくこれが彼女の唯一の慰めだったのだろう。このホットチョコレート、あるいはその中の砂糖が、彼女の歯の大半が抜け落ちた原因だったと言われている。
こんな逸話にもかかわらず、ホットチョコレートの人気は高まった。トマス・ジェファーソンは、アメリカ人の好きな熱い飲み物として、ココアが茶やコーヒーに取って代わるのは時間の問題だと考えた。一九一七年、アリス・B・トクラスと、彼女のパートナーである作家のガートルード・スタインは、ニームの負傷者を助けるために南フランスにいたが、トクラスはそこでホットチョコレートに大変感銘を受けた。それは「最高のフランス風作法を身につけた赤十字の修道女が、大きなボウルで、負傷兵たちに熱々のうちに与えた」もので、そのレシピを彼女は記録した。

熱いミルク〇・九リットルに対して溶けたチョコレート九〇グラム。沸騰させ、半時間煮る。五分間混ぜる。修道女たちは銅製の大鍋で大量に作ったので、泡立て器も大きくて重かった。みんなで順番に混ぜた。

これは本物のホットチョコレートとミルクで、オランダのチョコレート製造者カスパルス・バン・

ホーテンが一八二八年に考案した工程による、ココアバターをすべて抜いた粉のものとは違う。脂肪分を抜いたバターの商業的使用法はたくさんある。今日、本物のホッチョコレートを見つけるのは難しい。一九七四年、偉大なるアメリカの料理家ジェームズ・ベアードは書いた――「今やココアは、小さな紙袋から粉を出してカップに入れ、湯で溶かし、偽物のホイップクリームかマシュマロをのせて供される。これはホットチョコレートではない。すべての世代が、きちんと作ったおいしいホットチョコレートの素晴らしさを知らずに育つと考えると、本当に心が痛む」。

一九世紀にミルクとクリームがあらゆるところで使われていたのを考えると、バーテンダーがカクテルに加え始めるのは時間の問題だった。「カクテル」という単語が「コック・テイル」と書かれて最初に登場したのは、一七九八年三月二〇日のロンドンのモーニング・ポスト・アンド・ガゼット紙だったので、そもそもはイギリスで生まれたのだと思いこむ者もいた。確かにイギリスは、いつでもカクテルを熱烈に愛してきた。

アメリカでは、ニューオーリンズやハバナのような暑い場所への氷の出荷が始まってから、カクテルの人気が出た。この二つの街は、氷の出荷で有名になった。甘い酒とクリームで作った飲み物がカクテルとして知られるようになるのは、もっとあとのことだ。

クリームを使ったカクテルの最初の一つがアレクサンダーで、一九世紀にジン、チョコレートリカー、そしてクリームで作られた。それからニューヨークの有名なレストラン「レクターズ」が、この飲み物をジンではなくブランデーで作り、挽いたナツメグをのせた。それが、ブランデーアレクサンダーだ。

クレーム・ド・マントとクレーム・ド・カカオとクリームを同量で混ぜたグラスホッパーは、ニューオーリンズで作られた。二つの酒はすでに当時としても古い飲み物で、ミントは一九世紀から、チョコレートはその何世紀も前からあった。この二つをクリームと合わせるというアイデアは、一九世紀からあるニューオーリンズの歴史的レストラン「トラジャックス」のオーナー、フィリバート・ギシェの考案とされている。もっとも古い記録は一九一九年だ。

他にも乳製品を使ったカクテルが登場した。コーヒーリキュール、ウオッカ、クリームもしくはミルクで作られるホワイトルシアンは、一九四九年にブリュッセルのホテル・メトロポールで作られた。

これらの乳製品を使った飲料は甘くて低アルコールなので、「女性の飲み物」だという評判があった。女性がアルコールを好まないと仮定する性差別主義者はさておき、すべてのミルク飲料が低アルコールだとは限らない。イタリアの作家クララ・セレーニは、レシピもついている自伝的小説『主婦（*Casalinghitudine*）』（一九八七年）で、このような「ミルク・エリクサー」を回想している。

ミルク、〇・九リットル
酒にするためのアルコール、〇・九リットル［通常、アルコール度の高い白い果物酒］
砂糖、九〇〇グラム
バニラエッセンス、小さじ三

レモン、一個

レモンを小さく切って［外皮やわたも、全部］、他の材料と一緒に大きな瓶に入れる。最初に温めたミルクで砂糖を溶かしておくといい。瓶を密封し、二週間そのまま置いておく。その間、毎日二、三回振る。

二週間経ったら、鍋かボウルの上に目の詰んだ布ナプキンを敷いた水切りを置く。瓶の中身をナプキンの敷いてある水切りに流しこみ、そのまま時間をかけて液体を濾す。液体が鍋に落ちたら、もちろんこれを瓶に注いで熟成させる。ナプキンには濃くてヨーグルトに似たクリーム、甘い匂いのする高アルコールのものが残る。これを小さな壺に入れて、スプーンで食べてもいい。

人々が健康志向になり、高脂肪の食物を食べなくなってから、クリームのソースやスープ同様に、こうした飲み物の大半は人気が落ちた。例外はホワイトルシアンで、一九九八年に映画「ビッグ・リボウスキ」で取り上げられて、引退を免れた。

ミルクの中の有害なバクテリアの問題は克服されたが、乳製品には命取りになりかねない他の含有物があるようだ。コレステロールや脂肪だ。しつこい食品を食べるのは流行遅れになった。それに、濃厚なミルクとバターのソースに浸したミルクトーストを六枚も、誰が朝食に食べたいと思うだろう？「ビッグ・リボウスキ」のデュードのように、しょっちゅうホワイトルシアンを飲んでいたら、ものすごく太るのではないか？

Ⅲ

牛と真実

それらは道路越しに、完全に注意を
こちらに向けていた。じっと、私たちを見ていた。
あまりにもじっとしているので、
その姿勢は達観しているように見えた。

——リディア・デービス、「牛（The Cows）」

15 チベットのバター作り

何千年も乳製品を持たなかった中国が、世界一の近代的で生産的な酪農大国になろうとしている一方で、チベット（中国とはまったく違う文化とサンスクリットに関係した言語を持つ国）の北部には、何世紀にもわたって確固とした酪農文化があった。一九五〇年、中国はチベットを軍事力で制圧し、それ以来、中国人の生活に同化させようとしてきた。中国はチベットの都市や比較的大きな町に中国風の建物を建て、中国人を住まわせることによって、ある程度の成功をおさめた。だがその国には別の物語があった。酪農以上に、チベット人と中国人の違いをはっきりと示すものはない。チベットの酪農場を見ると、中世の光景を見ているような気分になる。

西寧は急成長しつつあるチベットの街で、新しい高層ビルがひしめき、豪華なモスクのある熱心なイスラム教徒の町だ。この国は標高が高く、場所によっては三キロメートルも奥行きのある谷底には、夏には豊かな植生が生い茂る。赤色岩の峡谷には風が形成した小塔が立ち並ぶ。赤い煙突が並んでいるかのように。晩春には、近くを流れる黄河の岸は緑になり、川は広大で、豊かな水が激しく流れ、それは本当に黄色い。さらに高くのぼると、急勾配の斜面は春と夏は緑の牧草地となり、秋と冬は茶色い不毛の地となる。だが緑の季節でさえも、風景のそここに漂砂が見られる。まるで砂漠が点在しているようだ。ある意味、その通りなのだ。漂砂は中国北部とモンゴルのゴビ砂漠の一部だ。ゴビ砂漠は、チベットとヒマラヤの山脈によって雨が行く手を遮られたときにできる。今、中国とチベットにゴビ砂漠が広がりつつあると懸念されている。

空気が薄すぎて木が育たず、人間も息苦しさを感じるようなこの国の高地は、オオツノヒツジ、ヤク、そして遊牧民の住む夏の牧草地だ。高地の山道の上では、鮮やかな色のとほうもない吹き流しが何十も道路や小道を横切るように伸び、頂から隣の頂に続いているものまである。それらは、山道を進む旅行者の幸運を祈って、仏教徒が取りつけたものだ。遊牧民は、もっとも古い木版画の使用例の一つ、馬の絵のついた小さな紙切れを投げて、馬に乗って幸運がいきわたるようにと祈ることもある。ときには何本かの矢をヤクの毛で縦に束ね、ヤクのバター、ビャクシンの枝、そしてここで育つ珍しい穀類の一つ、大麦と一緒に火をつけて、儀式的に燃やすこともある。

この国の羊は、ミルクの産出量があまりにも少ないので、搾乳されない。羊は食肉用だ。たいてい成獣にするが、裕福な者は小さくて肉が柔らかいうちに羊を殺してしまう。だが遊牧民が主に扱う動物とその仕事は、ヤクの飼育と搾乳だ。ヤクの毛でウールも作る。

ヤクは大きなこぶのある肩の下に角の生えた頭があって、巨大で寡黙で毛むくじゃらで、先史時代の生き物のようだ。乳牛よりも大きくて、うめくような鳴き声を立てる。チベット語ではボス・グルニエンと呼ばれるが、これは「うめく牛」という意味だ。典型的な雄は肩の部分が一・五メートルの高さにもなり、もっと大きなものもいる。野生の雄は二メートルを超えることもある。ヤクという名前の由来となったチベット語のエヤグは、家畜化されたヤクにしか使わない。チベット人は家畜化されたヤクともっと大きい野生のヤクの両方を扱い、ときには家畜化されたヤクを野生のものと交雑することもある。中央アジアの数カ所とモンゴルには家畜化されたヤクがいるが、野生のヤクを扱うのは世界でもチベットだけで、家畜化された品種を野生種と交雑する能力のおかげで、家畜化された品種が保たれている。

野生のヤクはすべて黒で、家畜化されたヤクも、たいていは黒い。だがときどき白いものが生まれ、その毛は珍重される。白いものは群れとともに繁殖されるが、黒い家畜化されたヤクとは違う、より大きな亜種に入る。

巨体だが、ヤクは時速六キロという速さで機敏に動くことができる。岩がちな土地でもヤギなみに動き、雪が積もっても平気だ。大雪で山道がふさがれたとき、遊牧民はヤクの群れに雪を踏みつぶさせて、道を開けさせればいい。

遊牧民は鮮やかな色に染めたヤクか羊の毛でできた服を着る。地域ごとに、独自のデザインの帽子をかぶる。カウボーイハットのような帽子もあれば、毛皮や刺繍で装飾したものもある。だが帽子に毛皮を使うことは少なくなった。遊牧民は仏教徒で、僧が、動物を殺すのは間違いだと言ったからだという。

遊牧民たちは、完全にヤクに頼っている。色の濃いヤクの毛を、服のみならず、大きな傾斜した屋根のある家にも使う。ヤクはまた、彼らの主要な移動手段であり、羊や大麦、低地で育つカブのような根菜とともに、食料の供給源でもある。僧の教えにもかかわらず、彼らはその肉を焼いて食べ、いい牧草地を求めて移動する際に便利なように乾燥することもある。しかしながら、彼らの主食はヤクのミルクであり、ヤクの乳製品だ。

　ドリと呼ばれる雌のヤクは牛ほど生産的ではないが、これほどの高地では乳牛は生きられない。ヤクは標高三〇〇〇メートルから五〇〇〇メートルの高地で生殖し、繁栄する。それより低い場所では、機能が低下して生殖しない。牛は普通、一三カ月ごとに受精して、二歳ぐらいで最初の子牛を産む。ヤクは四歳、地域によっては五歳まで出産をせず、牛と違って、何年も出産しないこともある。また、体の大きさにしては、ミルクの産出量が多くない。冬はまったくミルクを出さず、五〇〇リットルのミルクを産出するのに一〇〇〇頭の雌のヤクが必要だ。

　そのミルクは非常に高品質で、乳糖の甘みがあり、乳脂肪分が六パーセント。たいていの動物のミルクよりも高い。ちなみに牛は四パーセントだ。これだけの脂肪で、チベット人はたくさんのバターを作る。標高の高い寒い地域に暮らす人々には、高脂肪の食事が必要だ。ヤクのバターはオメガ3脂肪酸が豊富で、味もいい。冷蔵すれば、もっとおいしいだろう。遊牧民は冷蔵庫を持たず、バターは酸敗するが、彼らはその味とにおいに慣れているようだ。

　ヤクのバターはどこでも売られており、さまざまな使用法がある。乾燥した羊の反芻胃に貯蔵される。これで保存がきくと考えられている。しばらくは保存できるだろうが、たいてい使われるのは約一年後で、そのころには酸敗している。

　チベット仏教の寺に入ると、その意匠に魅了される。寺院は丘の高い場所に建てられていて、高い標高に慣れていなければ、装飾を施された正面の扉を通る際、めまいがして息が切れるだろう。サフラン色と金色と赤に彩られ、鐘が鳴り、角笛の枯れた単一の音が響き、祈りを捧げる人々のリズミカルな歌声がする。そしてあのにおい。馴染みがあるが、いつもより強い。酸敗したバターだ。青銅製のカップが何列も並んでいて、それぞれにヤクのバターが入っていて、中央に木綿で包んだビャクシンの炉心がさしてある。いくつかのカップに、火がついている。すべてが強烈なにおいを放っている。それらのバターは、そこに一年以上はあったものだ。

祭壇は、高さが一メートル、いや一・五メートルもありそうな、入念に作られた彫刻でいっぱいだ。その基部は、通常は炭色で、赤い装飾がついている。上には球体や幾何学模様などが青や緑や金で掘られ、黒と白の縁取りがある。色とりどりの花模様や伝説の登場人物が彫られているものもある。すべてが硬いヤクのバターで、彫刻家が土を彫るのと同じ道具で掘られる。

この彫刻は、隣接する僧院に住んでいる、特別なバターの芸術家である仏教徒の尼僧だけが彫ることができる。彼女たちはバターに粉状の染料を混ぜる。一人の尼僧が彫刻一体を作るのに、一日かかる。年に三度しか作らず、一年間飾ってから燃やす。

バターは仏教徒にとって聖なる食品だ。暴力の行使なしで動物から取られた栄養だからだ。僧院に住んでいる尼僧と僧は全員が菜食主義者で、それが仏教徒の道だという。最近、高地に住む信心深い仏教徒の酪農家は主にヤクと羊の肉を食べていると指摘すると、二六歳の尼僧は、「外のことはわからない」と答えた。

遊牧民は、チベットの国家的料理であるツァンパを食べる。これは遊牧民のために、遊牧民によって作られた。これを作るには、チーズ製造の第一段階で産出される新鮮なカード（凝乳）、チュラが必要だ。だがチベット人は持ち歩けるカードが欲しかったので、それを天日干しにし、茶色いパリパリした小さなチュラのかけらを作った。機敏に馬に乗るモンゴルの軍隊はチーズを食べたと言われる。だがそれは西欧風のチーズではなかった。彼らはチュラと似たような乾燥カードを、緊急時の軽食用に鞍嚢に入れておいて食べたのだ。

ツァンパは、ボウルに茶を入れ、チュラ、大麦粉、ヤクのバターと砂糖を加えて作る。材料を、クッキーの生地程度の硬さになるまで手でこね合わせる。それをウエーターがレストランのテーブルで作る光景は、西欧の感覚ではちょっと衝撃的だ。寺院の大きなバターの彫刻を作るのに、ツァンパで硬さを加えることもある。

チベットのヤクのチーズ。これはチベット仏教の僧が作るものだが、伝統的なものではなく、商業的には成功しなかった

ツァンパは手で作るだけでなく、手で食べる。山を歩いていてタンパク質の補給が必要になったとき、遊牧民はヤクに担がせている鞄に手を入れ、ツァンパを一つまみ取り出す。大麦粉とバターと砂糖で、あまり甘くはないが、クッキーの生地のような味がする。チベット人は甘味を好まない。あるいはあまり砂糖がなかったので、開発しなかったのか。ジュエマという伝統的なデザートでさえ、ほんのり甘いだけだ。ジュエマはヤクのバター、チュラ、地物の根菜をすったもの、ほんの少量の砂糖で作った、小さな茶色い立方体の食品だ。

茶にヤクのバターを溶かすのも、チベットの伝統だ。これはバターが酸敗していなければおいしいはずだ。町に住む都会的なチベット人は、バターの代わりに新鮮なミルクを茶に入れる。イギリス人によって紹介された茶をミルクと一緒に飲むというインドの習慣は、チベットで始まったと考えられている。

ヤクのミルクを使った最高の製品はヤクのヨーグルトだ。ミルクの脂肪分が高いので、表面に脂肪が膜を作り、とても濃くて風味のある食品ができる。遊牧民は、加えるような果物がないので、いつもヨーグルトをプレーンのまま食べる。濃厚なヤクのヨーグルトを食べたあとでは、牛のヨーグルトはつまらない。これは商売人たちも気づいた事実であり、ヤクのヨーグルトは、今では中国の商業製品として成功している。

中国人はチベットの文化を撤廃し、チベット人たちを中国人にしようとした。チベットの北部では、これは遊牧民が山地での放浪生活をやめ、町に定住することを意味した。中国は遊牧民を住まわせる赤い屋根と黄色い壁の村をたくさん作ったが、それはまったく空っぽだった。遊牧地をフェンスで囲って遊牧できなくする方法のほうが効を奏し、遊牧民たちは常に放浪するのではなく、政府の決めた冬と夏の放牧地にいるようになった。

それでも遊牧民の多くが、頑固に標高の高い斜面に居残っている。彼らのテントのほとんどは、黒いヤクの毛ではなく、白いキャンバス地で作られているが、まだ使われている古いウールのテントもいくつかある。新しい白いテントには、住人に電気を供給するソーラーパネルがついていることが多い。

遊牧民は馬に乗ってヤクを移動させる。一日に二度、男たちが急な斜面に動物を集め、日が照っていても雨が降っていても（草が最高の状態になる夏に、よく雨が降る）、鮮やかな色のワンピースを着た女たちが、バケツを持って草の生えた斜面をのぼっていく。笑いながら、ユーモアたっぷりに冗談を言いながら、女たちは雌のヤクから雌のヤクへと、膝をついて、道具を使わずにバケツに搾乳をする。木製のバケツを使っていることもある。男たちは側で立っている。搾乳は彼らの仕事ではない。雌のヤクは男に搾乳させないと言われることもある。だが雌のヤクが乳を出さないとき、子ヤクを連れてきて少し乳首を吸わせ、泌乳を促すのは男の仕事だ。それから可哀想な子ヤクは引き離され、残りのミルクを女がバケツに搾乳する。この方法は、古い世紀にヨーロッパでもよく行われていた。

遊牧民は新鮮なミルクを、すぐにすべて煮沸する。これは彼らがずっとしてきたことだった。この地域には冷蔵設備がないにもかかわらず、ミルクを飲んだことによる病気や死を大きく取り沙汰した記録はない。これにはいくつか理由があるだろう。子供たちは一般に母乳で育ち、寒い高地の気候は細菌には適さず、そしてミルクを新鮮なまま飲むことはめったにない。ヤクのミルクはほとんどヨーグルトにされ、発酵によって危険なバクテリアは死ぬはずだ。

ヨーグルトは遊牧民の同化において、中国政府よりも大きな力だったかもしれない。チベットのヤクのヨーグルト市場は成長しつつあり、人気が出ている。中国人や、定住してもはや自分たちでは作らなくなったチベット人たちに、高く評価されている。

遊牧民の中には、かすかに羊と酸敗したバターのにおいのする貧しい町に定住した者もいた。それらは中国人が建てたので、中国風で、北京のように広い道路と歩行者のための陸橋がある。だが北京とは違って車がほとんど通らないので、人々は広い道路を横切り、陸橋はめったに使わない。中国人はこれをやめさせようとして中間分離帯を設けたりしたが、チベット人は交差点やフェンスの切れ目を見つけて横切る。行き詰まっている、二つの文化。

中国人はチベットの建築物を真似ようとして、一部の家の壁に模様を描いた。凝った作りの中国の門のような、中国風の装飾もつけた。だが美しい景観を作るためにけばけばしいネオンで建物を飾る習慣があったので、夜の町が打ち捨てられた遊園地のようになった。

二〇一四年、遊牧民のラー・ジョンジェは夫とともに、同徳県の山岳地方にあるガバソンジュオジェンという町に定住し、ヨーグルトの店を開いた。家族がまだ高地の放牧地で遊牧生活を送っていたので、彼らはそこにいてもヤクのミルクを安定して手に入れることができた。小さな店の奥に幼い息子と娘と一緒に住み、バター、ヤクの乾燥肉、新鮮なミルクなど、家族が作った酪農製品を売る。新鮮なミルクの大半は、ヨーグルトにした。

簡単なことだった。家にある電熱器の上で、色鮮やかな伝統的衣装を着たラーが、大鍋でミルクを熱する。そこにスターターを加えてかき混ぜ、布で鍋に蓋をし、三時間冷やす。二キログラムのミルクで一・五キログラムのヨーグルトができ、これがいちばんよく売れるサイズだ。彼らはヨーグルトを三日か四日保存しておける冷蔵設備を持っている。たいていのチベット人は冷蔵設備を持たず、ヨーグルトは二日しかもたない。ラーと夫は一日にヨーグルトを二〇カップ、新鮮なミルクを五〇キログラム売る。

「ヨーグルトは、ますます人気が出てきている」と彼女は言う。だが市場は限られている。客の多くは町に越してきた元遊牧民で、職探しに苦労していて、使える金はわずかだ。

元遊牧民は中国の建設現場で仕事に就けることがあるが、それは定期的な雇用ではない。ドロマ・ツェラングと夫のバー・ヨーのような人物との仕事を見つける幸運な者は、めったにいない。この夫婦はヨーグルト、ヤクの乾燥肉、その他の地域的製品を作る中国の国営会社で二二年間働いた。それから一九九〇年代、中国政府が国営企業に業績増加の重圧をかけ始め、その乳製品工場は多くの国営会社とともに閉鎖して、夫婦は何千何百人もとともに失業した。だがツェラング夫妻は乳製品の作り方を知っていたので、二〇〇六年、故郷の町でヨーグルトとバターを作って売り始めた。二〇一三年、夫婦はバターボール・カンパニーを創立した。会社名は、ドロマの母親がメロン大のボール状にバターを丸めて保存していた奇妙な習慣からつけたものだ。ツェラング夫妻は得意のバターボールを透明な容器に入れて売り、ヨーグルトも作り始めた。まもなく、夫婦は初めてのスーパーとの契約を結んだ。二〇一六年、会社は一五人の従業員を雇っていた。

西寧の空港では、店で乳製品を売っている。中国人は理由もなく、たとえ標高の低い土地で牛のミルクで作ったものであっても、チベットの製品は北京で買うものより優良だと信じている。チベットのミルク、ヨーグルト、バターは持ち運び安い取っ手のついた大きな容器で売っていて、北京行きの飛行機では、頭上の荷物入れには乳製品が詰まっている。歴史の反転ともいうべき光景だ。

ヤク

16 拡大する中国の許容力

中国は並外れて多様な料理を持ち、古い美食の伝統を尊んできた。だが中国系の人々が自称する「漢民族」は、この地域に住むモンゴル人、チベット人その他の民族とは違い、ほとんど乳製品を食べなかった。実際、乳製品の摂取をほとんどしなかったため、多くの者が歴史的に、中国人は民族として乳糖不耐性なのだと思いこんでいた。他のアジア人には見られないミルクに対する抵抗を、他にどう説明すればよかったのだろう?

日本にさえ、ミルクの伝統はある。一九世紀、日本が大幅に近代化された時期、政府は大きくて強い西洋タイプの体型になれると信じて、ミルクの摂取を大々的に推奨した。軍隊がこれを奨励した。明治天皇は、毎日かならずミルクを二杯飲むことにこだわった。一八七六年、政府は北海道という北の島に大きなホルスタイン種の地区農場を作り、今日まで日本では、北海道は高品質な乳製品の産地として有名だ。

モンゴルはミルク(雌馬のミルク)を飲むことで有名で、また乾燥したチーズのカードを旅の供とし、ナイスを作った。これは一インチぐらいの棒状の乾燥ミルクで、噛みごたえがあり、ほのかに甘い。一二二三年、現在の内モンゴル自治区の省都フフホト(ここは独立した外モンゴルとは違って今では中国の一部だ）には、チーズ作りが由来となってラオ・シアンという名前のついた通りがあった。チーズ通りという意味だ。ここは今でも、乳製品を作る通りだ。

だが中国は違った。中国で最初にミルクへの言及があるのは漢王朝の時代（紀元前二〇六年から西暦二二〇年まで）だ。これは中国語も含めて中国文化の大半が確立された時代で、これが中国人が漢民族と自称する理由だ。中国人は好んで、あらゆるものについて初めての言及が漢の時代にあることを指摘する。彼らは文字による記録を行った最初の人々なのだ。そのころ、牛のミルクが皇帝のいる宮殿で飲まれたという最初の記録があり、中国語でミルクを表わす牛奶が現われた。

数世紀後の五世紀、それまで薬でしかなかった茶が、一般的な飲み物になった。茶の葉は、今日の雲南省で作られるプーアール茶のように塊に圧縮されていて、これを煮立たせる。茶に加えられる食材としては、玉ねぎ、コショウ、塩、オレンジの皮、松の実、そしてミルクがあった。だが中国の古いミルクの伝統の大半とともに、この習慣は続かなかった。

ハーバード大学の人類学者、張光直によると、唐の時代、初期の中国文化には、特に上流階級において、絶えず乳製品の持ちこみがあった。六一八年から九〇七年というヨーロッパでは暗黒の時代に、唐王朝は中国史における黄金期にあり、美食的な献上品の中にミルクを基にした凍った料理があった。厳密にいうとアイスクリームではないが、発酵した水牛のミルクで作って樟脳で風味をつけたもので、硬さを増すのに小麦粉が加えられていた。渋みの強い味だったかもしれない。渋味というのは、今日でもアジアのデザートでは人気がある。

唐代の文書には、ヤギのミルクが健康にいいと褒めてある。九世紀の皇帝懿宗《いそう》は、助言者たちに

「銀のケーキ」を与えた。これは主な材料をミルクとするご馳走だ。中国南部には、サゴヤシから作られ、今でも東南アジアではよく見られるサゴと呼ばれる澱粉を、水牛のミルクと混ぜた。四川では石蜜（石のハチミツ）が、砂糖と水牛のミルクから作られた。

記録によると、もっとも偉大な皇帝であったという唐の九代皇帝の玄宗は、当時贅沢すぎると思われた贈り物を軍人の安禄山に与えた。それは馬乳酒、クミスだ。何世紀ものちに、ウィリアム・ルブリックとマルコ・ポーロがモンゴル人の飲み物として発見するのと同じものだ。モンゴルの飲み物同様、唐のクミスも雌馬のミルクでできていたので、元はモンゴルのものだったのかもしれない。発酵させた飲み物の表面の脂肪を取り除いた濃いクリームは、裕福な者のための贅沢な料理に使われた。だが何よりも贅沢だったのは、このクリームを熱して固まるまで冷やし、表面の油をすくって作られる事実上のバターで、インドのギーによく似ている。だがギーがインドの基本的な食材だったのに対し、どちらも特権階級のためだけの珍しい特別料理だった。偉大な中国の古典詩人、皮日休《ひじつきゅう》は、贅沢な晩餐会のことを書いた際にツバメの肉の料理の素晴らしさをクリームにも匹敵すると描写した。

唐の時代からずっと、中国人は、西洋人と同様に、牛、ヤギ、羊、馬、そして水牛のミルクを比較して、その利点を議論し続けてきた。一三六八年、一〇〇歳だった賈銘《かんめい》が新しい皇帝の前に召喚された。長命の秘訣は何かと訊かれて、注意深く飲み食いすることだと答え、食べること、飲むことについての基本的知識を書いた『飲食須知』という彼の本を皇帝に渡した。彼はミルクについてこのように書いている。

その風味は甘くて酸っぱい。特徴は冷たい。下痢に苦しむ人は飲んではいけない。保存されていた魚（発酵ソース）と合わせて羊のミルクを摂ると、腸閉塞になる。酢とは合わない。スズキとは、絶対に一緒に食べるべきではない。

この文章から、中国人がミルクによる消化器系の問題に悩んでいたことがわかる。張教授が指摘したように、中国では乳製品は普及せず、料理の主役にはならなかった。ミルクが、人々の体質に合わなかったからだろうか？　彼らは乳糖不耐性なのか？　あるいはただ、特権階級の人々が乳製品を独占していただけだろうか？

中国の乳製品産業の本当の始まりは、中国の独立とイギリスの中国における通商権をめぐる、一八四〇年代のアヘン戦争中のことだった。当時も今と同じように、イギリスの最高の品種だと思われていたジャージー種とエアシャー種が、上流階級のためにミルクを産出するべく中国へ運ばれた。それらは上流階級の中国人の住んでいる街の近くで飼われたので、街の牛と呼ばれた。

だが一八六〇年半ば、中国人は上海にいる外国人たちにミルクを供給するために、牛を持ちこんだ。中国の黄牛あるいは水牛を飼っていた酪農家たちは、それらを町に連れて行き、路上で搾乳をして外国人に売った。一八七〇年、上海のミルクの値段は、大きなカップ一〇杯分が一ドル銀貨と定められた。この値段を出せるのは、外国人か、一握りの裕福な中国人だけだった。一八七九年、カナダの宣教師がカナダのホルスタイン種を南江に持ちこみ、翌年、イギリスの実業家がホルスタイン種を上海に持ちこんだ。中国人は自分たちの小さい畜牛をホルスタイン種と交雑し始めた。二〇世紀初頭には、五頭か六頭の牛のいる小さな酪農場が、港や主要都市のまわりに建てられた。上海の街中の最初の酪農場には一〇頭の牛がいた。今では北京の中心の一部になっている地区、紫禁城のすぐ北にも小さな酪農場があった。革命前夜の一九四五年には、北京の最大の酪農場には四五頭の牛がいた。

広東省の広東キリスト教大学の農学部には酪農のプログラムがあり、一九二二年、試験的酪農場が設立された。北京大学でも酪農の教育を行った。中国人は酪農家になる術を学んだ。教科書が作られて、シー・フーチーという専門家が、この課題についてたくさん書いた。

現代の中国料理の世界では、中国の隠れた乳製品の歴史はほとんど認識されていない。中国の料理番組の有名な司会者で、北京の料理教室の創設者でもある屈浩（チー・ハオ）は、「中国には、ほとんど乳製品の料理がない」と言った。そしてバターやヨーグルトさえ、中国では料理に使われないと指摘した。だがそれから、彼は例外を考え始めた。そして、「もっとも有名な伝統的ミルク料理は広東料理の大連炒鮮奶です」と言った。これは文字通りに訳すと「大連の新鮮なミルク」となるが、英語では普通「フライドミルク」と呼ばれるものだ。豆、トウモロコシ、あるいはサツマイモから取ったでんぷんを新鮮なミルクに加え、少量の油と一緒に鍋に入れ、火にかけてカスタード状になるまでかき混ぜる。カップで食べるのが伝統的で、昨今はエビやカニや野菜を入れる。もともとのレシピは一九世紀後半のもので、中国の歴史においては、近代の料理だ。マカオのポルトガルの植民地に同じ料理があり、そこから伝わったと考えられる。
北京の料理作家、林樺（リン・ファ）は、姜撞奶という別の広東料理、文字通りの意味は「ショウガと沸かしたミルク」という料理があると言った。彼女は、「ショウガの辛さでミルクの甘さが引き立つから、このように呼ばれるの」と説明し、レシピを教えてくれた。

ショウガをつぶし［あるいはすり］、ミルクを温めて、それをショウガにかけ、少量の砂糖を加える。熱してカスタード状にする。

彼女は広東にいくつかミルクを使ったレシピがあることを指摘し、それはこの地域に長く外国人がいたせいだと言った。北京の伝統的ミルク料理に老北京宮廷奶酪（北京宮廷チーズ）があるが、これは本当はチーズではなく、軽いミルクのカスタードだ。彼女のレシピはこのようなものだ。

ミルクを鍋に入れる。発酵して粘つく米から出た液体、ライス・ワインを加える［米も混じることがあるが、通常は液体だけを使う］。混ぜて、四〇分間焼く。冷やして冷蔵する。

林樺によると、老北京宮廷奶酪は西洋のカスタードの中国版だ。さらに彼女は言った。「今では、たいてい電子レンジで作るわ」
老北京宮廷奶酪は北京で売られている。店の一つにマ一家のものがある。マ一家は四つの小さくて清潔な白い店を四軒持っていて、そのすべてが表にカウンターがあって奥がキッチンになっている狭い店だ。椅子やテーブルはない、持ち帰り専門の商売だが、北京の加工食品の店の多くが、この形式だ。

マ一家は、北京にたくさんいる少数民族の回族出身のイスラム教徒だ。中国には回族が一〇〇〇万人以上いて、漢族の一部もイスラム教だ。イスラム教徒は、乳製品を食べる唯一の中国人だと、よく言われてきた。マ一家の店は、何世代も家族でやってきた。北京近くの河北省、清の皇帝たちの夏の宮殿のあった場所に住んでいて、そこで自分たちの米を発酵させている。

店の奥で、新鮮なミルクを米の酒とともに煮て、濃くなるまで煮詰め、少量の砂糖を加え、プラスティックのカップに入れて、冷蔵して売る。チーズはかすかに甘く、プレーンか、イチゴやブルーベリーやタロイモを添える。

マ一家は他のミルクの軽食も作る。ヨーグルト、煮詰めたミルクの上澄みの茶色いクランブル、ミルクを柔らかい生地にして真ん中に豆のペーストを入れて巻いたもの、ミルクをアーモンドと一緒に煮て軽いアーモンド風味のカスタードにしたものなどだ。商売はうまくいっていて、新しい店を出し続けている。乳製品は北京で人気が出始めている。

中国人はこれまで以上に乳製品を食べている。お洒落な若い料理人が、西洋のアイデアを伝統料理に取り入れた「フュージョン（融合した）」料理を作っている。これに、しばしば乳製品が使われる。五〇代で、比較的古い料理店にいる屈浩でさえ、ときどき乳製品を使うと告白した。饅頭（マントウ）として知られる、伝統的な白いフワフワの蒸しパンを作るとき、彼は種に少量のミルクを加える。そうしたときの風味が気に入っている。それに、パンが白くなる。今日、北京料理では多くの者がこのようにして蒸しパンを作っている。

中国は、アメリカとインドに次ぐ、第三のミルク生産国となった。西洋人にはこれが、他の多くの中国の経済的利益とともに、一夜にして成し遂げられた成功のように見える。だがこれには長い時間がかかった。

一九四九年の革命時、中国の人口は五億人で、一二万頭の牛がいて、そのうちのわずか二万頭がホルスタイン種だった。牛は少量しかミルクを生産せず、中国の年間ミルク産出量は二万一〇〇〇トンだった。赤ん坊に使われる粉ミルクは輸入され、その九〇パーセントはアメリカから来たが、とても高くて、豚肉より高価だった。たいていの中国人女性は自分で授乳した。

一九五三年、革命後に確立された完全に国営の経済において、四七〇〇〇頭の牛が国の管理下にいた。牛一頭につき、一日に一二リットルほどしかミルクを産出しなかった。だが一九五七年、政府は中国の農業を開発する全般的な計画の一部として、酪農プログラムを設けることを決め、その管理を軍隊に任せた。中国人は乳糖不耐性だから、このプログラムは間違いだという者がいた。だが、全員にミルクを供給することが目標ではなかった。二〇一七年、中国の人口は一三億八六〇〇万人で、たとえ中国人の一〇人のうちの九人がミルクに触れなくても、まだ一億三九〇〇万人がミルクを飲むことになる。どのヨーロッパの国の人口よりも多い。大半がミルクに触れないとしても、かなり大人数に供給できるという考えは、不合理とはいえなかった。

一九七八年、政府所有の酪農場で四八万頭の牛が飼われ、中国人一人につき年間一リットル相当のミルクが生産された。だがそれを買う者は予想以上に少なくて、その理由は大半が冷蔵庫を持っていなかったからだった。中国では一九八〇年代半ばまで冷蔵庫が普及しなかった。だが二〇〇二年には中国の家庭の八七パーセントが冷蔵庫を持ち、一九七八年から一九九二年の間に、中国のミルクの生産量は一〇倍に増えた。

一九八四年から一九九〇年の間に、北アメリカ大陸、ヨーロッパ、そして日本から、九万頭近い牛が中国に運びこまれた。中国はもっと輸入するつもりだったが、狂牛病の発生で、ヨーロッパと北アメリカ大陸からの輸入が止まった。

今では牛をオーストラリアとニュージーランドからしか輸入していない。ニュージーランドは、普通のものより少し小型で飼料が少なくて済み、ミルクをよく産出するホルスタイン種を生産する。二〇一三年、中国は八万頭の牛を輸入し、毎年同じ数の輸入を続けている。ブリティッシュコロンビア州での中国とカナダの共同プロジェクトでは、土着の中国の黄牛に着床させるホルスタイン種の精子を、中国に提供している。中国はまた、スイスの最新型の搾乳機を輸入し始めた。

今日、中国の四〇パーセントがミルクを飲んでいて、これは中国史上もっとも高い割合だ。中国人のミルク摂取量が増える一方で、アメリカ人の摂取量は減っている。アメリカ人は、一九七〇年に飲んでいた量よりも、今は三七パーセントも少ない量しか飲んでいない。国連食糧農業機関によると、長い間、世界の主要なミルク生産国であったアメリカは、すでにインドに次ぐ二位になったという。三位になるのは時間の問題だ。だが中国は、まだそこに至ってはいない。

ミルクを飲む中国人の四〇パーセントのうち、中国で生産されたミルクを飲むより、輸入された粉ミルクを飲む者のほうが多い。一部には、ミルクの摂取量が増えたのは、授乳がますますされなくなったせいだといわれている。出産後四〇日で、大半の女性は仕事に戻らなければならず、授乳するのは難しい。また、多くの女性がお洒落を好み、今の中国では、瓶による授乳がお洒落ということになっている。十分な乳を出すのに足る栄養を摂れない貧しい女性が人為的授乳をすることもある。政府が一人っ子政策をやめ、出生率が上がると期待されているので、赤ん坊のためのミルクの需要は増えるだろう。

中国人は中国のミルクを信用していない。そのため彼らは、チベットやオーストラリアやニュージーランドから持ち帰る。どこへ行ってもだ。巨大店舗の多い北京のスーパーマーケットには、何列もの棚にミルクが並んでいる。大半がニュージーランドから輸入した、冷蔵されていないＵＨＴミルクだが、冷蔵されているミルクもある。ＵＨＴというのは「超高温度（ultra-high temperature）」の略語で、滅菌の工程で、ミルクをたったの二秒、非常に高い温度まで熱する。ＵＨＴの紙パックは、未開封ならば冷蔵せずに九カ月は劣化しない。ほとんど冷蔵庫がなかった時代に、中国ではＵＨＴミルクが広まった。ＵＨＴミルクの味を嫌う者もいるが、多くの中国人は、こちらのほうが安全だと考える。大きな私営酪農場の副支配人ラオ・リーは、「食品の安全性は大問題です」と言った。

貧しい者のための安価なものを扱う食料品店でも、かなりの場所がミルクに割かれている。有機飼育によるミルクは、そうでないものの二倍はするが、人々はそれ以上に高い輸入したＵＨＴミルク同様に、これを買う。

二〇〇八年以前、人々は、中国のミルクにはラベルに書かれていないものがたくさん加えられているのではないかと疑っていた。その恐れは当たってしまった。甘粛省で一六人の赤ん坊が、腎結石だと診断された。その赤ん坊たちは中国産の粉ミルクを飲んでいて、それにはメラミンという有害な産業的毒物が含まれていた。なぜ、そのような毒物がミルクに加えられたのか？品質調査では、メラミンが入るとミルクにタンパク質がたくさん含まれているように見えた。続く四カ月の間、三〇万人の赤ん坊がミルクによって病気になり、そのうち六人が死んだ。

まず、中国最大の酪農会社の一つ、三鹿集団が毒入りミルクの出所だと突き止められた。だがそれから他の地域の他の会社にも疑いがかかり、犯人のすべてが洗いだされたわけではないと多くの者が考えている。隠蔽の噂が出回った。多くの国が、もはや中国の乳製品を買わないであろうし、中国国内では、これまで以上に輸入の乳製品が人気を博している。二〇一三年、ヨーロッパのスーパーマーケットは子供用の調合ミルクの販売を、客一人につき二つまでと制限した。西洋の調合ミルクを持ち帰ろうとする中国人観光客が買い占めて、品薄になったせいだった。

レオ・リーは、ロサンゼルスのグーグルで働いている中国系アメリカ人のソフトウェアエンジニアであるチャールズ・シャオによって、スキャンダルが起きる前の二〇〇六年に創設されたワンダーミルクという酪農会社のマネジャーだ。シャオは中国を訪れて、人々が信頼して買うことのできる、薄めていない良質のミルクがないことに気づいた。彼はニュージーランドからホルスタイン種とジャージー種を中国に運び、北京の近くに二つ、上海に一つの酪農場を作った。そもそもは、これら二つの街に住む外国人の家庭に、ミルクを売ろうと考えていた。

ワンダーミルクという名前は、外国風の響きを意識して決めた。紙パックの表には英語で名前が書いてあり、裏には「万得妙」と漢字で書かれている。「誰も、ワンダーミルクが中国のものだとは思わない」とリーは愉快そうに言った。

中国では、新しく成長しつつある上流階級が都市部に集中し、中国では常にそうであったように、最高のミルクを手に入れるのは都会の富裕層だ。裕福な者は何もかも西洋風にしたがり（贅沢品の広告の中のモデルでさえ、西洋風だ）、乳製品は西洋風なものなので、特にそういうことになる。アイスクリームが新たな人気を博したが、そのほとんどは輸入品だ。うさんくさいウムラウトつきのハーゲンダッツが有名になり、西洋風のアイスクリーム店も然りだ。

ヨーグルト店も流行りだ。ヨーグルトは新しくてかっこいいということになっている。チベットの西寧に本社のある、北京で人気のヨーグルト店は、古いヨーグルトという意味の「老酸奶」だが、「I LOVE YOGURT」と英語で書かれた看板が店のあちこちにある。西洋風の内装で、いたるところに「I LOVE YOGURT」の看板のある店内で、新鮮な果物をのせたヨーグルトパフェ、ヨーグルトケーキ、ミルクキャンディー、ヨーグルトジェラートにスムージーといったメニューを見ていると、中国はおろか、アジアにいることさえ忘れてしまう。唯一の違いは、中国茶の素晴らしい品ぞろえだ。二〇一六年、北京のお洒落な地区に「老酸奶」は七軒あった。

コーヒーショップもまた中国の新しい流行で、スターバックスから始まった。最近まで中国人はコーヒーを飲まなかった。だが今では、裕福な都市に住む中国人は、カプチーノやラテが大好きだ。

エスプレッソにはほとんど興味がない。みんなが欲しがるのは、ミルクを入れたコーヒーだ。スターバックスは出店が間に合わず、中国人や台湾人によるスターバックスの類似店がたくさんある。

一九六〇年代から酪農産業で働いてきたショウ・ヤンピンは、「中国人はミルクを飲むが、ミルクを食べない」と言った。今日の中国で人気のない乳製品が、チーズだというのだ。日本では状況は逆で、チーズはとても人気がある。だが中国にも、急成長しつつあるチーズの製品がある。中国人はピザが大好きだ。ピザハットが相次いで開店している。チーズバーガーも人気が出てきている。

今日の中国人の四〇パーセントがミルクを飲むとしたら、それはすごいことだ。世界の人々の四〇パーセントだけが、ミルクを消化できると見積もられている。残りの六〇パーセントは乳糖不耐性なのだ。なぜ、中国では乳糖不耐性のレベルが高いと思われていたのだろう？　一つの可能性は、常にそれが過大評価されていたということだ。乳製品を摂取しないからといって、必ずしも乳糖不耐性だとは限らない。

リ・チェンは、多くの患者が下痢などの乳糖不耐性の典型的な症状を訴えて来院し始めた一九八〇年代に、北京の病院で医師をしていた。患者は全員が、ミルクを飲むという新しい行為をしていた。彼も他の医師たちも、まず少量から飲み始めて、だんだん量を増やすよう指導した。まもなく患者たちは平気でミルクを飲めるようになった。医師たちは、人々はミルクを飲まなかったせいで乳糖不耐性になっていたが、ゆっくり食生活に取り入れていけば乳糖を生産する能力が蘇ると主張した。

この状況を研究した西洋の胃腸病学者は、これはありそうにないことだと考える。乳糖の生産が遺伝子的に止まるのは人類にとって通常のことであって、いったんそれが起きたら、乳糖の生産が再開されるはずはないという。だが、この状態は個人では変化しないが、世代にわたり、集団での変化はありうると信じる科学者が増えてきている。

さまざまな集団にそれぞれ違った食事の必要性があることは、昔から認められている。その理由の一つが、人類が環境に応じて進化するからだということは、一般に信じられている事実だ。動物が家畜化される前、人類は二歳から五歳の間に乳糖生産をやめていたと、大半の科学者は信じている。母親が唯一のミルクの産出源であり、母親は永遠に泌乳できる状態ではいられないので、ミルクに対する必要性を止めなければならなかったのだ。もともと、家畜はミルクを産出するために育てられたのではなかった。だが人間が家畜を育て始めると、進化を通じて、人間が家畜の供給するミルクの恩恵を受けられるように、乳糖を止める遺伝子が消え始めた。

文化的変化がどのような遺伝子の変化を起こすかを研究する、文化的遺伝学という分野がある。この分野では、ミルクを必要とし、それを産出する人々は、何世代もかけて乳糖を止める遺伝子を変化させ、乳糖不耐性をなくすことができると考えられている。これが、世界でもっとも人口の多い国で起きているのかもしれない。

中国の黄牛

17　牛の楽園の問題

今や世界最大のミルク生産国であるインドでは、多くの家庭に、二つの動物の絵がある。一つは幸運を運ぶとされるゾウの絵で、たいてい戸口に向けて置かれている。もう一つは牛で、これは母性のシンボル、すなわち家庭や家庭生活の歓びのシンボルでもある。ヒンドゥー教徒が牛にそのような意味を持たせるのは、単純な論理だ――牛はミルクを与える、ミルクは命を支える、牛は命を与える。だからといって、牛の使用と牛のミルクの摂取が、インドでヒンドゥー教とともに始まったというわけではない。紀元前二〇〇〇年、ヒンドゥー教が伝わる前の南部地域に大きな牛の群れがいて、どうやらミルクと肉の両方のために飼われていたらしい。歴史のこの時点で、それほど大量のミルクを生産していたというのは、非常に珍しいことだ。インドの他の地域と同じく、牛の糞も燃料として重用された。南部では考古学者が、大量の牛の糞の灰を発見した。

インド人は水牛から大量のミルクを入手し、カシミール地方の人々は牛とヤクの交雑種、ゾモを搾乳した。ヤギもこの地方ではありふれた存在だった。だがインドでは多くが、牛が最高のミルクを出すと信じていた。一九〇六年、有名な一九世紀のベンガル人の料理作家ビプラダス・ムコパーディーは、ヤギ、羊、ラクダ、水牛、牛、人間、馬、そしてゾウのミルクを格付けし、人間の乳が最高で、牛のミルクが二位だと結論を出した。

モハンダス・ガンジーはほとんど何も食べなかったことで知られる風変わりなインド独立の指導者だが、彼はこれに同意しなかった。彼はヤギのミルクだけを飲み、それが健康にいいと心から信じていた。一九三一年にイギリスとの協議のためロンドンへ行ったときにはヤギを連れて行き、すでに怒っていた差別主義の敵対者ウィンストン・チャーチルを激怒させたが、インドの支持者たちは喜んだ。

ヒンドゥー人にとって、牛は聖なる存在だ。この信仰の起源は、ヒンドゥー教の起源と同じく不明だが、この宗教はおそらくインド北西部のインダス渓谷で始まった。紀元前二〇〇〇年ごろ、先史アーリア人の乗馬者たちが中央アジアから侵攻し、その宗教を持ちこんだ。彼らはたくさんの神を崇めていて、インダス渓谷ではその数がまた増えた。多くの者はこれが、やはりたくさんの神を崇め、今日でも実践されている最古の宗教であるヒンドゥー教の始まりだと主張する。初期の信者たちは歌というかたちで口頭で信仰を伝え、これが何世代も引き継がれて『リグ・ヴェーダ』になった。ここでは牛について七〇〇回も言及されている。

ヒンドゥー人の古い文学には、牛を殺すことを禁じる記述がいくつかあるが、その子孫たちの一部とは違い、アーリア人はたくさんの法度や禁止を持たず、何かを禁じる理由が宗教であることはめったになかった。牛は交易の重要な品目で、通貨同然の機能を果たした。宗教的な意味は、あとからついたようだ。

もっとも有名なヒンドゥー教の神の一柱であるクリシュナは、草を食む牛や、ゴーピーと呼ばれる乳しぼり女たちが踊っているさなかで、フルートを吹いている姿で描かれることが多い。実際、クリシュナはもともと牛飼いだったと言われている。彼はまた、ゴビンダやゴパラなどの名前でも呼ばれるが、これらは文字通り、「牛たちの友人で保護者」という意味だ。

田舎に限らず都市でも、乳製品を手に入れるために家庭で牛を飼うのはよくあることで、少なくなりはしたが今でも残っている。牛は今でも、インドの街の混み合って騒がしい渋滞の中に見られる。自分たちが朝食を食べる前に牛に餌をやるのが、信心の証しだと考えられている。

北アフリカで用いられるスメンとよく似た、牛の澄ましバターから作られる油のギーは、インド料理の定番であり、ヒンドゥー教の儀式で燃やされることもある。宗教的見地からいうと、ギーは牛からもたらされる聖なるものだ。ギーは純粋な油で、とてもよく燃える。チベット仏教の寺院にある、ヤクのバターよりもはるかによく燃える。

ギーはバターよりもはるかに高温まで発火せずに熱することができ、暑い気候でも冷蔵庫なしで保管できる。インドの女優で、有名な料理作家でもあるマドハール・ジャフリーによる、とても明瞭で簡単なギーのレシピがある。

小さな重い鍋を弱火にかけて、無塩バター四五〇グラムを溶かす。一〇分から三〇分、そっと煮る。この時間の長さは、バターに含まれる水分量による。白いミルク状の残余物が金色のかけらになったらすぐに「ずっと見ていなければならない」、数枚重ねたチーズクロスでギーを濾す。冷まして、清潔な壺に入れる。蓋をする。

ヒンドゥーの創世神話が描かれた、12世紀のクメール族のレリーフ。ヴィシュヌ神はミルクの海をかき回して世界を作る（フランス、ギメ東洋美術館）　Musée des Arts Asiatiques-Guimet, Paris © RMN-Grand Palais/Art Resource, NY

インドの酪農家たちは今でもギーを作るが、街のインド人の大半は、既製品のギーを買う。ミルクとバターはどちらも、ヒンドゥー教の儀式の中心にある。伝統的に、食事の前には米にギーを数粒たらして清めをする。王はその地位に就く際、油を注がれ、王女はギーで沐浴をした。顔色をよくする化粧品としても使われた。牛の尿はかつてとても価値あるものとされ、儀式の間に飲まれ、燃料として重宝がられた。糞もまた、清めの儀式の間、家庭の炉端に塗られた。最高の清めのための物質はパンチャガビヤといい、牛によって与えられる五つの価値あるものを混ぜたものだった。ミルク、尿、糞、カード、そしてギーだ。これに肉が入っていないことに気づいてほしい。

以前、ミルクを飲むことには制限があった。初乳は禁じられていた。妊娠中の牛、発情中の牛、授乳中の牛のミルクを摂取することは禁じられた。最後の制約は酪農家にとって大量のミルクを失うことになり、商業的酪農家の大半が嫌っていた。

のちの仏教やジャイナ教も、ミルクについて特別な見解があったが、ジャイナ教徒は殺生をしてはならないため、ミルクをチーズクロスで濾して、昆虫などいかなる種類の生物も入らないようにしなければならなかった。イスラム教徒にとっては、ミルクは断食明けに摂る特別な食品として重要な意味があった。

優しくて思慮深そうで、口調が柔らかだとさえいわれる牛は、優しくて思慮深そうで、口調が柔らかいというヒンドゥー教の理想的人間の象徴だ。古い時代には、インド人の大半は畜牛を食べることを控えたばかりでなく、どんな肉もめったに食べなかった。牛肉を食べないヒンドゥー教徒と豚肉を食べないイスラム教徒がいて、インドでは世界でもっとも野菜料理が発達した。だが完全菜食主義とはまったく違う。肉料理と同じく、野菜料理であっても頻繁に乳製品が使われる。実際、オランダ、スイス、スカンディナビアの人々は乳製品が大好きだが、インドほど乳製品を使う料理はない。

パニールは、パキスタンとの国境沿いのパンジャブ地方で作られる、手作りであることが多いチーズだ。シンプルなフレッシュタイプのチーズで、ミルクに酸を加えて作る。固まったらホエーを排水する。パニールはよくホウレンソウなどの野菜と合わせて料理に使い、他の乳製品のソースとともに供される。チーズの入ったトマトクリームカレー、パニール・マカニは、インドの定番料理となったパンジャブ地方の料理だ。ここで紹介するレシピは、食物評論家で歴史家でもあるプッシュペッシュ・パントの、一万ものレシピが載った『インド料理（*India Cookbook*）』という本からとったものだ。パントはイタリアの伝説的女性料理人アダ・ボニのインド版になって、この雑多な料理を明らかにしようとした。インドのクリームソースは、一九世紀のフランスの標準から見ても、とても洗練されている。ここでは濃厚なソテーしたチーズを作るのに、ギーではなくバターを使うことに注目してほしい。そしてバターを使いすぎるのを避けるため、揚げ物にはギーではなく植物油を使っている。

中程度のトマト、三個、刻む
バター、大さじ三と二分の一
パニール、二八〇グラム、角形に切る

植物油、大さじ四
チリパウダー、大さじ一
挽いたグリーンカルダモン、小さじ二から三
ガラムマサラ［あらかじめ混ざったものを買うことができる、とても人気のある香辛料のブレンド。クミン、コショウ、カルダモン、クローブその他が入っている］、小さじ一
ショウガペースト、大さじ二
ニンニクペースト、大さじ二
ケシの実、大さじ一
潰したショウガ、大さじ二
ベイリーフ、一枚
クローブ、三〜四個
一インチ程度のシナモンスティック、二本
乾燥コロハ、小さじ一、潰す
砂糖、小さじ一
軽いクリーム、二分の一カップ
塩
飾り用のコリアンダーの葉、大さじ四

沸騰した湯の入っている大きな耐熱ボウルに三〇秒浸けて、トマトを湯むきする。皮をむいて、果肉を刻む。

バターを中火にかけた重いフライパンで熱し、パニールを加え、全体が均一の金色になるまで、八分から一〇分ぐらい揚げる。溝穴のあるスプーンで取り出し、乾かないように水を張ったボウルに入れる。

重いソース鍋に油を熱し、トマトを入れ、二分間鍋を揺すりながら炒める。挽いた香辛料、ショウガとニンニクのペースト、ケシの実をすべて加え、二、三分、あるいは油が分離し始めるまで炒め続ける。ベイリーフ、クローブ、シナモンを加え、冷たい水一カップを注ぐ。沸騰させ、高温で五分から七分煮る。火を弱め、さらに三、四分、あるいはソースが濃くなるまで煮る。コロハ、砂糖、クリームを加え、かき混ぜ、火から下ろし、脇に置いておく。

ソースにパニールを加え、塩で風味をつけ、供する前に熱する。コリアンダーの葉を飾る。

野菜料理と肉料理の両方に、ヨーグルトソースが頻繁に使われる。インドでは、ヨーグルトの使用法でいちばん人気があるのは、常に料理に使うことだった。一九四七年の独立前、インドには六〇〇余りの封土があって、それぞれがマハラジャ（女性の場合はマハラニ）に統治されていた。ネハ・プラサダは『マハラジャの食卓（*Dining with the Maharajas*）』の中で、この貴族政治におけるレシピを集めた。次に挙げるのは極北のカシミールのものだ。この料理は、ヨーグルトソースを添えた卵、ティル・アンデ・カ・アチャールと呼ばれる。

卵五個、固ゆでにして縦に半分に切る
ネパールの香辛料［ティムールとジンブー（これらは本当にネパールから来たものだが、インド北部でも人気がある。ティムールは本当はコショウではないが、味は似ている。ジンブーは玉ねぎの仲間で、エシャロットにちょっと似ている）］、一つまみ
クミンの実、小さじ二分の一
赤唐辛子、丸ごと四個
ゴマの実、小さじ六
クローブ、四個
ショウガ（根）、二・五センチ
風味づけのための塩
ヨーグルト、四〇〇グラム
レモン果汁、二個分
からし油、小さじ一
コロハの実、大さじ二分の一
青唐辛子、四つ（長く中火で熱するインドの方法）
ターメリックパウダー、小さじ一
赤唐辛子のパウダー、小さじ四分の一
グリーンコリアンダーの葉、小さじ一

卵を皿に並べる。

ネパールの香辛料とクミンの実をグリドルで熱する。

丸ごとの赤唐辛子、ゴマの実、クローブ、ショウガを、別々にグリドルで焼く。熱したあと、ショウガの皮をむく。

上記の香辛料をミキサー［フードプロセッサーかブレンダー。コーヒー豆のグラインダーでもうまくいく］にかける。それに塩を加える。

ヨーグルトに上記の香辛料の混合、塩とレモン果汁を加える［レモン果汁は一度に少量ずつ加える］。

からし油を熱し、コロハの実、青唐辛子、ターメリックパウダー、赤唐辛子パウダー、そしてグリーンコリアンダーの葉を加える。よく混ぜる。火から下ろし、ヨーグルトの混合物に流しこむ。

上記の混合物を卵にかける。

肉はよくヨーグルトで料理されたが、新鮮なミルクで料理することもあった。チェンナイという南部の街出身のアーチャナ・ピダサラは、祖母のニルマラ・レディーによる一九二〇年代のレシピを集めた。これはミルクのシチューに鶏のすね肉を入れた、ムマガヤ・パル・ポシナ・クラだ。鶏肉と子羊肉は、インドでもっとも一般的な肉だ。ヒンドゥー教徒もイスラム教徒も食べるからだ。

若い鶏の柔らかいすね肉、四つ

塩、小さじ二分の一

植物油、大さじ一
からしの実、小さじ二分の一
皮をむいたニンニク、四つ
生のカレーリーフ、一〇枚から一五枚［カレーリーフの木はインド南部に自生する。その葉はインドの香辛料店で買える］
薄切りの玉ねぎ、一個
半分に切った青唐辛子、二つ
ターメリックの粉、一つまみ
風味づけの塩
温めたミルク、一カップ
飾り用の刻んだコリアンダー、小さじ二から三

すね肉を洗い、ピーラーか鋭いナイフで皮を軽くこすり、五センチの大きさに切る。大きな鍋で、水三カップに塩小さじ二分の一を入れて沸騰させる。すね肉を加える。八分から一〇分、あるいはすね肉が柔らかくなり、すっかり煮える手前まで、中火で煮る。ちょうどいいかどうか確かめるため、一つ取り出して少し冷まし、中を押して出す。それを口に入れる。多少噛みごたえが残っていて柔らかいのがいい。煮えたら、水切りで水を切り、脇に置いておく。

強火にかけた深くて重い鍋で、高温になるまで油を熱する。からしの実を加え、パチパチ言い始

めたら、ニンニクとカレーリーフを加え、一分ソテーする。玉ねぎ、青唐辛子、ターメリックの粉と塩を加え、三から四分揚げる。
すね肉に火が通ったら、コリアンダーの粉を加えて揺らす。火を弱め、ゆっくりとミルクを注ぎ入れる。一分間弱火で煮て、かき混ぜ、鍋を火から下ろす。ミルクが固まるので、この段階でこれ以上にないこと。コリアンダーの葉を飾り、熱い蒸した米と一緒に供する。

インドにはたくさんの乳製品のデザートがある。フィルニはカシミール地方のもので、プラサダの『マハラジャの食卓』に書かれている。

ミルク、八カップ
グリーンカルダモン、小さじ一
アーモンドスライス、二四枚
セモリナ粉、大さじ一二、ひたひたの水に浸ける
砂糖、大さじ九
カシューナッツ、二分の一カップ
サフランをミルクで溶いたもの、小さじ四分の一
ピスタチオ、大さじ二

ミルクをグリーンカルダモンと一緒に沸かす。アーモンドスライスと水に浸したセモリナ粉を加える。二〇分、混合物が鍋の底にくっつかないように常にかき混ぜながら煮る。

砂糖を加え、よく混ぜる。

カシューナッツを水と一緒にミキサーにかけ、そのペースト小さじ六を上記の混合物に加える。

サフランを混ぜたものとピスタチオを加える。皿に移し、冷やす。サフラン、ピスタチオとアーモンドで飾って、冷たいうちに供する。

ハルワはインドでもっとも人気のある乳製品のデザートだ。もともとはアラブのもので、モンゴル人によってインドに持ちこまれた。一六世紀から一七世紀まで、モンゴルのイスラム教王朝はアグラを首都としてインドの大半を統治した。アラブのハルワには、乳製品は入れなかった。乳製品の料理にしたのはインド人だった。もっとも有名かつ標準的なインドのハルワはガジャール・ハルワ、つまりニンジンを使ったハルワで、一六世紀か一七世紀に作られた。

オランダ人がカロテンを使って最初のオレンジ色のニンジンを開発したのも、一六世紀のことだった。それ以前のニンジンは淡い黄色か紫色で、これらの品種もまだある。だがオレンジ色のニンジンのほうが甘かった。有名な食物関係の言い伝えによると、オレンジ色のニンジンは一六〇〇年代半ばから後半に、イングランド国王オレンジ公ウィリアムのために開発されたということだが、実際は、彼が生まれる前にすでに存在していた。オレンジ色のニンジンがムガール帝国のインドに現われたとき、大変な衝撃が起きた。野菜のハルワが普及し始め、なにしろインド人の大好きなものは、鮮やかで濃い色だった。ニンジンのハルワはとても有名なデザートとなり、今もそれは変わらない。これはプッシュペッシュ・パントの古典的なレシピだ。

ギー、二分の一カップ
おろしたニンジン、二二〇グラム
濃いクリーム、五六グラム
砂糖、二分の一カップ
スライスしたアーモンド、大さじ二
挽いたカルダモン、小さじ二分の一
ローズ水、大さじ一（なくてもいい）
飾り用に、切ったピスタチオ四分の一カップと、スライスしたアーモンド

大きな重い鍋でギーを熱し、おろしたニンジンを加え、頻繁にかき混ぜながら煮立たせる。火を弱めて、頻繁にかき混ぜながら二〇分、ゆっくりと蓋をせずに煮る。

クリームを加えて、一五分間、蓋をせずにかき混ぜながら煮続ける。砂糖とアーモンドを加え、さらに一五分間、混合物が鍋の底にくっつくようになるまで、かき混ぜながら煮る。火から下ろし、室温まで冷ます。カルダモンと、もし使うならローズ水を混ぜ入れる。切ったピスタチオとスライスしたアーモンドで飾りつけて供する。

クルフィについて最初に言及されているのは、一六世紀のモンゴル皇帝アクバリの政治について記した『アクバリの統治（*Ain-I-Akbari*）』（一五九〇年）だ。そこに、手作りの凝縮乳コアをたくさん必要とするクルフィのレシピが載っている。のちに、コンデンスミルクが伝わった。今日、ミルクはただ料理の過程で凝縮されるだけだ。刻んだピスタチオとケサール（サフラン）のエキスが加えられる。混合物は金属製の円錐の型で冷凍され、小麦粉の生地で蓋をする。金属製の型そのものがクルフィで、これはペルシャ語が起源だ。重いクリーム、砂糖、コーンスターチ、カルダモン、ときには乾燥フルーツも加えられた。これは今でも同じ手法で作られ、金属製の円錐の型で凍らせて、通りでクルフィワラが売っている。

イギリス人はクルフィをばかにして、ヨーロッパ風のアイスクリームを作るために機械を持ちこんだが、インド人には変わらずクルフィが人気だった。これはアイスクリームのもっとも古い形の一つだ。多くの著述家が、それをコンデンスミルクで作る点を指摘するが、大半の近代のレシピは新鮮なミルクと特定している。コツは、ミルクを凝縮することだ。パントの近代的なクルフィのレシピを挙げる。カルダモン、マンゴー、ピスタチオ、あるいは乾燥フルーツなどの食材を加えてもいい。基本的なレシピだ。円錐形の型は、専門店かオンラインで簡単に見つかる。

全乳、一・六リットル
砂糖、四分の三カップ
挽いたアーモンド、三分の一カップ

キューラ水［タコノキ属の雄花から取った香りのいい抽出液で、インド北部とアラブの国々で料理によく使われ、香水に使われることもある］、数滴

ミルクを大きな重い鍋に入れて沸騰させる。火を止めて、頻繁にかき混ぜながら、四五分間、半分の量に減るまで煮続ける。火から下ろし、砂糖を加え、砂糖が溶けるまでかき混ぜる。挽いたアーモンドとキューラ水を入れ、冷ます。

ミルクの混合物が冷えたら、クルフィが膨張するので上部二・五センチはあけて型に入れる。蓋でしっかり封印をして、八時間から一〇時間、あるいは凍るまで冷やす。

供する際は、温水に短時間円錐型を浸け、それから蓋を取る。鋭いナイフを内側に沿って入れ、クルフィを皿にあける。クルフィはアイスクリームのように柔らかくはない、なかば凍った状態で供する。

ミルクを煮詰めた固体であるコアがクルフィに使われることはもうないが、今でも作られ、さまざまに使われている。インドの料理では、ミルクをさまざまな濃度に煮詰めたものに、大きな注意を払う（焼いたミルクの料理を作ったルーファス・エステスのような一九世紀のアメリカ人たちも、煮沸したミルクに注目していた）。半分の量まで煮詰められたミルクはパナパカ。三分の一はレヤパカ。六分の一はグティパカ。八分の一はシャルカルパカ、あるいはコアだ。南米では、ドゥルセ・デ・レチェを作るのに、甘くしたコンデンスミルクを煮詰める。コンデンスミルクはすでにパナパ

カの状態なので、煮詰めたミルクを作る近道だ。

パントの、全乳一・六リットルからコアを作る料理法を挙げる。

カダイ〔コアを作るための鍋〕、中華鍋、あるいは深くて重い鍋にミルクを入れ、沸騰させる。火を弱くして、五分ごとにかき混ぜながら、ミルクが半分の量になるまで煮る。鍋の側面にこびりつくミルクの乾燥した層をこそげながら、常にかき混ぜて、マッシュポテト程度の硬さになるまで煮続ける。ボウルに移し、冷ます。冷ましたら、このペーストは冷蔵庫で二日間保存できる。乾燥させて、塊で保存もできる。スプーンでペーストをモスリン（チーズクロス）に移し、流しに置き、何か重いものをのせて、一時間ほど水を切る。できあがった固体は冷蔵庫に保存する。必要に応じて削ったり砕いたりする。

インド北部のアグラに近い、かつてインド最大の封土の一つだったマムーダバードには、子羊肉と小さなボール状のコアの料理がある。コアはまた、たくさんのミルクキャンディーを作るのに使われる。たくさん砂糖を入れると、バルフィになる。カルダモンが加わると、ペダスになる。ミルクキャンディーは、インドとスリランカではとても人気がある。

ミルクキャンディーはインド独特のものではない。イギリスにはタフィー、バタースカッチ、クリームキャラメルがある。ニューオーリンズでは、プラリネがミルク、クリーム、砂糖とペカンで作られる。フィリピンでは、コンデンスミルクで作られることの多いミルクバーや、水牛のミルクで作られるパスティヤス・デ・レチェがある。

パキスタンに近いラージャスターン州北部の、カラカンドと呼ばれるミルクのデザートのレシピを挙げる。

容器に塗るためのギー
コア、一キログラム、削っておく
砂糖、一カップ
無塩のピスタチオ、湯むきしてスライスしたもの、大さじ一

大きなベーキングシートにギーを塗る。
キルダイ［カダイ］、あるいは大きな重い鍋でコアを熱し、五分間、常に平らなスプーンでかき混ぜながら、中火で沸騰させる。火から下ろし、砂糖を加え、砂糖が溶けるまでかき混ぜる。すぐに油を塗ったトレーに移し、スパチュラで平らに伸ばす。表面にピスタチオを散らし、トレーをテーブルや床に打ちつけて空気を抜く。一五分間、涼しい場所に置いてから、切り分ける。

インドとバングラデシュにまたがるベンガル地方は、ミルクを使ったデザートで有名だ。伝統的に、ベンガル地方の食事は必ずミルクから作ったキャンディーで終わる。それは結婚式でも頻繁に供される。ベンガル地方のキャンディーは、煮沸したミルクの表面の膜、層になったサールから作

られるものもある。

ベンガル地方はまた、とても古い儀式のための飲み物でも有名だ。その一つがマドゥパルカ（ギー、カード、ミルク、ハチミツと砂糖を混ぜたもの）で、師とともに勉強に行く学生、到着した客、妊娠七カ月の女性、結婚式に望む花婿に、そして子供の誕生など、大切なイベントの大半でふるまわれる。


今日、低温殺菌ミルクは広く入手可能になり、どの地区のミルクバー（小さな乳製品店）でも簡単に見つかる。だがインドの歴史の大半において、安全で新鮮なミルクをグラスで一杯飲むというのは、富裕層だけができる贅沢だった。それでも常に、ミルクをもとにした飲み物がインドにはたくさんあった。バターミルクは、今でもとても人気がある。チェンナイでカクテルパーティーに招かれたとき、直前に州政府が、その日は禁酒だと発表した。街いちばんのホテルでの優雅なイベントでカクテルを出せず、光り輝くサリーをまとった女性たちは、すてきな陶器のグラスでバターミルクを配った。

ラッシーはもう一つの人気の高い飲み物だ。パンジャブが起源で、「ラッシー」という言葉は単純に、ヨーグルトに水を加えて飲めるようにしたものを意味する。少量の砂糖、コショウ、クミンを加えればしょっぱいナムキンラッシーとなる。ショウガ、ピスタチオ、湯むきしたアーモンド、青唐辛子のような調味料が加えられると、香辛料のきいたラッシーマサラワルだ。カルダモン、ローズ水、サフランが加えられると、甘いメティラッシーとなる。マンゴーを加えたらマンゴーラッシー、イチゴを加えたらストロベリーラッシーだ。たくさんのラッシーがある。

二〇世紀初頭、イギリスはインド人にもっと茶を買わせようとして、茶にミルクと砂糖を入れて飲む飲み方を奨励した。インド人に受け入れられるためには、ミルクと砂糖を入れた茶に、香辛料を加えることが求められた。こうした飲み物でもっとも有名なのは、北西部のグジャラート州のものだ。ガンジーが政治的活動をしていたときの拠点で、彼と関係の深い州だ。エライチ・キ・チャイはカルダモン、砂糖、ミルクを入れた茶を指す。だがもっとも有名な紅茶の飲み物で、インド全土で人気があるのはマサラチャイだ。「チャイ」は茶という意味で、ペルシャ経由で入った中国語だ。「茶」を指す単語も中国語から来たが、これはイギリス経由だった。

マサラチャイは通常、インド北東部のアッサム地方の紅茶で作る。だがカシミール地方では、マサラチャイは緑茶で作られる。この飲み物に使われる香辛料はさまざまで、黒コショウ、シキミ、メース、チリ、ナツメグ、そしてグジャラート州出身のプッシュペッシュ・パントの古典的料理法で言及されているものなどがある。ここで香辛料全体に対する、何種類かの香辛料の量に注目してほしい。それらは生で挽いてあるべきだ。コーヒーのグラインダーでうまくできる。

挽いたクローブ、六から八個
挽いたグリーンカルダモンのさや、八個
一インチの長さのシナモンスティック、一本、いくつかに折っておく
挽いたショウガ、小さじ一

挽いたフェネル［種］、小さじ一
茶葉［紅茶の葉］、小さじ六
ミルク、六カップ
砂糖、四分の三カップ、あるいは好きなだけ

大きな重い鍋に、六と四分の一カップの水を沸かす。すべての香辛料を加え、中火で二分ほど沸かす。茶葉を加え、さらに一分沸かし、火を弱め、さらに五分煮る。ミルクを加え、ふたたび沸騰させ、火を弱め、さらに二分煮る。火から下ろして、砂糖を混ぜ入れる。目の細かい濾し器を通してカップかマグに注ぎ、熱いうちに供する。

インド人は茶を好んで飲むが、南部のタミルナードゥ州の人々だけは、主にコーヒーを好んで飲む。地元のコーヒーとミルクの飲み方があり、「フィルタード・コーヒー」と呼ばれている。独自の二段式のコーヒーを淹れる用具があり、コーヒーが下に落ちたら、沸騰したミルクを加える。伝統的に、ミルクは均質化されておらず、沸騰したミルクをコーヒーに注いだあと、コーヒーの作り手は表面をすくってバター作りに使う。

ミルクパンチも、イギリスから伝わったミルクの飲み物だ。だがパンチそのものは、二〇〇〇年も前からあるインドの飲み物だった。「パンチ」という単語はサンスクリット語の「五」に由来し、五つの材料が入っているのでこう呼ばれた。アルコール（たいていは、ヤシの樹液を発酵させて蒸

留したアラック）、砂糖、シトラス果汁、水、そして香辛料だ。茶が入り、アルコールが入らないものもある。パンチは一七世紀のインドで、そこにたくさんいたヨーロッパ人（イギリス人、ポルトガル人、フランス人）の間で人気になり、その全員がそれぞれに変化させた形で、祖国や他の植民地に伝えた。イギリスの東インド会社がパンチをイングランドに持ち帰り、一八世紀初頭にミルクで作るパンチができて、これはこのころ人気のあったミルク酒に似ていて、流行した。この人気は五〇年ほどしか続かなかったが、「東インドのミルク酒」という詩が書かれた。アレクサンダー・ポープの作だという真偽の疑わしい噂があるが、もしそうなら、彼の最高傑作とはいえない。

はるかかなたのバルバドスからウェスタン本線に乗って
砂糖、何オンスもの小麦粉を運び、スペインからはシェリーを
一パイント、そして東インドの海岸から
ナツメグ、ノーザン・トーストの栄光
炎を上げる炭の上でそれらを一緒に熱し
サックがすべてを抑えて甘さを溶かすまで
別の火に卵をかけ、ちょうど一〇個
（雄鶏の交尾と雌鶏の尻から生まれたばかり）
安定した手でかき混ぜ、よく注意して
一〇個の素敵な鶏の終わりを見る

輝く棚から、真鍮製のスキレットを取り
優しい牛のミルクを一クオート、それに注ぐ
沸騰したら冷まし、ミルクにサックと卵を入れ
トリプル・リーグのように固くなるまで
火の上に一緒に置いておく

イギリスがインドを支配していた英領インド帝国（一八五八年～一九四七年）の時代、ミルクは牛飼い（ガウ・ワラ）か、ときには仲買人によって供給された。牛は大半が、デシと呼ばれる地元種だった。デシはサンスクリット語で、亜大陸に対して地元を指す言葉だ。デシ種は亜熱帯気候によく順応したが、ヨーロッパの品種ほどミルクを産出しなかった。デシ種の搾乳で得られる産出量は、〇・五リットル以下だったかもしれない。

十分なミルクの供給を確保するため、牛飼いたちは何百頭という大きな群れを飼おうとした。これは今日では珍しいことではないが、手による搾乳の時代には稀な規模で、大変な重労働だった。牛飼いはまた、しばしば秘密裏に、牛のミルクに、手に入るものなら何の動物のミルクでも混ぜた。ヤギ、羊、水牛、ラクダ、馬、そしていくつかの報告書によれば豚もだ。これはイスラム教徒の人口の多い国では問題だったはずだ。主な代用品は、今も水牛のミルクだ。インド人は、水牛のミルクは消化を妨げると考えていたにもかかわらずだ。

だが水牛のミルクには、推奨すべき点がたくさんある。牛と違い、水牛は結核菌を持っていない。

近代技術の開発によって逆転したが、英領インド帝国の時代、水牛は牛よりも多くのミルクを産出した。水牛のミルクはまた、コレステロール値が低く、脂肪分は高いという、羨ましい品質だ。また牛のミルクよりも傷みにくく長持ちするのも、冷蔵施設のない暑い国ではかなりの利点だろう。また、水牛は二〇年もミルクを産出し、これは牛より二倍も長い。

今日、インドは世界でも最大の水牛のミルクの生産国で、牛のミルクのほうが好まれるのに、牛よりも多くの水牛のミルクを生産している。アジアや中東の多くの国、そしてアフリカでもいくつかの国でも、水牛のミルクを生産する。イタリアのカンパニア州などでも少量が生産され、モッツァレッラチーズを作るのに使われている。イタリアには土着の水牛はいない。ローマ時代に、おそらく役畜として持ちこまれた。フィリピンでは、水牛のミルクはケソンプティというチーズを作るのに使われる。

水牛のミルクは、インドでは長い間、主要な産物だった。一四世紀、放浪のイスラム教徒イブン・バットゥータはインド滞在中に「ここの水牛はとても豊かだ」と書き、そのミルクで作ったポリッジ（粥）を褒めた。

悪辣な商人が売る希釈されたミルクは、どこにでも共通する問題だ。それを避けるため、裕福な者は牛飼いに自分の家まで牛を連れてこさせ、目の前で搾乳させた。それでも、搾乳する前にバケツに少量の水を入れておくという牛飼いの話や、袖に水を入れたヤギの革袋を潜ませてミルクに入れる牛飼いの話まであった。白い米のスープは、ミルクを薄めるのによく使われた。こうした行為のせいで、イギリス人は自宅で牛を飼うようになり、多くのインド人も同じようにした。

英領インド帝国の最後の年、アナンドという町の酪農家たちがポルソンという大きな私営酪農会社に反抗して立ち上がったことで有名になった。ポルソンはボンベイ（現在のムンバイ）に拠点を置き、アナンドで徹底した専売状態を確立したため、そこの酪農家たちは乳製品を売る相手がいなくなってしまった。製造能力が高まり、ミルクの需要も増えたが、イギリスはこれらの新しい利潤がすべてポルソンに行くように手配した。アナンダ地域の大きな農民のカーストであるパティダーは、その多くが交戦的な国家主義者であり、怒って反乱を起こそうと一致団結した。

サーダー・バッラブバーイー・パテルはグジャラートの法律家で、インド独立のために闘い、のちに近代インド国家を作った人物だが、この闘いに政治的潜在能力を見出した。不買同盟を組織し、酪農家たちはポルソンにミルクを提供することを拒否した。それから彼は酪農家たちにミルクを集めさせ、鉄道でボンベイへ運んだ。こうした行動を起こす際、彼は一九三〇年にイギリスによる塩の専売に抗議するため三八〇キロメートルの行進を組織したマハトマ・ガンジーの先例に倣った。

塩とミルクの管理は、独立以前のインドにおける重大な問題だった。イギリスがインド経済を動かし、インド人たちが飢えに苦しむ一方で、イギリス人は儲けていた。何百万人もが死ぬのを、イギリス人は傍観していた。独立以来、インドには一度も飢饉はない。

インドの鉄人と呼ばれるパテルは、ある一点で、ガンジーとまったく違っていた。彼は、ガンジーの農業に関する考えは非現実的だと考え、独立インドの成功のためには、農業関連産業の工業的技術および販売技術をもっと開発しなければならないと主張した。その方法の一つが協同組合を設立することで、アナンドの一件がその考えを具体的に示すいいチャンスだと考えた。

一九四六年、ポルソンにミルクを供給する酪農業者が一つもなくなって、イギリス政府はアナンドにおけるミルクの専売をやめざるをえなくなった。これはイギリスがインドを離れなければならないと自覚した敗北の一つだった。パテルの酪農協同組合は、ＫＤＣＭＰＵという響きの悪い名前をつけられた。ケーダ地区ミルク生産者協同組合の頭文字を取ったものだった。これはインド初の酪農協同組合であり、彼らは市場の重要性を理解してもっと覚えやすくするべきだと考え、アナンドミルク有限組合の頭文字からアムルという名前にした。

パテルはインドの初代副首相、そして国務長官となったが、一九五〇年に死に、彼の協同組合の動きがどれほど成功したかをその目で見ることはなかった。独立後、新生インドは経済的発展を任され、酪農協同組合を作ることを優先事項の一つにした。そのため、暑い気候に馴染まないが大量のミルクを産出するヨーロッパの品種が持ちこまれ、デシ種と交雑された。

文化的姿勢も変化する必要があった。田舎の地方では、ミルクの売買という仕事はとても地位の低い活動と考えられることがあった。ミルクは家族のためのもので、それを売るというのは、家族がいないか、家族の分を取り上げるということだ。だがヨーグルトやギーなどの製品は、そのような非難を受けずに売買ができた。

一九四九年、アムルという名で知られるようになったパテルの酪農協同組合は、仕事を管理するため、ベリーズ・クリアンというアメリカで学んだ技術者を雇った。クリアンはのちに白色革命の父と称される。この運動でインドは主要な酪農勢力となった。

アムルをモデルにして、インド政府は全国に、効率的なミルクの生産と売買の手段として、酪農協同組合を作った。一九七〇年、協同組合は国連と欧州経済共同体（欧州連合の前身）から国際的支援を受けた。

他の多くの国と同じように、インドでも牛の搾乳は主に女性の仕事だったので、最初、協同組合のメンバーは女性が多いだろうと思われた。だがまもなく、牛と一緒に働くのは女性だが、牛を所有しているのはたいてい男性だということがわかった。インド政府は、酪農産業をさらに広げる女性の潜在能力に気づき、女性の酪農協同組合を作った。第一号は、今やインドの酪農の中心地となっているアナンダにできた。

政府は協同組合の女性に、交配や飼料、搾乳、一般的な牛の世話について最新の技術を教えた。また村から選ばれた女性に、マネジャーや会計係になる訓練を受けさせた。最初、このような立場には男性がついていた。そして、男性が協同組合の金を盗むという事件が起きた。だが女性たちが訓練を受けると、その立場を乗っ取り、協同組合は完全に女性が運営するものとなった。

女性たちは、たくさん飼料を与えられた牛は子牛を産めないので、妊娠中は飢えさせるべきだという、古い信仰を否定することを学んだ。とても貧しい共同体では、人々は自分の子供を食べさせるのにも苦労していて、動物に餌をやる意味を理解しない者が多かった。だが協同組合の女性たちは別の見解を持ち、家族のための食料ばかりでなく、牛のための飼料も育て始めた。トウモロコシ、サンヘンプ、インドでもよく育つアフリカのギニアグラスなどだ。南部のタミールナドゥのような州の行政が、協同組合がヨーロッパとインドの品種を交雑した牛を買うための資金援助をした。

女性たちは、新しい共同組合による生活のすべてに満足しているわけではなかった。以前は、彼女たちはギーを作っていた。ギー製造の副産物として、バターミルクができる。女性たちは、かつては安定してバターミルクが手に入ったことを、懐かしく思った。

インドでの酪農業界の拡大を支援していた世界銀行は、ヨーロッパの品種が好きだった。交雑した牛は、短命だが、一日につき土着の牛の四倍のミルクを出した。交雑種は飼うのに経費がかかるが、購入価格は安い。協同組合は交雑種に決めた。

当然、ホルスタイン種かジャージー種はゼブ種と交雑された。大きくて肩にこぶがあり、首に皺が寄っているゼブ種は、何千年も前にインドに持ちこまれたアジアの品種だ。インダス渓谷で古い絵に描かれたのは、この牛だった。ゼブ種は熱帯地方にとてもよく順応し、ブラジルのような熱い国でも人気が出た。

二一世紀には、協同組合は非常に成功し、個人の酪農業者が、これに挑戦するべくふたたび現れ始めた。二〇一七年、インディアン・エクスプレス紙は、まもなく個人の酪農業者が協同組合よりも多くのミルクを生産するようになるだろうと予測した。

一方、多くの主要都市が禁じたにもかかわらず、人々は街で一頭か二頭の牛を飼い続けている。寺院のような宗教的な場所に関連している牛しか、正式には許されていない。牛に餌をやるため、人々は牛を公園や公共の場所につなぐことがある。その近くに、ボール状の飼料をのせたトレーを置く。ボール状の飼料は売り物で、通りがかった者が買い、それを牛に与え、祝福のため牛の尾を引っ張る。このように、所有者は牛に餌をやりながら金を儲ける。

インドにはたくさんの牛の祭がある。タミールナドゥでは、太陽に感謝を捧げる冬の収穫祭、ポンガルが行われる。牛に色を塗り、角に飾りをつける。インド人は色彩を加えるのが好きなのだ。牛はインドでは強力な象徴であり続けた。一九六〇年後半、インディラ・ガンジーが型破りな政党を作ったとき、その象徴は牛のミルクを吸っている子牛だった。

インドにもっとも合っている牛は、ゼブ種と、別の産出量の多い地元の品種とを交雑したものだと主張する者がいる。彼らは、医療的な世話が必要で、それを直すために使った薬がミルクに入るうえ、それでもたいして長生きはしないため、ヨーロッパの家畜は亜大陸には合わないと言う。インドには三七種類もの土着のこぶのある牛がいて、すべてがゼブ種の子孫だ。だがこれらは死に絶えつつあり、ジャージー種とゼブ種の交雑種がこの国の二〇パーセントに増えている。

また多くの人々は、牛を殺すことを禁じるたくさんの法律を非難する。このような禁則には古い歴史がある。一四世紀、イブン・バットゥータは、イスラム教徒が牛の殺害を許さないことを理由にヒンドゥー教の支配者に反抗したと書いた。それから何世紀も、殺すことを禁じない時期があった。だがこの問題は、一八世紀と一九世紀に、ヒンドゥー・ナショナリズムとともに再浮上した。禁止を希望するのは、反イギリス感情の表出だった。独立後、一九四八年に新しいインド国の法律を制定する会議で、動物の権利、とりわけ牛の保護の問題が持ち上がった。インドは世界初の、国内での動物の権利を保証する国となるのか？　多くがこの案を熱烈に支持したが、経済的開発を重視する者はこの動きに反対だった。やがて妥協案が出た。決定は各州に任された。

白色革命は、州に妨げられることなく進行した。国家主義が提示する経済的開発のモデルは、ヒンドゥー・ナショナリズムよりも人気があった。一九六六年一一月七日、ニューデリーで、牛の殺害禁止を叫ぶ大規模な行進があった。これは建国時の独立政治団体、インド国民会議に対する初めての大規模なデモだった。デモは暴動になり、八人の死者が出た。デリーでは毎年、これを記念した行進がある。

だが、強く反対する声がありながら、牛の殺害は続いた。一九八〇年代以降、ヒンドゥーの文化と宗教を復活させ、ヨーロッパの非宗教主義を拒否しようという一種のヒンドゥー・ナショナリズムを支持する、インド人民党（ＢＪＰ）への支持が高まってきている。当然、イスラム教徒のインド人には人気がないが、ヒンドゥー教徒の間では強く支持されている。ＢＪＰは国家政府で優勢な数を勝ち取り、二〇一四年、ナレンドラ・モディが首相に選出された。ＢＪＰが管理する行政を行う州では牛の殺害が禁じられ、今日では、インドの二九の州のうち、牛の殺害を規制しないのは八州だけだ。規制内容は州ごとに違う。殺害は認めるが、州外に肉を売ってはならない州もある。インドからの牛の輸出は違法だ。そして法律は、いつでも従われるものではない。二〇一六年四月、タイムズ・オブ・インディア紙に、ウッタルプラデーシュ州では牛の殺害が禁じられているが、一二六カ所の肉処理場が運営されているとの報道が載った。

近代の商業的酪農では、利潤と支出のバランスを注意深く考えなければならず、殺害禁止は深刻な問題だ。人間や、その他の哺乳類と同様に、牛は生涯ずっと生殖能力があるわけではなく、一生泌乳できるわけでもない。よく世話をすれば、牛は、泌乳しなくなったあとも何年も生きる。大きな酪農場では、これは二つの群れ、生産的な牛と、非生産的な牛を飼うことを意味する。非生産的な群れを飼っていると経済的損失が追加される。他の国では、大半の酪農家はもはや非生産的になった牛を処理場へと送り出す。だがインドの大半の州ではこれが許されず、危機を招く大問題となる。ラジャスターン州などのいくつかの州には、役に立たなくなった牛を引き受けるガウシャラという収容所がある。何万頭もの牛がガウシャラに詰めこまれ、そこで餌を与えられ、死ぬまで世話を受ける。このような施設は一七世紀から存在し、特にマハラシュトラの地域で、干ばつ期の間の一時的救済システムとして使われた。

だがここには、単なる動物の権利と酪農家の権利の対立だけではない、政治的な問題がある。多くの国で見られる葛藤だ。ＢＪＰの統治は、イスラム教徒と、もっと進歩的なヒンドゥー教徒の両方に反イスラム的だと見られ、殺害を規制する法律も反イスラム的だと考えられている。牛はもっとも安い肉であり、インドでもっとも貧しい宗教団体であるイスラム教徒はこれに頼っている。仏教徒、キリスト教徒、そしてシーク教徒も牛を食べる。二〇一五年の秋、暴徒が五〇歳のイスラム教徒ムハマド・アクラを家から引きずり出して、殴り殺した。家族は羊だと言っていたのに、彼が家で牛を飼っていると思われたからだ。このような私的制裁の暴力事件が続いた。マスコミは犯罪者を「牛の警護団」と呼んだ。

禁止令は、インドの最下層のカーストである、かつて不可触民と呼ばれたダリットに対する、一種の階級戦争だと見なされることもある。ダリットは常に他者がしたがらないことを行い、他者が使いたがらないものを使った。ゴミを集め、動物の死体を処理し、牛肉を食べ、肉と皮のために畜牛を殺した。実は、不可触民とされたのは死んだ牛との関連からだった。畜牛の殺害禁止は、もっとも貧しい人々、ダリットの経済と食物供給を弱体化させた。

禁止令のもう一つの影響は、酪農家たちの注意が水牛に移ったことだった。水牛を殺すのには規制がない。水牛のミルクは脂肪分が多く、インドではミルクの価格はそれに含まれる脂肪分によるので、高い価格がつけられる。だがこれがもっとも尊ばれるものではない。もっとも尊ばれるミルクは、デシの純血種のものだ。「A2のミルク」と、インド人たちは呼ぶ。

インドは、ミルクを生産すればするほど、議論すべき問題が生まれることを示す、さらなる証拠かもしれない。

水牛

ゼブ種

18 チーズ作りの職人たち

産業革命以来、チーズ工場はそれまで以上に大きくなり、どこにでもあるようになった。職人的なチーズで、姿を消したものもある。だが多くは生き残り、過去に消えたもののいくつかは復活をした。

職人的チーズが生き残っただけでなく、産業化される前の時代のもっとも有名なものは、今でも高い人気を誇っている。チーズは常にありふれた食品であり、常に美食家に崇められてもきた。一八世紀の政治家、法律家であり、初期の料理作家でもあったジャン・アンセルム・ブリア・サバランは、「チーズの入っていないデザートは、目が一つしかない美人のようなものだ」と言ったことで有名だ。

ブリア・サバランは、最高のチーズはエポワスだと言い、フランスの最初の偉大な料理作家グリモ・ドゥ・ラ・レニエールは、リストのトップにロックフォールを挙げた。彼は、このチーズを食べると喉が渇くといって、これを「酒飲みのビスケット」と呼んだ。グリモによれば、チーズの主な機能は、ワインの楽しみを引き出すことだった。

エポワスとロックフォールは、この二一世紀の著述家も大好きなチーズだ。ルイ一六世や、一八一五年七月から九月の短期間だけフランス首相だったシャルル・モーリス・ド・タレーラン・ペリゴールは、意見が違った。二人はブリーに夢中で、国王は上等なブリーを食べているときに捕らえられ、処刑されたと言われている。タレーランは飽くなきブリーの推奨者で、これをチーズの王様と呼んだ。ナポレオン戦争後のヨーロッパを切り分ける、一八一五年のウィーン会議の夕食時の発言だったろうか。彼が変わらずに忠実に仕えた王様は、ブリーだけだったと言われる。

一八九六年、「ウォルドルフ・アストリア」の料理人であるオスカー・チルキーは、パリ地区でできるブリーをもっとも有名なフランスのチーズだとし、二番目はノルマンディーの近くでできるカマンベールだとした。両方のチーズに、世界中で作られた、工場産あるいは手作りの模造品がある。だが本物のブリーあるいはカマンベールは、特定の場所で作られ、特定の場所で発展してきた。ブルゴーニュで作られたワインだけがブルゴーニュの味であるのと同じだ。

最高品質のチーズは搾乳直後に作られる。ミルクが凝固するのに最適の温度であると考えられるときだ。本物のブリーは、イルドフランスの特定の地区の生乳から作られる。ある場所からブリー・ド・モー、またある場所からブリー・ド・ムランができる。生乳には、牛が食んだ牧草地に生えていた特定の草から派生する、独特の風味がある。だが草は季節ごとに変わる。秋のブリー・ド・モーは春のものとは味が違い、秋と春のエポワスは、まったく別の味がする。パリのいいチーズ店は、客にチーズの季節を教える。これらの事情から、真の職人的チーズは農場の小さな土地でしか作られないということがわかる。

職人的なブリーはベルギーの品種、ベルジャンブルー種のミルクから作られる。灰色でほっそりとした、とても筋骨たくましい牛だ。そのミルクは、カマンベールを作るのに使う白と黒の斑点のあるノルマン種の牛のミルクよりも乳脂肪分が少ない。

キューバはチーズ製造で知られてはいないが、もっとも有名なカマンベールの模造品を作ったのは、キューバの指導者フィデル・カストロだった。アイスクリームを食べ、ハバナリブレでチョコレート風味のミルクシェイクをがぶ飲みするのを個人的に愛した他に、彼はキューバにおいて、乳製品産業を築くことが不可欠な優先事項だと考えていた。

ミルクと乳製品はキューバ人の食生活の重要な一部で、革命前はそのほとんどがアメリカから来ていた。牛を飼うにはあまり適さない亜熱帯の国キューバでは、ミルクを効率的に生産したことがなかったが、一九六二年にアメリカからこの島国との通商禁止令が出されたとき、カストロはキューバの酪農業を改良すると決意した。やがてこれが、キューバ産カマンベールの開発につながった。

一九六〇年代、キューバの牛の大半は、スペインのクリオロ種か、インドのゼブ種のどちらかだった。これらの牛の両方とも暑い気候にうまく順応したが、ミルクはほとんど産出しなかった。カストロのとった解決法は、亜大陸のインド人のように、ホルスタイン種を輸入することだった。それらを、空調の効いた小屋で飼うはずだった。空調のある牛小屋は燃料費がかかり、商業的に採算の取れるミルクの産出方法ではなかった。だがこの時代、ソ連がキューバの試みに資金援助をしていて、酪農は優先事項だった。キューバ人はカナダから何千頭ものホルスタイン種を輸入した。

これらのカナダの牛の三分の一は数週間のうちに死に、カストロは新しいキューバの品種、「トロピカル・ホルスタイン」を作らなければならないと発言した。この新種は、結局はインドの協同組合で開発されたものとまったく同じ牛だった。ホルスタイン種かスイス・ブラウン種のどちらかをゼブ種と交雑したものだ。これらの牛の大半も、おそらく適切な飼料が不足したせいだろう、キューバではうまく育たなかった。半分だけであっても、ホルスタイン種にはいい飼料が必要だ。

だが一頭だけ例外がいた。ウーベル・ブランカ、「白い乳房」という意味の名前を持つ牛だ。この牛は驚異的な量のミルクを産出し、あまりに多かったので、一九八二年のギネスブックに、一日のミルクの産出量の世界記録を持つ牛として掲載された。一〇九・五リットルだ。一回の授乳サイクルでの最高産出量というのもある。二万四二六八・九リットルだ。この牛は革命の英雄となり、しばしば報道され、一九八五年に死んだときは、正式な死亡記事に、「この雌牛はすべてを人々に与えた」と書かれた。これほどの貢献をした牛は、キューバに他には現われなかった。

しばらくの間、キューバ人は家庭で自分たちの乳製品の需要を満たしたい者のために、小さな牛の生産を試みた。うまくいくことはなかったが、司令官は大切なチーズ生産業界でアイデアが浮かんだので、ご機嫌だった。彼は世界で最高のカマンベールを作ることにした。多くの報告によると、キューバではこのときすでに、かなりいいカマンベールを作っていた。だが彼はさらにいいものを求め、チーズ製造者に方法を考えるよう指示した。

まもなく、一九六四年、革命がまだ若くて果てしない野心にあふれていたころに、フィデルはアンドレ・ボワザンをキューバに招いて一連の講演をさせた。ボワザンは「理に適った放牧」の理論を展開し、世界中の酪農業に影響を与えたフランスの戦争の英雄だ。フィデルは彼にキューバのカマンベールの試食を頼み、このフランス人は、フランスのカマンベールのようにおいしいと答えた。

だがフィデルはそれでは飽き足らず、フランスのカマンベールよりもおいしいと言わせたかった。とうとう、ボワザンは苛立ってカストロのシャツのポケットから葉巻を取り出した。カストロ政権下で、革命以前に作られていたものに代わって開発された太いコイーバだ。コイーバは一般に、世界で最高の葉巻とされていた。ボワザンはカストロに、フランス人がこれよりいい葉巻を作れると思うかとたずねた。

数日後、ボワザンはホテルの部屋で心臓発作を起こして死に、キューバの偉人たちとともにハバナのコロン墓地に埋葬された。キューバのカマンベールを認めることを拒否したにもかかわらず、彼の思い出はキューバで敬愛されている。

世界はもっとチーズを欲しがっている。だからこそ、チーズ工場が始まった。世界の人口は増え続けて、一人当たりのチーズ摂取量も増え続けている。小規模の酪農を冷遇し、小さな酪農場が毎日のように破産するような経済システムにおいては、職人的なチーズ製造者は、求められるすべてのチーズを作ることができなかった。フランスだけでも、一人当たりのチーズ消費量は一八一五年の年間一人当たり約二キログラムから一九六〇年には約一〇キログラムへと、五倍にはね上がった。

オランダは有名なチーズの伝統を、ほぼ完全に工場に譲り渡した。今日、オランダの酪農場のチーズ、ブーレンカースは、めったに味わうことができない。もっとも有名なオランダのチーズの地区、ゴーダでは、まだ頑固に農場でゴーダチーズを作っている家族経営の酪農場があるが、多くはない。硬くて風味のある暗い色の手作りのゴーダチーズは、世界に知られる工場産のゴーダとは、その形

酪農場で働くフランスの男女、1910年ごろ　Adoc-photos/Art Resource, NY

以外は何ひとつ似ていない。

酪農場のゴーダチーズは、伝統的に女性によって、同じ牧草地の草を食べた牛の生乳で作られる。ミルクは一日に二度、搾乳直後に届けられ、チーズ製造の工程はミルクがまだ温かいうちに始まる。まず、乳酸でミルクを酸敗させる。今日、酸は買うことができるが、ほんの二世代前まで、それさえ女性たちが作っていた。うまい具合に乳酸を使うのが、いいゴーダを作る鍵の一つだった。できあがったら、酪農場のチーズは地元の店で売られるか、チーズ商人に売られることもある。一四世紀から、そのようにされてきた。

今日、オランダで作られるチーズの一・五パーセントが職人的なものと推測され、そのような職人は、たった五〇〇人しか残っていない。


国際的に有名なチーズの大半（ブリー、カマンベール、チェダー、パルメザン）が、牛のミルクで作られている。この世界的に有名なチーズの高層部にあって、たった一つの例外であるロックフォールは、羊のミルクで作られる。

ロックフォールの作られるロックフォール・シュル・スルゾン村は、住人が二〇〇人に届かない。巨大な岩が露出した峰の、狭い道路沿いに位置する小さな村でできたチーズだけが、ロックフォールと名乗ることを許されている。そのせいで、この土地は他の用途には使えないほど価値あるものとなっている。名前の独占的な使用権は、一四一一年に国王シャルル六世によって認められた。一九六一年、材料や技術をよそのチーズ製造者が厳密にそっくり真似したとしても、村の下にあるコンバルー山の洞窟で熟成したチーズだけがロックフォールと名乗ることができると、法律で定められた。

これには理由がないわけではない。コンバルー山の洞窟の中では、空気の循環と岩に含まれる湿気によって、独特の糸状菌の育つ環境ができている。自然の貯蔵庫は村の下に四階層あって、岩の奥に三〇メートル以上も続いている。洞窟の中は寒くて湿気があり、岩壁や、古い手作りの木製の梁、チーズを熟成させる木製の棚などはすべて湿っていて滑りやすい。岩は色とりどりの糸状菌や地衣類でまるで万華鏡のようで、これがロックフォールのロックフォール作りに不可欠だ。貯蔵庫は何世紀も使われているもので、新しい貯蔵庫を作ろうとしても必ず失敗する。

一九九〇年代初め、欧州連合の衛生監視官がこの洞窟を訪れて、愕然とした。カビた古い木製の棚に、食品が放置されていた。危険な細菌のいる可能性を想像してみてほしい。チーズ製造者は、そこにはアオカビ属のカビが含まれているから細菌は生きていられないと主張した。それでも彼らは、木製の棚を衛生的なプラスティック製の棚に代えるように命じられた。

渋々と、チーズ工場はその変更をした。今日、たった五つだけ残っている小さな独立したロックフォール製造者の一人、ジャック・カルルを除いてすべてだ。今日のロックフォールの大半は、ソシエテとパピヨンという二つの大きな会社によって製造されている。

カルルは、小さなロックフォール会社が一二もあった一九二〇年代に操業を始めた父親から、その会社を譲り受けた。伝統主義者で、欧州連合の命令を無視し、一つの棚も動かさなかった。プラスティックの棚では同じ味のロックフォールができないことがわかり、古い木製の棚に戻すことになったとき、彼はおおいに金を節約できた。

ロックフォールの村は、中央山塊のすぐ南にあるアベロン県の、荒涼として不安定なサン・タフリック地方にある。そこの人々は独自のフランス語の方言を話し、標準的なフランス語を話す人物がやってくると必ず、パリから来た政府の視察官か、もっと悪くすると欧州連合の代表者ではないかと警戒し、疑いをもって迎える。

村人たちには何をするにも独自の古いやり方があり、変化させようとする者に対する返答は、「論より証拠」だ。道路が一本しかない村には、世界中にチーズを運ぶために荷物をいっぱいに積んだトラックが並び、ブルーチーズのにおいとともに、金のにおいが立ちこめている。

ロックフォールの名前を使うことに関してはたくさんの決まりがある。ミルクは分娩してから二〇日以内の羊のものでなければならない。羊はアベロン県とその近隣数地区の、ラコーヌと呼ばれる比較的生産量の多い品種でなければならない。小さいチーズ製造者と大きな会社とでは違いがある。小さな製造者はミルクを、タンクではなく古風な缶で集める。カードは手作業で型に詰められる。細菌、アオカビ属のカビによってフレッシュなチーズが泡立ち始め、やがて泡が青く変化する。カビは砕いたパンによって配布されたが、今日では、洞窟から取ったまったく同じ糸状菌の液状のものを使っている。これはチーズをロックフォールとするための基本的な決まりごとの一つに対する違反だが、生産者は同一の糸状菌だと誓い、欧州連合もこれを受け入れている。

伝統主義者はアオカビ属のカビを培うのに、まだパンを使う。カルルは近くのプレサンスという村のパン屋から、ライ麦と小麦のパンを買う。彼はそのパンを洞窟の中でカビさせ、小さく砕き、青い粉にする。

ロックフォールを作るためのミルクは、二〇〇〇以上の酪農場から集まる。羊はミルクの産出量が少ないことで悪名高く、チーズを作るにはたくさんの羊が必要だ。世界的に有名な羊のチーズがほとんどないのは、このためだ。真っ白なラコーヌ種の羊は相当の量を産出すると評判だが、二〇頭の羊の一日の搾乳量は、四〇リットルの缶を満たす程度だ。まだ手による搾乳も行われているが、たいていは機械による搾乳だ。羊の酪農家はその製品でかなり儲かる。かなり大規模な群れを持っている酪農場ならば、ミルクで年間一〇万ドルは稼げる。

多くの職人的チーズがそうだが、ロックフォールはとても季節的な製品だ。七月から一二月までは、雌羊は自分の子羊に授乳するため、ミルクが採取できない。この期間、チーズ製造者たちは、古いチーズ（ヴィユー・フロマージュ）と呼ぶものを売る。一二月、チーズ作りを再開するが、この新しい（ヌーボー）チーズは、春まで売る準備ができない。四月から六月は、古いものと新しいものの両方が手に入る。それぞれにファンがいる。ヌーボーは繊細だが複雑で、ヴィユーは強烈で趣きがある。だがこうしたことは、ラベルには何も書かれていない。エポワスやブリー同様、地元民か、パリのよほどいいチーズ専門店で買わない限り、客はその違いがわからない。

ロックフォールチーズは低温殺菌していないミルクで作られる。これまた、ロックフォールと名乗るために要求される条件の一つだ。多くの国が、一般に生乳の製品は税関を通さない。だがロックフォールは例外だ。ロックフォールがないなんて、考えられないのだ。

ピレネー山脈の反対側には、もう一つ、非常に愛されているがあまり有名ではない羊のチーズがある。そのアイデンティティーについて一歩も譲らず、それゆえバスクと呼ぶものにも非常に慎重なバスク人によって作られるチーズだ。真のバスクチーズは硬くて刺激臭があり、羊のミルクだけから作られたものでなくてはならない。フランス政府はバスクのチーズをオッソー・イラティーと名づけ、さまざまな種類のミルクで作ることを許している。だがバスク人はそれを羊のチーズ、アルディ・ガスナと呼び、羊のミルクであるだけでなく、バスク地方の羊のミルクで作られたのでなければならないと規定する。

バスク地方には、どんなものにもバスク流がある。バスクの羊、バスクの豚、バスクの馬、バスクの犬、バスクのヤギ。バスクの羊は「黒い顔」（ブル・ベルツァ）、フランスでは「黒い頭」（テット・ノワール）と呼ばれる黒い顔をした白い羊で、バスク地方独特のものだ。

バスクの羊は少々気難しい。常に家畜らしく振舞うとは限らず、野生のように見える。搾乳が困難なこともある。また、あまり多くのミルクを産出しない。「赤い頭」テット・ルスやバスコ・ベアルネーズ（隣のベアルン地域の羊との交雑種）のような交雑したバスクの品種は、もっと扱いやすい。どちらも大量のミルクを産出しはしないが、そのミルクは味が良くて有名だ。

少なくとも伝統主義者にとっては、バスクのチーズを作るとき、牛のミルクやヤギのミルク、ロックフォール地方から来たラコーヌ種の羊のミルクでさえ、使うのは許せない。しかし、ラコーヌ種は一日にバスクの羊の二倍量のミルクを出すため、この品種を持ちこんだ者もいた。だが、真のバスクの目利きは、真のバスクの羊による真のバスクのチーズが欲しい。唯一の問題は、低木の茂る

バスクの羊「黒い顔」（ブル・ベルツァ）。バスク地方のアーティスト、ステファン・ピレルによる木版画

高地でできた刺激的なバスクのチーズか、低い牧草地でできた穏やかなバスクのチーズのどちらが好みかということだ。これまたラベルには書かれておらず、客は、どの酪農場がどこにあるかを知っているか、あるいは知っている誰かに訊くしかない。

ジャン・フランソワ・タンブランとその息子ミシェルとギヨームは、彼らの酪農場エノテネアで本物のバスクチーズを作っている。酪農場は、ピレネー山脈に続くごつごつした前衛の山のなめらかな緑の丘陵地帯、ハラのふもとにある。この標高の高い牧草地には、六〇度、あるいはもっと急な傾斜の斜面がある。バスク人は冗談で、バスクの羊は一対の脚がもう一対よりも短いから、斜面に横向きで立っていられると言う。紫の山頂が後ろに控えている緑色の牧草地、フランスとスペインの間の狭い山岳地にあるサン・エティエンヌ・ド・バイゴリという町に近いこの土地は、どこの家畜も見たことのない、最高に美しい牧草地に数えられるに違いない。

このエノテネアという農場では家族しか働いておらず、ヨーロッパ最古の言語、バスク語しか使われない。子供たちは学校でフランス語を習い、フランスの名前をつけられる。フランチュアは学校でジャン・フランソワになった。

この家族は自分たちの持っているものを知っている。痩せていて乾燥肌で、バスク風の長い鼻をし、ひょろりとしたジャン・フランソワは、大げさに畏れるように、周囲のぎざぎざとした山頂や急勾配の緑の牧草地、

バスクチーズのラベル

濃く暗い森、段々になったブドウ畑に向かって腕を振ってみせる。「山や森やブドウ畑を見ると、霊感が湧く」と言う。この家族は少なくとも一七八八年から酪農場をやってきた。この地域にある九〇のミルク製造者の一つだ。

彼らは三種の羊で仕事をしている。黒い頭、赤い頭、そしてバスコ・ベアルネーズだ。バスクの豚も飼っていて、それらは羊とは違い、大きな耳が自然の目隠しになり、周囲を見えなくさせるため、おとなしくて従順な品種だ。

この家族は三〇〇頭の羊の群れを飼っている。一一月になるたび、四〇〇頭の子羊が生まれる。そのうち最高の雌を七〇頭と、最高の雄一頭を飼う。残りは食肉として売る。羊は高地の斜面で野放しで草を食む。牧草や高タンパク質のクローバーが、ミルクを出すのに役に立つ。冬は、自分の、あるいは地元の他の農場に育った穀類を飼料に足す。穀類と牧草を、冬の飼料に使うために集積しておく。

バスクの羊を飼っている酪農場は、一年を通してミルクを生産するわけではない。子羊にはミルクを飲ませず、飼料を与えることもできるが、バスク人は「羊の季節的な自然の姿を尊重すること」が大切だと信じている。だからたいてい、羊は一年に二六五日だけミルクを産出し、夏と秋の初めは休暇をもらえる。一方ジャン・フランソワとその家族には、休みはない。ジャン・フランソワは毎日一時間、群れをまとめておくために山にのぼる。そうしなければ、羊は動揺する。その他の点では、「羊は野放しで暮らし、その土地の草を食べ、普通は飼料も薬も要らない」と話す。羊はまた、一日に二回、機械で搾乳しなければならない。一九九二年以前は、手で搾乳をしていた。羊のミルクは、絶対に低温殺菌はしない。専門家のグループが毎月検査して、汚染されていないかどうかを確認するだけでなく、脂肪分や風味や色も確かめる。

世界の大半の人々はバスクチーズとは何かを知らず、工場生産のバスクチーズ、牛のミルクのバスクチーズ、正統派の羊のミルクのバスクチーズの違いも知らない。だがバスクの人々は知っていて、彼らにとってはそれが大問題なのだ。

ギリシャはヤギのミルクと羊のミルクで有名だが、それには理由がある。この国はたいてい乾燥して岩がちで、牧草地がほとんどない。ギリシャでもっとも重要なチーズはフェタで、今日では工場で、ヤギ、羊、牛のミルクのあらゆる組み合わせで、生乳でも低温殺菌されたミルクでも作られる。だがもちろん、フェタはもともとは、ヤギか羊の生乳で作られ、本物のフェタを作ろうとする者は今でも生乳を使う。普通はヤギのミルクを三〇パーセント、残りを羊のミルクにする。目下ギリシャで消費されるチーズの七〇パーセントは、いずれかの種類のフェタだ。

科学者たちはクレタ島で、そこの住人がカロリー摂取量の四〇パーセントを脂肪に頼っているというのに、心臓病と循環器系の病気が少ないという状況を解明しようとした。この件が特別に面白いのは、その脂肪分のほぼ全部が、オリーブ油とフェタチーズからきているということだった。

フェタはおそらく、最古のチーズの一種だ。酪農場で作られるフェタは、過去も現在も、自由な割合でヤギと羊のミルクを混ぜたもので作られ、ミルクを吸う動物の胃から取った自然のレンネットで、まだ温かいうちに凝固させる。カードは一時間以内に切り分けられるようになり、それから型に入れられる。伝統的には籠が使われたが、今日ではもっと衛生的な金属の型を用いる。さらに一時間後、チーズは水切りと塩の準備ができる。ここで海塩で作った塩水に浸け、熟成させる。レムノス島では、人々はフェタを海水に浸して熟成させる。

ギリシャには、フェタのためにミルクを供給する酪農場が四〇〇〇ほどあり、通常の群れの頭数は三〇〇頭だ。欧州連合によると、フェタと呼ばれるには、チーズはギリシャの六つの地方の一つで作られなければならない。マケドニア、トラキア、テッサリア、ギリシャ本土、ペロポネス、そしてレスボスだ。地方ごとに、チーズにははっきりわかる違いがある。テッサリアでできるフェタと、本土のフェタは風味が高い。ペロポネスのフェタも風味があるが、渇いていて砕けやすい。マケドニアとテッサリアのものは穏やかな味で滑らかで、塩気が少なく穴が少ない。

この伝統的な方法でフェタを作るチーズ工場がギリシャには一五〇〇ほどあり、それらはすべて、搾乳直後にチーズ作りを始められるように、酪農場の近くに位置している。いくつかは低温殺菌消毒するようになった。できるだけミルクに影響がないように低温での殺菌消毒を心がけているが、マケドニアに言わせると、このフェタは風味が落ちるとのこと。

伝統的なフェタ製造者は、フェタ工場と競合している。工場の大半は、ヨーロッパとアメリカに位置している。工場ではたいてい低温殺菌された牛のミルクを用い、産業的な技術工程で作られる。一キログラムのフェタを作るのに、ギリシャの酪農家は七・三リットルを必要とするのに対して、工場ではたった五・三リットルのミルクしか要らない。工場生産のフェタはギリシャの手作りのものとは似ても似つかないが、たいていの客は本来のフェタを味わったことがない。

ギリシャではフェタが圧倒的人気だが、他にも七〇種類のギリシャのチーズがあり、その大半が職人的なものだ。ギリシャのどの島や半島にも、必ずといっていいほど独自のチーズがあり、たいていは羊かヤギのミルクで作られている。

ギリシャでもっとも人気のある観光地のいくつかがあるキクラデス諸島に、比較的観光客の少ない島が三つある。ティノス、シロス、ナクソスだ。ベニス人がこれらの島に一五世紀に来て、一七世紀まで居座っていた。彼らはローマ・カトリック教会（この国の他の地域の大半はギリシャ正教会）と、牛と、牛のミルクのチーズへの愛を残していった。

有名なミコノス島に近い、不毛で岩がちな土地であるティノス島には、過去のベニス人を思わせる形跡はないに等しい。住人の大多数はローマ・カトリック教徒で、人口がわずか一万人のこの島には、五七五もの教会があることで有名だ。岩に囲まれた村のそれぞれに数軒の教会が見られる。ギリシャ全土からここを訪れる人々の目的は、たった一つあるギリシャ正教会の教会だ。それこそが、奇跡を授けてくれると信じられている。

ティノスはまた、グリュイエール風の牛のミルクのチーズでも有名だ。かつては酪農家たちが自分たちで作っていたこの伝統的なチーズは、なめらかで球状の、セミソフトタイプの若いチーズだ。

もともとベニス人によってティノスに持ちこまれた牛の品種は、とうにいなくなった。地元ギリシャの牛も然りだ。今、人々はホルスタイン種を育てている。この品種に、ここほどそぐわない場所は想像しづらい。土地は牛よりも、羊やヤギに合っているようだが、羊やヤギはその毛を利用するだけだ。

ティノス島は低木の多い、茶色くて山がちな島だ。山々は岩が積み重なっているように見える。地質学者は、これらの岩の多い地域は、かつては湖底だったと言う。大きな丸い岩はボロコスと呼ばれ、島のもっとも伝統的な村の名前にもなっている。ボロコスには、二階建てで小さな青い装飾のある窓のついた白壁の家が建っている。家は大きな岩に寄りかかるように建っていることも多く、地上階は貯蔵庫になっている。道路は車が通るには狭すぎる。大半のティノス島の村は、もともとはロバでしか行き来ができなかった。

山地には、岩の間に野生のケッパーが育つ。冬は、岩の壁で区分された段々の斜面は、豊かな緑の草で覆われる。ときどき雪が降って多少厳しいこともあるが、冬は牛にとっていい季節だ。

この島の三軒の乳製品製造者が、全部で一三〇頭のホルスタイン種を飼っている一〇軒の酪農家からミルクを集める。ミルクはチーズの他、ヨーグルト、バター、アイスクリームを作るのに使われる。残ったホエーは近くのパロス島に運ばれて、化粧品産業に使われる。

ギリシャ人は最近の何十年かに不況に陥り、多くの酪農家が島で働くのを諦めて、アテネに移った。実際、ギリシャのあらゆる島で、人々は諦めてアテネに行く。ここでの暮らしは厳しい。医師や空港もなく、連絡船が一日に三回、ミコノス島や近くの他の島に向けて出るだけだ。残っている酪農家たちは少量のチーズを作り、トマトやジャガイモを育て、ブドウとアニスから抽出する透明な九〇パーセントの口当たりのいい酒、ラキを作って生計を立てている。

ティノスの主要な港と、魅力的でない近代的な白い建物の集まりの近くで、アドニス・ザグラダニスは、三〇〇〇立方メートルの渓谷と急勾配の斜面の土地で三〇頭の牛を育てている。ここの酪農家はすべてそうだが、彼もまた副業を持っている。彼は、町で精肉店を営んでいる。牛の飼料にするため泥土の渓谷でトウモロコシを育て、アテネとテサロニキのビール醸造所から残ったトウモロコシを買う。冬になると、段々になった平地に群れを連れていき、トウモロコシと飼い葉で補助した草を食べさせる。

地形と夏の暑さにもかかわらず、ここの牛が産出するミルクは脂肪分が多く、とりわけ春の草が生えたあとは、チーズ作りに理想的になる。酪農家たちは搾乳機を手に入れることもできるが、手で搾乳するほうを好む。機械が、乳首の感染症である乳腺炎の原因になるからだという。だがこれは通常、機械が清潔に保たれていない場合にだけ起きる。

もう一人のティノス島の地元民イオニス・アルマオスの場合、妻と若い息子と娘は妻の働いているアテネに住んでいる。週末には家族が集まる。イオニスはしばらく建設現場で働いていたが、その仕事の都合で生まれ育った島を離れなければならなくなったため、乳製品工場を買ってティノスのチーズを作る決心をした。彼はそのために、経験豊かなチーズ製造者ポリカルポス・デラトラスを雇い、伝統的なチーズや、その他いくつかの彼の考案したチーズの作り方を習った。

イオニスの乳製品工場サンロレンツォは山の高地にあり、暑い夏でも島の他の場所よりも摂氏四度ほど気温が低い。染み一つない、部屋が二つある乳製品工場で、一日に五〇〇〇から六〇〇〇キロのミルクを受け取り、それらから一〇種類のチーズを五〇キログラム作る。仕事はうまくいっている。需要に追いつくのに苦労している。製品の大半は小さな店で小売りされる。彼の小さな乳製品工場は生き残り、ホルスタイン種も生き残り、ティノス島はチーズ製造の土地であり続けている。

ヨーグルトは長寿を助けると信じている者がいる。それこそ、アイスランドのスキールが成功した鍵だった。スキールは本当はフレッシュタイプのチーズだが、ヨーグルトタイプの食品として人気が出た。

何千年もの間、ヨーグルトの酸っぱい味は、ギリシャ、インド、トルコ、ブルガリア、イラン、そしてアラブ世界の国々などで、とても評価されていた。だが西洋人の味覚には酸っぱくて刺激が強すぎると考える者も多かった。

二〇世紀初頭、ウクライナのユダヤ人で、パスツール研究所の副所長だったイリヤ・メチニコフが、初めて細菌やイースト菌の有益な特質であるプロバイオティックの研究をした。彼はまた免疫についての理論を立て、一九〇八年にノーベル医学賞を受けた。彼はブルガリアの農民たちが一〇〇歳を超えて生きることがあり、その食生活の中心にヨーグルトがあることに気づいた。彼はヨーグルトの中の生きた培養菌が病気を食い尽くし、加齢を遅くすると結論づけた。

こうしてフランスは、ヨーグルトを食する初の西ヨーロッパの国になった。二〇世紀、他の国も多くがこれに倣い、世紀末には、ヨーグルトは西ヨーロッパでありふれた食品になっていた。だが問題があった。西洋人は、本当はヨーグルトが好きではなかった。彼らは酸っぱくて刺激が強すぎると思い、スプーンですくうたびにホエーが染み出す感じも嫌われた。それで二〇世紀に、西ヨーロッパの酪農家たちはヨーグルトを変えようとした。まず、酸っぱさを隠すために砂糖を加えた。次に甘い果物のコンポートだ。やがて低脂肪の食品が流行し、脱脂乳と粉砂糖が使われ始めた。一九七〇年に凍らせたヨーグルトが発明された。この時点で、西ヨーロッパのヨーグルトに生きた培養菌はいなくなり、おそらく西ヨーロッパのヨーグルトを食べる人々はブルガリアの農民たちほど長生きはしなかっただろう。料理作家のアン・メンデルソンが書いたように、「ヨーグルトは一種の甘酸っぱい即席プディングか、偽アイスクリームになってしまった」。

だがそれでもいくらかの西洋人が、プレーンで無脂肪で健康的なヨーグルトを探し求め、アイスランド人とスカンディナビア人の一部がバイキングの時代から楽しんでいた、アイスランドのスキールを発見した。栄養のあるアイスランドの草を食べた伝統的なバイキングの牛のミルクから作った、伝統的な食品だ。

バイキングの時代に羊から牛に変わった他は、何世紀も、スキールにたいした変化はなかった。それはヨーグルトのように見えるが、もっと濃くてなめらかだ。これはチーズなので、ヨーグルトよりも作るのに金も時間もかかる。一リットルのミルクで一リットルのヨーグルトができるが、一リットルのスキールを作るには三リットルのミルクが要る。

スキールはヨーグルトと同じようなプラスティックの容器で売られ、もともと脂肪分が入っていない。だがヨーグルト同様に、ホエーは出る。これが評判の悪い点だと気づいた最大のスキール製造会社ＭＳアイスランド・デイリーズは、ホエーが出るのを防ぐ「ウルトラフィルトレーション」

なるものを開発した。なんとも皮肉な歴史的展開だ。もともとスキールは、ホエーを産出するために作られたのだから。

この新しいスキールは絹のような滑らかさで、タンパク質量は高かった。売り上げは大幅に伸び、この製品はアメリカにも広まった。最初アメリカ人はこれをヨーグルトだと思いこみ、ヨーグルト売り場に置いたので、製造元は苛立った。ラベルには、ヨーグルトではなくスキールとはっきり書いてある。だがアメリカ人が彼らのチーズを、脂肪分ゼロで高タンパク質なヨーグルトとして買いたがっているのなら、それでいいのでは？　結局のところ、無脂肪ヨーグルトはアメリカでとても人気があり、一方のスキールは無名だった。

イギリスのチーズは、イギリスの職人的製品のご多分にもれず、一九世紀後半と二〇世紀前半の産業化で落ちこんだ。一つ、また一つと、有名な素晴らしいチーズの多くが姿を消した。だが酪農家たちがそれらを復活させ、今ではイギリス人は、フランスよりも多くの種類のチーズを作っていると主張する。この主張は真偽が疑わしいが、おそらく、「二四六種類ものチーズがある国を、どうやって統治しろというのか？」というシャルル・ド・ゴールの有名な問いかけに基づいているのだろう。この軍人は問題を控えめに言う癖があった。当時、おそらく二四六種類以上のチーズがあったはずだ。今日、フランスには約四五〇ものタイプのチーズがあり、それぞれのタイプにたくさんの変化形がある。近代の専門家は、フランスでは約一〇〇〇種類のチーズ、イギリスでは七〇〇種類が作られていると見積もっているが、イギリスのチーズの中には、コーンウォール州とサマセット州の両方で作られるブリーの模造品などもある。

イギリスのチーズの数は一八世紀にはかなりあっただろうが、一九五〇年よりも今日のほうがはるかに多い。そのいくつかを挙げると、一九八八年にサセックス州で創案され、羊のミルクとベジタブルレンネットで作られるダドルズウェル。一九九二年から低温殺菌しない牛のミルクで作られるリンカーンシャー・ポーチャー。グロスターシャーのチーズ製造者チャールズ・マーテルが絶滅しかけた牛の品種グロスター種を復活させて作ったスティンキング・ビショップ・チーズ。これに使うミルクは低温殺菌されていて、グロスター種のミルクが十分に手に入らないときは、近隣のホルスタイン種のミルクが足される。映画制作者はその名前に抵抗できないようで、このチーズは多くの映画やテレビ番組で言及され、その人気を高めた。だが実際は、チーズの名前の「スティンキング」は臭いという意味ではなくて、製造過程で地元の洋ナシの酒「ペリー」に浸すことから、酔っ払っているという意味だ。

一度なくなってイギリスで復活したチーズの中には、一八世紀にもっとも有名だったチーズのひとつ、ウィルトシャーローフがある。それが消えたのは、一九世紀にイングランド中のさまざまな工場で廉価な製造が始まったチェダーチーズと似ていると言われたからだった。

サクソン人の時代、ノース・ウィルトシャー州として知られるロンドンの西部は、羊に草を食べさせるのに使われていたが、一三世紀、さらに森が伐採されて、牛のための牧草地になった。酪農は女性の仕事だったが、チーズを作る女性は既婚者でないといけないと広く信じられていた（この考えは何世紀も続いた）。未婚のオールドミスは気難しくて、ミルクが酸っぱくなるというのだ。

酪農場で働く女性を表わす英語「dairymaid」は古い英語の「dheigh」から来ているが、これは女性の生地をこねる人、パン製造者、そして世帯主という意味だった。ノルマン人の征服後、チーズ作りが家の外に出て、特別な部屋で行われるようになったが、この部屋が「dheigh」、さらには「deyhouse」と呼ばれた。一二世紀になるころ、ウィルトシャー州のチーズ製造者は「dairymaid」と呼ばれていた。

一七世紀までに、エイボン渓谷のウィルトシャー・ベイルという名で知られる、ウィルトシャー州西北部を北から南へ緩やかに曲線を描く地域は、チーズで名高い酪農地帯になった。牧草地が濃い色の葉の生け垣できちんと分割され、平均的な酪農場には一二頭前後の牛がいて、チェシャー州のような競合する牛のチーズ地帯の酪農場の群れに比べると小規模だ。

最初にイングランドで生まれた畜牛のロングホーン種は、ミルクがチーズ作りには向かない食肉品種だった。これをオランダやスコットランドの品種と交雑した小型のショートホーン種がウィルトシャー州では好まれた。エアシャー種、ジャージー種、ガーンジー種のようなチーズに向いた牛が現われても、ウィルトシャー州では普及しなかった。地元のチーズ製造者たちにとってはそのチーズが濃厚すぎるか、彼らの表現でいうと「バターっぽすぎる」からだった。実際、ウィルトシャー州の酪農家たちは、ミルクが濃厚になりすぎないよう、牛に品質の劣る牧草を食べさせた。

一八世紀後半、四・五キログラムという小型のウィルトシャーチーズはトラックルと呼ばれ、さらに小型のものはウィルトシャーローフと呼ばれて、イングランド全域で有名になった。

だが一九世紀後半、チーズ作りは衰退した。酪農場で働く男女を探すことが困難になり、ウィル

12世紀に遡ってミルクを売っていたとされるロンドンのミルクストリート（ハニーストリートとブレッドストリートの近く）。ウィリアム・ブレーク作。1784年の五月祭の様子が描かれており、花輪をつけた乳しぼり女や煙突掃除人たちがミルクストリートで踊っている　HIP/Art Resource, NY

トシャー州の酪農家たちは、産業化されたチーズ工場との競合に苦労した。誰もがチェダーチーズばかりを求めているようだった。それから一九三〇年代、イギリス政府はミルクの価格保証を始め、チーズを売るよりミルクを売るほうが利益が上がるようになった。これが、ウィルトシャー州のチーズの終わりだった。

少なくともチャドとセリのクライヤー夫妻が二〇〇六年にふたたび作り始めるまでは、「終わり」だった。チャドは農場で育ったわけではなく、子供のころ、乳首が六つある玩具の牛を持っていて、生物学者になるまで、牛には四つしか乳首がないことを知らなかった。彼は蜂の専門家だった。教職に就いていたとき、やはり教師で、ウィルトシャー州の酪農場で育ったセリと出会った。彼女の父ジョー・コリングボーンは率直な物言いをするウィルトシャー州の酪農家で、一九一〇年から家族が持っていた酪農場の第三世代だ。この酪農場はエイボン渓谷の緑の背の高い草地にある。酪農以外には何にも適さない粘土質の土壌と平地の、美しい田舎だ。コリングボーン一家は、少なくとも一〇八六年からウィルトシャー州にいる。イングランドの土地所有者の一覧である一〇八六年のドゥームズデイブックに、その名前が載っている。

教師の仕事に疲れ、セリは家族の酪農場に戻りたいと思っていて、チャドはそれに同意した。彼は、ハチミツ用の養蜂をする、いい機会だと考えた。だが実際はそうではなく、酪農家になる術と、本当は牛には四つしか乳首がないことを学ぶことになった。二人は家族がそれまで買っていたイングランドのショートホーン種を、アメリカのホルスタイン種ほど大きくも生産的でもないが、飼料代もかからないタイプのホルスタイン種と替えた。「出るものも、入るものもさほど高くない」と、一般にいわれていたものだ。二人はこれらの牛を交雑して、強い脚と強い足を持ち、約一〇年間はミルクを生産し続けられるようにした。一四年経ってもミルクを出すものも一頭いる。約九〇頭の牛を飼っている。

クライヤー一家は一日に二〇〇〇リットルの生乳を産出し、その大半を協同組合に売る。だが五パーセントから六パーセントは自分のところに置き、低温殺菌する。それを使ってグースベリー、イチゴ、ラズベリー、ルバーブなどで風味をつけたヨーグルトを作る。濃厚なクリーム、アイスクリーム、無調整乳、そして四種類のチーズも売る。ブリンクウォース・デイリーという彼らの酪農場は、かつて有名だったウィルトシャーローフと、彼らが考案したチーズを三種類、生産している。ブリンクウォース・ブルーという刺激的で風味の強いブルーチーズ、ロイヤル・バセット・ブルーというもっと優しい穏やかなブルーチーズ、そして、柔らかいフレッシュタイプのガーリック・アンド・ペッパーチーズだ。

チャドは週末になると、ロンドンを含めたさまざまな町のファーマーズマーケットで製品を売る。だが、誇り高い伝統にもかかわらず、ブリンクウォース・デイリーはチーズで儲けているわけではない。「もっとも利益の上がる製品はアイスクリームだ。競争の激しい市場だ。コーンがいちばん儲かるが、暑い夏の日じゃないといけない」と話す。いずれにしても、チーズ作りがウィルトシャー渓谷に帰ってきた。

一八世紀後半のイングランド上流階級の偉大な記録者ジェイン・オースティンは、『エマ』（近代文芸社、二〇一二年）の中で、エマとエルトンに、ウィルトシャーとスティルトンというチーズを食べさせている。これら二つは、この時代にもっとも人気のある高級品だったのかもしれない。イギリス人はいつでもブルーチーズが好きだった。だからこそ、ブリンクウォース・デイリーの四つのチーズの二つまでが、ブルーチーズなのだ。

グレートブリテン島にはブルーチーズが三〇以上もあり、そのいくつかは新しいものだ。スコットランド・クライドバレーのダンサイヤブルーは、低温殺菌してないエアシャー種のミルクで作られるマイルドで複雑なブルーチーズだが、一九八〇年に考案された。やはり一九八〇年に始まるビーンリーブルーはベジタリアンレンネットと低温殺菌された羊のミルクから作る。だがもっとも有名なイギリスのブルーチーズはスティルトンだ。正確な起源はわからないが、一八世紀初期には広く商いされ始めた。

一九九〇年、欧州連合は、スティルトンという名前で呼ばれるために満たさなければならない基準を定めた。奇妙なことに、その基準は歴史的背景ではなく、当時のスティルトンを基にして決められた。そのため、名前の由来となったスティルトンの町で作られるチーズは、スティルトンと自称する権利を持っていない。この規則では、チーズが次の三つの州で作られたものではないとならないと特定している。ダービーシャー、レスターシャー、そしてノッティンガムシャーだ。スティルトンはこれらの州の外に位置する。規則によると、スティルトンはまた、低温殺菌された牛のミルクで作らなければならない。だがもともとのスティルトンはパスツールよりずっと昔に生まれ、生乳で作られた。スティルトン作りに低温殺菌のミルクを使うのは、一九八八年以降のことだ。チー

スティルトン。1876年11月4日のイラストレイテド・ロンドンニュース紙より

ズの塊の一つが汚染されていると誤った疑いをかけられ、スティルトンの製造者たちはあわてて低温殺菌されたミルクに替えたのだ。

二〇〇四年、新しいチーズ製造者のジョー・シュナイダーは、一七三〇年に売られていたチーズに近い、本来のスティルトンを作ることにした。これは「農場チーズ」と呼ばれ、製造に使うミルクはすべて生で、同じ群れからとったものだ。生乳は日々、季節によっても変化し、チーズにかすかな、場合によっては明確な変化を生む。新しいスティルトンチーズはそれとは対照的に、いくつもの群れから取ったミルクを使い、ミルクは低温殺菌されるので、チーズの味に変化はない。生産者はこれを、胸を張って一貫性と呼ぶ。だが生乳で作られたスティルトンに生じる普通とは違う風味は、低温殺菌されたミルクのチーズにはない味の広がりなのだ。

イギリスでは、チーズ販売店がシュナイダーの本来の古いスタイルのスティルトンをスティルトンあるいは「生乳スティルトン」と称して店に置くと、罰せられる可能性がある。そこで伝統的なスティルトンは、その立場同様に奇妙な名前を名乗ることになった。それは、スティチェルトンと呼ばれている。ジョー・シュナイダーのスティルトンのような古い時代のままのスティルトンが欲しかったら、スティチェルトンを所望しなければならない。

最悪の悪夢、一九八八年にスティルトンのチーズ製造者たちを低温殺菌に走らせたような恐怖が、ふたたび二〇一六年の夏に起きた。大腸菌（イーコリ）の大発生で、三歳の少女が死んだ。フード・スタンダード・スコットランドはこの細菌をダンシャーブルーの製造者で、エリントンチーズと呼ばれる小さな乳製品工場から出たものだとした。そこの在庫は押収され、一二人の作業員は解雇された。アクタリアなどの有名な研究所による検査もあり、フランスの会社もチーズの検査をしたが、大腸菌の証拠はなかった。検査の責任者である微生物学者ロナン・カルベスは、「フランスで消費される大量のチーズが、低温殺菌されていないミルクで作られている。これらの製品の安全性を検査する研究所には、非常に高度な微生物学的標準があり、売られているどんなチーズにも有毒な毒素を含む細菌が存在しないことを確かめるための、洗練された検査体制を開発してきた」と語った。

ふたたび、品質保証ミルクと低温殺菌ミルクの議論が持ち上がった。そもそもパスツールよりもずっと昔、チーズが作られた理由の一つは、ミルクとは対照的に、チーズならば暑い国でも病気にならないことを知っていたからだった。たいていのチーズは細菌を殺す塩を使って作られ、ブルーチーズはペニシリンを含んでいることも多い。だがアメリカやイギリスなど、低温殺菌のための長く苦しい闘いを続けてきた国は、まだこの問題に敏感だ。皮肉なことに、パスツールの国であるフランスは、そうでもない。歴史的にフランスは、イギリスやアメリカよりも生乳の使用についてははるかに寛容だ。事実、多くのフランスのチーズ製造者は生乳にこだわる。おそらくそれゆえに、一〇〇〇もの種類があって統治は難しくても、フランス人が世界最高のチーズ製造者でありうるのだろう。

ベルジャンブルー種

ラコーヌ種の羊

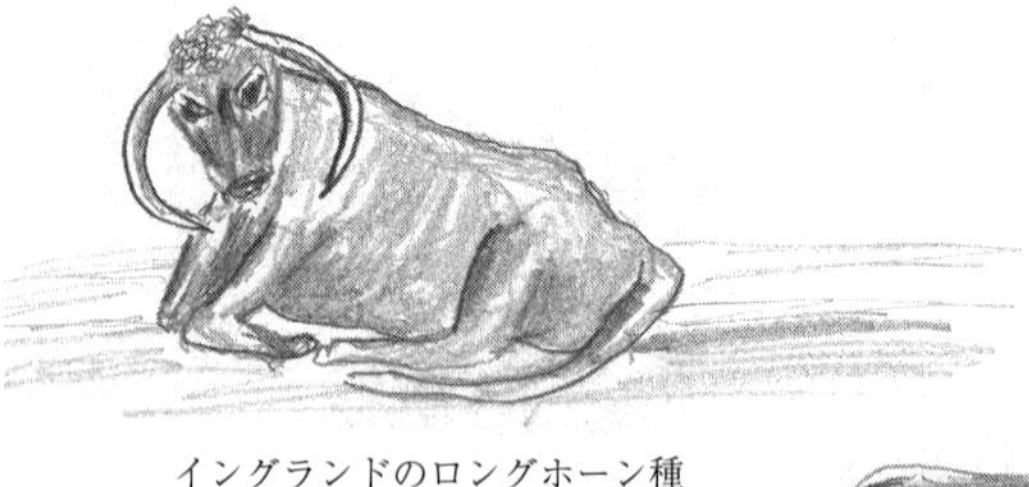

イングランドのロングホーン種

ショートホーン種

19 最高のミルクを求めて

どの動物が最高のミルクを産出するか、母乳と人為的な授乳のどちらがいいか、搾乳する動物にとって最高の世話とは何か、畜牛にとって最高の飼料は何か、大人にとってミルクは健康にいい食物なのかどうか……といった問題をめぐる古くからの議論は、まったく解決していない。生乳と低温殺菌ミルクのような問題についての新しい議論も落ち着いていない。そして今、さらに新しい議論が持ち上がった。ホルモンと有機農業と遺伝子組み換え作物だ。

酪農家は通常、土地を尊敬し、自分たちの動物を尊敬しているが、非常に少ない利幅に直面すると、「何が正しいか」よりも「何が経済的にうまくいくか」を優先して考えてしまうことも頻繁にある。アメリカの連邦政府、ヨーロッパの欧州連合、オーストラリアのスーパーマーケットチェーン、その他世界中の統括団体によってミルクの価格が引き下げられ、かろうじて生産費を上回る程度に抑えられて、酪農家たちはなるべく高い価格を要求するため、自分たちのミルクや乳製品を目立たせる方法を探らなければならなかった。成長ホルモン未使用のミルク、有機農法、遺伝子組み換え作物の不使用運動などがそのような機会になるが、それはまた、ミルクの生産費がかさむことにもつながる。

酪農家たちにとって難しいのは、群れの大きさや動物の種類を含めて、酪農場として経済的に採算がとれるようにするための適正なバランスを見つけることだ。高品質のチーズなどは製造費がかかるが、市場もある。このような特別に贅沢な品物に喜んで金を出す人は、いるものだ。高価格のミルクを買おうとする人は、はるかに少ない。安価で手に入るミルクがたくさんありすぎるからだ。

生乳の問題は、明らかに解決されていない。だがチーズ製造者とチーズ愛好家たちの間で、いいチーズを作るには生乳が必要だということは異例なほど広く合意されている。全員が同意見だとは言わないが、飲料としての液体ミルクの問題よりもこの問題のほうが、はるかに高い意見の一致を得られている。ほとんどすべてのミルクが低温殺菌されているアメリカでは、多くの人は、この議論に気づきもしていない。一般的に、一九世紀には深刻な問題だったが、低温殺菌が導入されて今では人が病気になることはなくなったと信じられている。だが議論が終わることはない。

品質保証の生乳が健康に悪いと言われたことはなかった。事実、そのほうが低温殺菌ミルクよりも健康にいいとする理に適った意見もたくさんある。低温殺菌ミルクのほうが品質保証ミルクよりも監視も規制もしやすいというのは、常に言われてきたことだ。だがフランスのように、生乳が合法で規制されている国でさえ、なかなかそれを見つけることができない。実際、ヨーロッパのスーパーマーケットには、ロングライフミルクでいっぱいの冷蔵設備のない棚が特設されている。ここでもまったく同じ議論がある。このミルクはさほど良くはないが、規制しやすくて扱いやすい。パリでは、いいミルクはたいてい高級チーズ専門店で手に入る。運がよければ、均質化されていないミルクもあるかもしれない。

生乳は、今は「オールナチュラル食品」へ興味が集まりつつある風潮の恩恵を受けている。生乳は確かにそれであり、会社組織でその生産に興味を抱く者はないため、非法人でもある。アメリカでは二八の州が、一定の条件のもとで生乳を許可していて、その他の州でも、それを禁じる法律を緩めようという強力な運動がある。

二一世紀、年に五〇万人以上のアメリカ人が生乳を買い、その数はゆっくりと増えている。カナダでは、法律によって生乳を買うことは難しいが、消費者は牛の群れに対して共同出資をして、生乳を買うのではなく、自分たちに権利のあるものを飲むだけだという形をとっている。

生乳は、酪農家が考えなければならない妥協案の一例だ。生乳は市場が小さくて、おそらく大きな群れで生産して大量に売るのは難しい。だが市場はあり、生乳の擁護者たちは普通のミルクの二倍の価格でも買うだろうから、適正な量だけ生産すれば利益は上がるかもしれない。

生乳は、アレルギーやその他の病気の予防になるという説もある。一般に、科学者はこの主張を退けているが、生乳の擁護者はこれを陰謀の一部と考える。その言い分は、常に「ビッグミルク」と馴れ合いすぎると疑われているアメリカ食品医薬品局が、生乳には危険な病原体が含まれているので摂取すべきでないと警告までしたという事実に基づいているのだ。

何が起きているのだろう？　政府が生乳を危険だと考えているのなら、どうして州が許可するのか？　多くの州の生乳製造者と消費者、擁護者は、政府は無知だと大雑把すぎる発言をし、正しい状況下にあれば生乳は安全でありうると信じている。

ニューヨーク州では、生乳は合法だが、酪農場では売ることができる。いいかげんな配達車や不注意な小売店による危険をなくそうというのだ。生乳を買いたいという人々は酪農場を見つけて、そこを訪れなければならない。これは、健康にいいといわれる特別なミルクを求める最大の市場の一つであるニューヨーク市の住人にとっては問題だ。

メアリーとビルのコッチ夫妻はニューヨーク北部のハドソンバレーに二万二〇〇平方メートルの土地を持っている。郊外でもあり、農業地帯でもあるような地域だ。コッチ一家は、草を伸び放題にしておかないための良策として、牛を飼うことにした。「草地があって、特別に使っていなかったら、草刈りにたくさんの時間とお金がかかることになるのよ」とメアリーは言った。また、当時二年生だった息子のテディが、草刈り機によって鳥の卵やウサギや鳥が殺されるのを見て動揺したという――「全部の野生の命が切り刻まれちゃうよ」。

だがいったん牛を手に入れると、一家は、牛を飼う方法を何も知らないことに気づいた。牛は死んだ。牛を健康に保つには、多大な知識が必要なのだ。彼らはめげずに、牛について勉強し、新たに数頭を手に入れた。今では常に三頭から五頭のダッチ・ベルテッド種の牛が飼われている。胴の中央に太い白帯のある、黒くてきれいな牛だ。その名に反して、スイスかオーストリアで生まれた品種だと考えられている。ホルスタイン種ほど大きくも食欲旺盛でもなく、生産的でもない。手ごろな値段の、まあまあ生産的な品種だ。良質の乳脂肪を産出し、メアリーが言うには、「たいていなんでも食べて、ミルクに変えてくれるのよ」。

コッチ一家は牛が草を食むに任せているが、特に冬には、飼料に干し草を補充する。また、自分たちの庭で取れたニンジンやフダンソウをおやつに与えることもある。「牛はおやつをもらうのが大好きなの」とメアリーは言った。だが牧草を食べさせるのも、実は安上がりではない。牛それぞれにつき、一日に八ドルかかる。

コッチ一家は乳製品を売って生計を立てようとした。だが十分な稼ぎにならず、酪農場を四部屋の朝食つき宿泊施設にして、タイム・イン・カントリーB&Bと名づけた。宿泊客に、ヨーグルト、バター、卵、鶏肉や豚肉などとともに生乳も提供して、「本当の酪農場の経験」をしてもらおうとしている。人々が頻繁に、ニューヨーク市から車でやって来て、酪農場体験と生乳を楽しむ。ミルクはすべてが生で、監視員が定期的にやってくる。一家は監視員に好感を持っていて、監視員は一家がとても助けになると思っている。

ここの常連客は生乳が大好きのようだ。新しい客が到着すると、常連客たちはその客に駆け寄り、生乳についてどう思うかを問いただし、それのシンパかどうか探りを入れる。この問題について、中立的立場の者もいるとは思いもしないらしい。

これとは対照的に、アイダホ州では生乳は店で売ることができる。生産に金がかかるので、とても高価だ。独立した群れを保持して、定期的に検査を受けなければならないのだ。

アイダホ・フォールズのアラン・リードは、この高価な生乳を求めるいい市場があるかもしれないと考え、生産してみることにした。彼は、普通の全乳にいつも三・七リットルで五ドルの値をつけるところ、生乳を三・七リットルにつき六・八七ドルで売った。ミルクの美食家にとっては贅沢品だった。表面に乳脂が浮いた無調整乳だ。だが彼は週に五〇〇リットル弱しか売らなかった。「驚いたよ。

ここに来る誰もが生乳のことを話していたんだ。もっと売ろうと思ったよ」と彼は言った。

母乳と人為的授乳についての議論は、おそらく終わることはない。それがずっと続くことは、歴史を見ればわかる。お洒落なネクタイの幅の議論のように、多数派の意見も常に行ったり来たりしてきた。二一世紀初期、特にアメリカでは、振子が母乳に戻ってきた。かつてはミルクや調合ミルクを買えない貧しい人々の選択肢と見られていたが、今や上位中流階級と裕福な女性がすることだと考えられるようになった。一方、労働者階級の女性、特に仕事を持っている女性は、今では瓶による授乳を好む。

一九二〇年以降、科学者、医師、そして母親たちは、母乳の価値に疑問を抱くようになった。母乳に含まれるビタミンが女性によってさまざまで、すべての女性が良質の母乳を出すわけではないことがわかった。それとは対照的に、人為的授乳は一貫して栄養があり、やがて人気が高まった。地域的な違いもあった。中西部の人々は母乳を好み、北東部では人為的な授乳が好まれた。だが一般には、人為的授乳の人気が次第に高まっていた。第二次世界大戦中、医師たちは、ミルク不足のせいで母乳の人気が復活するだろうと予想した。だがそうはならなかった。

病院は「科学的な育児」という考えを推奨し、母乳をやめさせようとした。病院で出産するアメリカ人女性が、一九二〇年にはたった二〇パーセントだったところ、一九五〇年には八〇パーセントになったのだから、これは非常に意味のあることだった。

歴史家たちは、母乳の人気が高まったのは一九五六年にラ・レーチェ・リーグを創設した七人のカトリック教徒の主婦たちによるものか、それともこのグループはたまたまタイミングよく現われただけなのだろうかと論争する。おそらくどちらの説も正しいのかもしれない。

ラ・レーチェ・リーグは、創設者であるマリアン・トムプソンとメアリー・ホワイトが、クリスチャン・ファミリー・ムーブメントのピクニックで赤ん坊に授乳していて、「自然育児」というものをもっと広めるべきだと意気投合して始まった。これは「科学的育児」に反対する動きとして、アメリカ人女性たちの心に響いた。母親たちには、科学者にどうするべきか指示されたくはないという、強烈な感情があったのだ。

当時の医師たちの大半は男性だったため、ラ・レーチェの活動にはどこかフェミニズム的な意味合いがあった。まだ始まったばかりのフェミニズムそのものは、一般に瓶による授乳を支持していたのだが。だが別の意味でも、ラ・レーチェの活動は決してフェミニズム的ではなかった。ホワイトには一一人の子供がいて、彼女とその仲間たちは、女性は家にいて、たくさん子供を持ち、育児に専念するべきだと考えていた。女性が働くことについて、公然と反対をした。

クリスチャン・ファミリー・ムーブメントのピクニックのあと、ホワイトとトンプソンはイリノイ州フランクリンパークのホワイトの家で他の五人の女性たちと集まった。彼女たちは合わせて五六人の赤ん坊を生んでいて、本物の専門知識を持っていると感じていた。

五年後、アメリカ中に四三のラ・レーチェのグループができた。一九七六年、創設から二〇年後、グループは三〇〇〇近くなった。だが母乳による授乳は、一九七〇年代に人気が最低になった。一九七一年には、アメリカ人女性の二四パーセントしか母乳を与えておらず、六カ月後も続けているのは五パーセントにも満たなかった。赤ん坊にとって最高の食事は、商業的な瓶詰めされた赤ん坊用調合ミルクだと、大多数が信じきっていた。

大きなスキャンダルほど早く、一般的な考えを変えるものはない。

一九七〇年まで、開発途上国の乳児死亡率についての統計はほとんど手に入らなかった。だが調査員が統計値を集め始めたとき、一九世紀の街を襲った感染症と同じ恐怖が発見された。インドでは、一九七〇年に二六〇万人の赤ん坊が死んだ。世界的には、毎年一一〇〇万人の赤ん坊が、一歳の誕生日まで生きられなかったと見積もられている。死者の大半は東南アジア、インド亜大陸とアフリカだった。

これらの国では、母乳の授乳は減り、調合ミルクの使用が増えていた。これは経済を発展させようとする奮闘の副産物だった。女性は働きに出た。両親は村を離れ、街に働きに行った。子供たちは親類か、雇われた世話係の手に預けられ、母親がいないため、調合ミルクを赤ん坊に与えることが普及した。調合ミルクを作る会社、特にネスレ、ブリストル・マイヤーズ、アボット・ラボラトリーズ、そしてアメリカン・ホーム・プロダクツはこれを大チャンスだと見てとって、工場を建て、発展途上の世界で調合ミルクを製造し始めた。

赤ん坊用の調合ミルクは大規模な産業になった。一九八一年までに、世界の調合ミルク市場は二〇億ドル規模と見積もられ、その半分以上をネスレが管理していた。ネスレは主に貧しい国で成長し、人々は調合ミルクが健康にいいという大々的な宣伝に応えた。調合ミルクは病院でも使われた。市場調査によると、病院で調合ミルクを使用した母親の大半は、家に帰ってからもそれを使い続けることがわかった。のちの調査で、病院の産婦人科にいる母親たちを訪れた「看護師」の中に、実際はネスレの販売員が偽装した者もいたことがわかった。国連世界保健機関は、インド、ナイジェリア、エチオピアとフィリピンで、毎年五〇〇万本の割合で瓶が配布されたと見積もっている。

これらの国で働いていた公衆衛生当局者たちは、乳児死亡率だけでなく、胃腸炎や栄養失調の症例も急増したことを突き止めた。これは明らかに、調合ミルクの使用とつながっていた。

調合ミルクが有毒だとか、栄養が足りないというわけではない。ただ、開発途上国に適合しなかっただけだ。それは粉状で届けられ、水に混ぜて使う。貧しい女性はたいてい、清潔な水を手に入れられない。指定通り水を二〇分間沸騰させればいいが、これに必要ななんらかの燃料は、貧しい者には手に入れづらい。ほんの数分沸かせばいいだろうか？　だめだ。また、使用するたびに瓶を洗うことが重要だとわかっていても、洗う水が清潔ではないせいで、瓶が汚染されることも多かった。多くの赤ん坊が、洗った瓶に潜む細菌によって死んだ。

女性は無料の調合ミルクを少量もらって、病院を退院する。それを使い切るころには、女性は泌乳しておらず、母乳を授乳するかどうかは自分で決められることではなくなっている。もっと調合ミルクを買おうとして、それが信じられないほど高く、家の収入のかなりの割合を占めることに驚く。そこで調合ミルクをできるだけ水で薄めて使うようにする。赤ん坊に与えられるものの大部分が水で、しかも汚染されていることも多かった。

次の展開は、一九世紀にミルクをがぶ飲みすることに反対する社会運動と同じだった。一九七三年、イギリスの雑誌ニューインターナショナリストが、この物語を暴露する「赤ん坊の食物の悲劇」という記事を発表した。さらなる記事が出て、訴訟や抗議、調合ミルクの会社をボイコットする動きなどが続き、一九七八年にはアメリカ上院による調査が、上院議員エドワード・ケネディの先導で行われた。国連は、宣伝運動を監視する世界規模の規則を作った。

赤ん坊用の調合ミルクの会社は生き延びたが、公衆の信頼は失った。母親たちは調合ミルクの会社を信用しなくなっただけではなかった。調合ミルクそのものを信用しなくなったのだ。一九七一年から一九八〇年の間に、アメリカの母親が六カ月を過ぎて母乳を与える割合は、五パーセントから二五パーセントに増えた。瓶による授乳を推奨していたＵＮＩＣＥＦのような国際機関が、母乳を擁護し始めた。

二一世紀の二〇年代、アメリカの母親の七九パーセントが最初の六カ月間は子供に母乳を与え、六カ月を過ぎても四九パーセントが母乳を続けていた。ニューヨーク市で、母親の九〇パーセントが母乳を与えていた。母乳の授乳をまったくしない母親は稀になった。

母乳についてのとんでもない主張が出始めた。母乳が、耳の感染症、肺炎、致死性になることもある腸の感染症である壊死性腸炎、乳児突然死症候群（ＳＩＤＳ）、アレルギー、失神、喘息、Ⅱ型糖尿病、白血病、心血管疾患、行動障害や知的障害の危険を削減するというのだ。残念ながら、医学的研究でこれらの主張の大半は完全に否定され、否定されなかったものについても証拠はほとんど見つからなかった。

もっと強力な主張の一つに、「愛着理論」というものがある。これは、幸せで健康な子供は、幼いころに両親と強い絆を形成する必要があるというものだ。それによると、母乳のほうが母親と子供の間に、より強い絆を作るという。

実に皮肉なことに、母乳に移行する動きは、利益を優先する大企業の不誠実な営業を避ける試みの一部だったはずなのに、少なくともアメリカでは、他の企業が母乳から大きな利益を得られることに目をつけた。アメリカ政府による母乳の推奨は、搾乳の推奨につながった。この新しい進歩的な方法で、赤ん坊は母乳の栄養を受けられる一方、母親は授乳という重荷から解放される。母親は自分の母乳を搾乳し、瓶で赤ん坊に与える。母親が仕事をしている間、世話係が赤ん坊に乳をやることができる。まず第一に考えるべきなのは、愛着理論だ。

ビル・クリントンが大統領だったとき、ホワイトハウスには職員のための搾乳室があった。バラク・オバマの医療保険制度改革法は、母乳搾乳器の購買費を認めていた。民間保険会社がこれに続いた。いったん母乳搾乳器が健康保険で認められると、売り上げが急上昇した。それはアメリカで大きなビジネスになった。業界は二〇二〇年の母乳搾乳器の売り上げが一〇億ドルに、関連する用具の売り上げがさらに二〇億ドルになると到達すると期待している。

これは、人間の乳がアメリカではとても価値ある必需品になったということを意味する。今では母乳搾乳器が、母親を刺激して赤ん坊が必要とする以上のミルクを産出させるため、母乳の供給過剰が起きている（搾乳機は牛にも同じ効果を生む）。搾乳する女性は頻繁に、冷凍庫が未使用の乳でいっぱいなのを発見することになる。そこで問題が生まれる、これをどうしようか？

一世紀前から続く、母乳銀行という伝統がある。一九一〇年にボストンで初めて設立され、その使命は伝統的には、ある母親の過剰な母乳を、それが必要な別の母親に提供するというものだった。だが今日、母乳の医療的効果を信じる人が、とても具合が悪くなって買いにくる場合もある。母乳から石鹸を作る者がいたり、ロンドンのアイスクリーム店がバニラ・レモン風味の母乳のアイスクリームを一すくい二〇ドル以上の値段で売り出したときには、製造が間に合わなかった。

今では母乳は「オンリー・ザ・ブレスト（www.onlythebreast.com）」のようなウェブサイトで、オンラインで売り買いできる。そこでは真偽の疑わしい母乳にまつわる話がたくさん飛び交っている。売り手は好きなことを自由に主張する。公共ラジオNPRの取材で、ある者は「うちの乳は巨人を作る」と言った。だが他のミルク同様、供給源がきちんと管理されていない人間の乳は問題含みで、危険な可能性がある。二〇一五年、オハイオ州コロンバスのネイションワイド・チルドレンズ・ホスピタルで、オンラインで取り寄せた一〇二種類の標本を検査し、その一〇パーセントに牛のミルクが混ざっていることがわかった。

調査員のサラ・ケイムによると、二〇一一年には一万三〇〇〇人の女性がオンラインで母乳を売買していて、二〇一五年にはその数字が五万五〇〇〇人に増えた。彼女はまた、みずからオンラインで買った乳の七五パーセントが細菌や病原体に汚染されているのを発見した。

人間は抜きにして、何のミルクが最高かという問題は、まだまだ落ち着きそうにない。牛が世界中で優位に立ってはいるが、これは実用主義的な結論だ。牛のミルクが優れていると合意されたわけではなく、牛がもっとも効率的にミルクを提供してくれるというだけで、アジア人の中には水牛が有利だと見る者もいる。インドの周辺地では、牛が最高のミルクを産出すると考える人はほとんどいない。ただし、もちろん、牛のミルクの生産者は別だ。

熱烈なヤギのミルクのファンは常にいて、現在もまだ存在している。ロバのミルクにもまた支持者がいて、他のミルクにアレルギーのある者でもロバのミルクは問題ないとわかって以来、なおさら支持するようになった。だがロバは大量のミルクを産出しない。スイスのロバのミルクの会社ユーロラクティスには一〇〇〇頭のロバがいるが、十分なミルクを生産するのに苦労している。ロバのミルクは化粧品用にも需要があり、またユーロラクティスはミルクチョコレートバーの販売も始めた。ロバのミルクは脂肪分が低く、オメガ3脂肪酸が豊富なので、普通のミルクチョコレートバーより軽くて栄養は豊富だと言っている。

ラクダのミルクは牛のミルクにとても似ているが、まだモーリタニアを含む数カ所でしか生産されていない。オーストラリアも、ラクダのミルクの産業を確立しようとしている。一九世紀、イギリスはラクダをオーストラリア内陸部に輸送や建設プロジェクトのために輸入した。だがまもなくトラックとジープが持ちこまれ、ラクダはもはや使われなくなって、野生に放された。それ以来、ラクダの数は増え、今では一〇〇万頭もいるかもしれない。乳製品会社は、そのミルクを集めようと試みている。

アジア人、特にフィリピンと東南アジアでは、まだ水牛のミルクが重用されているが、最近は牛に移行してきた。ベトナムではアフィミルクという会社が一二の乳製品工場を建てて、三万二〇〇〇頭の牛を飼っている。彼らは二〇一〇年にニュージーランドからホルスタイン種を輸入し始め、生育を促す飼料も輸入している。放牧するには、仕事が大規模すぎるのだ。牛は飼育場で、飼料用の溝の前に並んで餌を食べる。

ありえないような場所に、さらに大きい乳製品工場がある。サウジアラビアの酪農場で、一八万頭のホルスタイン種がいる。フィデル・カストロの空調の効いた小屋で牛を飼うというアイデアがここで実現されている。この裕福な砂漠の地では、キューバでするほど奇想天外なことではないようだ。ここでは、どこまでの経済的損失を受け入れられるか、というだけの問題だ。安価でエネルギーが手に入る石油産出王国であることの強みだ。副皇太子ムハンマド・ビン・サルマーンお気に入りのプロジェクトである酪農業は、サウジアラビアに石油以外の産業ができる実例を示すためのものと考えられている。だがこれほど多くの牛を快適に飼い、ミルクを冷やして、世界で二番目に大きい砂漠地帯であるアラビア半島を迂回して輸送するには、エネルギーが必要だ。ミルクを配達する九〇〇〇台の冷蔵設備つき車両も然りだ。

これまでにない大規模な酪農場でミルクを生産するという世界的な傾向とともに、動物福祉の問題についての意識が生まれた。まず、場所の問題があった。大きな群れのいる酪農場は敷地面積も広いのは事実だが、一頭当たりの広さは減少しつつある。ハドソンバレーにあるコッチの小さな五エーカーの酪農場にいる三頭と同じ広さの空間を持つ牛は、めったにいない。第二に、飼料の問題がある。トマス・ジェファーソンは酪農についてのメモに、こう書いた――「酪農場で飼う畜牛の数は、酪農場で用意できる飼料と釣りあいが取れていなければならない」。だが今日、飼っている牛に必要な飼料をすべて育てている酪農場は、めったにない。場合によっては、まったく育てていないという例もある。サウジアラビアの酪農産業では、すべての飼料がアルゼンチンから空輸される。ウェールズで有機農法の酪農場を営み、エアシャー種の群れからチェダーチーズを作っているパトリック・ホールデンは言った——「たいていの酪農場は空港みたいだ。肥料も飼料も、何もかもが世界中から運ばれてくる」。彼の目標は、まだまったく実現できていないが、必要なものをすべて自分のところで賄う、完全自給自足の酪農場を持つことだ。

また、もう一つ問題がある。牛は繊細な生き物だ。牛の大きくて優しい目を見れば、それを疑う者はいないはずだ。ヤギは意地悪で、羊は不安定で、牛は繊細で優しい。幸せな牛はたくさんのミルクを出すと、何世紀にもわたって理解されてきた。精神的なストレスを感じている牛は、ミルクをあまり出さない。一八六九年、キャサリン・ビーチャーは「何をするにも、優しく断固たる態度で接すれば、牛の搾乳や操作をしやすくなる」と助言した。一八六七年、アナベッラ・ヒルは「牛ほど、優しくて寛大な扱いに応えてくれる動物はいない」と書いた。

多くの研究で、牛が音楽を喜ぶようだとされ、牛に音楽を聞かせる酪農場が出てきた。牛はクラシック音楽を好むと広く信じられているが、科学的裏づけはない。ニューヨーク州ゲントのホーソーンバレーファームでは、毎年クリスマスにミュージシャンを呼んで牛にクリスマスキャロルを聞かせる。これを奇妙だと思うアメリカ人がいるとしても、インド人は何もおかしいと思わないだろう。

牛が名前で呼ばれることを喜ぶと思っている者もいて、多くの酪農家が牛に名前をつけている。好きな名前をつける場合もあれば、牛を区別するために記憶の助けになるような名前を選ぶ場合もある。たいていは、牛に番号札もつけている。イングランドのウィルトシャー州にあるブリンクウォース・デイリーでは、牛たちに血統を示す名前をつけている。同じ血統の牛には、同じイニシャルの名前をつける（たとえばキャンディ、チャービル、クッキー）。牛には番号もついていて、チャドは番号を見れば名前もわかるが、彼の義理の父親であるジョーは、顔を見ただけですべての牛の名前がわかるという。

ウームズ一家は一九五〇年にニューヨーク州北部地方で酪農場を始めたが、一五〇〇年からオランダで酪農場を営んでいた、長い酪農家の歴史を持つ家系だ。彼らは四〇〇頭の牛を飼い、ニューヨーク州のその地域では大きな酪農場と考えられている。大規模な、実用本位の酪農家だという評判だが、彼らは牛一頭ずつに名前をつけている。だが四〇〇頭となると数が多く、例を挙げてほしいと言うと、エリック・ウームズは照れくさそうに、「名前は苦手なんだ」と言った。だがニューヨーク州上院議員のチャック・シューマーがこの酪農場を訪れたことがあったので、チャックという名前の牛と、シューマーという名前の牛がいると教えてくれた。

アラン・リードはアイダホ州に、一九五五年におじが始めた小さな酪農場を持っている。最初は田舎にあったが、その後アイダホ・フォールズは成長し、今では一四〇頭から二五〇頭のホルスタイン種のいる酪農場は、郊外にあることになっている。長身で痩せた、物静かな西部地方人であるリードは、牛に名前をつけるかと訊かれて冷笑するような様子を見せ、「いちいち名前をつけている暇はない」と言った。だがそれから、酪農場で定期的に行うイベントに子供たちが来るようになり、牛に名前がないとわかって驚く様子を見て、考えを改めたそうだ。彼は名前を募るコンテストを開き、今ではたくさんの牛に名前がついている。別のアイダホ州の酪農家ジョーダン・ファンクは四四〇〇頭の牛を飼っているが、「足を踏まれた牛にだけ、名前をつけている」らしい。

バスク地方の酪農家タンブリンは、特別に個性を見せる羊にだけ、名前をつけると言った。それから彼は人差し指を立てて、「豚には名前をつけるものじゃない」と説教ぶって言った。理由は説明しなかった。

飼っている動物に名前をつけようとつけまいと、酪農家はいずれはそれを殺さなければならない。牛の寿命は、どれほどいい扱いをされたかによって決まる。何千頭もの牛が飼料の入っている溝の前に並んでいるような大規模な酪農場では、牛は三年か四年しか生きない。小規模でもっと優しい扱いをする酪農場では、あと数年は長く生き、一〇年に達するものもいる。過剰に労働させなければ、牛は一〇年以上、場合によっては二〇年以上も生きることがある。自然な寿命は約二〇年と考えられていて、有名な長命記録は四九年だった。

だが年を取った牛は泌乳を続けない。牛は毎日二七キログラム以上の飼料を食べ、たいていの酪農場では、運営経費の七〇パーセントかそれ以上が飼料代だ。牛一頭を飼うのに週七〇ドル以上かかることもある。牛が一〇〇頭しかいない中程度の規模の酪農場で、群れの飼料代として週七〇〇〇ドルを費やすということだ。これが、ミルクから利益を生むことがとても難しい理由の一つだ。それぞれの牛が、飼料代以上に価値のあるミルクを産出しなければならず、産出しなくなったら、酪農家にはその牛を飼っている余裕はない。これは小規模な家族経営の酪農家だけでなく、大規模な「工場のような」酪農場でも同じことが言える。

牛が泌乳しなくなったら、普通はトラックが迎えに来て処理場へ運び、その牛はハンバーグステーキになる。牛は、アメリカのハンバーグステーキ用の肉の主要な供給源だ。酪農場の牛はすべてをミルクの産出に注ぎこむので痩せていて、脂肪分の少ない良質の挽肉になる。

ニューヨーク州モホークバレーに酪農場を持っている法律家のロレーヌ・ルワンドロウスキは、アビバ、アニーク、ブナジール、セレスト、エスター、フィオナという名前の牛を飼っていた。それぞれが母親牛の名前のイニシャルを取った名前で、ルワンドロウスキは牛たちが「優しくて信用に満ちた目をしていた」と話した。やがて牛を殺さなければならないときがきた。彼女は、牛たちが最後に長く恐ろしいトラックの旅をした末に、見知らぬ場所で孤独のうちに死ぬことが、特別に悲しいことだと思った。それで彼女は、今後は酪農場で撃ち殺してもらうつもりだという。パトリック・ホールデンが言ったように「酪農業は厳しい仕事だ」。

酪農業の厳しい現実をもう一つ。生まれたばかりの子牛は、通常、数時間のうちに母牛から引き離されて、人為的授乳を受ける。酪農家はいつでも、これが酪農をうまく運営する鍵だと考える。五〇〇〇年前の極寒の「アルウバエドの酪農場」では、幼い雌牛は母牛のミルクを吸わないように口輪をはめられた。

母牛は、場合によっては何日も、喪失感のあまり大声で泣き、悲しそうな目をする。悲しそうな牛以上に、切ない目つきをするものはない。だがすべての牛が、生まれついての母親というわけではない。ニューヨーク市北部の有名な酪農場ロニーブルックのロニー・ボソフスキーによると、「牛によって、とても母性が強くてたくさん泣くものもいる。全然かまわないものもいる。目につくどんな子牛にも母性を抱く牛もいる」。

子牛を失ったあとに、明らかに感情的な苦悩を見せる牛もいるが、たいがいの酪農家はこれを酪農業の一部として受け入れる。もし自然の思惑どおりに子牛に数カ月間も母牛のミルクを吸わせておいたら、牛は嬉しいだろうし、子牛も健康に育つだろうが、酪農家はただでさえ小さな利益を失いかねない。若い牛が母牛ではなく酪農家に頼るように育てるほうが、酪農の運営はしやすいのだ。

パトリック・ホールデンによると、母牛から引き離された子牛は二日か三日は動揺しているが、母牛のほうは一週間も悲しむ。いくつかの酪農家が、三カ月間、牛にミルクを吸わせる実験をした。だが彼は、牛は一年に子牛を一頭（双子の場合もある）生み、最初の三カ月間に子牛にミルクを吸わせたら、その年のミルクの三分の一を失うことになると指摘する。「酪農業には、穏やかではいられないようなことがたくさんある」と彼は言った。

二〇世紀の最後の二〇年間、ますますたくさんの、数千頭単位で牛を飼う酪農場が生まれる一方で、多くの小規模な家族経営の酪農場が廃業した。大規模な産業的酪農が、生き残りの鍵だった。家族ではなく企業の所有する巨大な産業的酪農場のための土地のある州を求めて、酪農産業が西に移動するにつれて、もっとも伝統的な酪農地域であるニューイングランド州とニューヨーク州は、最大の敗者となった。カリフォルニア州は、国内最大のミルク産出州となった。この州は今では反産業的食品運動で有名だが、この運動は、カリフォルニア州が産業的食品の中核地域だったという事実から生まれた。ミルクの生産量が二番目に多いのはアイダホ州で、ここは伝統的には農業、製材業と鉱業の州であり、乳製品産業においては新顔だ。

二〇世紀にアメリカでミルクの摂取量が減少し始めたとしても、その新しい利用法があった。これは一九二〇年代と一九三〇年代に始まったものだが、乳製品業界は、有機化学を使って、ミルク、ホエー、乳脂肪の成分を産業的製品に変化させるようになった。この分野は農産化学と呼ばれ、最初のミルク由来の製品は、牛のミルクのかなりのパーセンテージを占めるカゼインから作られ、一九〇〇年には早くも、ボタンの製造や飛行機の翼のコーティングなどに利用された。カゼインは接着剤、カラー印刷のための紙の仕上げ加工、そして塗料を作る際にも使われる。かつてはバターを作る工程でできる望まれない製品であった脱脂乳はカゼインの主要な原材料であり、カゼイン四五〇グラムを作るのに脱脂乳一五キログラムが必要だ。

だが、余分に生産されたミルクを使い切る術が、常にあったわけではない。欧州連合の前身である欧州経済共同体は、かつて、ヨーロッパの酪農家たちの過剰生産に補助金を出したことがあった。いや、そのように考えていたわけではなかった。ただ、酪農家が売り切れなかったミルクを買い取ることに同意したのだ。このため酪農家たちは売れるはずがないほど大量にミルクを生産し、有名なヨーロッパの「ミルクの湖」や「バターの山」が無駄にされると、スキャンダルを巻き起こした。そこでヨーロッパは浪費を減らすため、「農場単一支払い制度」に替えた。どの酪農場にも、その広さと環境的業務への準拠に応じて、一年に一度、単一の支払いが行われるというものだ。

アメリカにはミルクに関する同様の補助金はなかったが、酪農家は、たくさんミルクを生産すれば、それだけ経費を上回る利益が生まれるとする経済理念に基づいて、大量生産に拍車をかけた。

アメリカでは、酪農の伝統があるすべての国と同じように、かつて人々は酪農業に好感を持っていた。ミルク産業の宣伝は、多くのアメリカ人が抱いていた酪農場の愛すべきイメージを、完璧に表現していた。白い装飾のある赤い小屋、緑の草地の丘陵地、可愛い顔の茶色いジャージー種の牛。だがもう、そのような風景は見られない。今日の酪農業は、飼料の入った長い餌小屋、搾乳場その他のプレハブの建物が不規則に並んだ、泥だらけの場所での作業だ。

経済的に余裕があれば、搾乳場の選択肢の一つとして回転式搾乳機が考えられる。一九三九年の世界万国博覧会で展示されたロトラクターと同じアイデアだが、もっと大きくてコンピュータ制御で、牛は進んで搾乳を受けようとする。牛が列をなして乗る順番を待っているという、コミカルな牛によるメリーゴーランドであることに変わりはない。たいていの搾乳場では、牛は落ち着きがなく、足を踏み鳴らしたり排便したりするが、回転式の作業中はそんな様子はなく、すっかり楽しんでいる。スタート地点に戻ってきて機械から下りなければならないとき、牛は明らかに、離れたくないそぶりを見せる。

人々はもはや酪農場の近くに住みたいとは思わない。牛は排泄をし、腸にガスがたまる。このことが、可愛い牛が四〇頭いる小さな赤い小屋のある酪農場で問題になることはなかった。だが隣に住んでいる数千頭もの牛が放屁をして山ほどの糞を出し、酪農場でそれらを乾かして肥料にしていたら、近隣にはかなり強烈なにおいが漂うだろう。

大きな群れを飼っている酪農場には、その牧草地では使いきれないほどの肥料ができる。アメリカの動物の排泄物の総量は、人間の下水処理施設が受け入れる量の一〇〇倍で、四五〇万の人々が飲料水中の危険な硝酸レベルにさらされているのは、主に、動物の排泄物の不手際な処理のせいだ。

大規模な酪農場のにおいは、呼吸器や消化器の病気の原因となりうる化学物質やガスを含んでいる。気候の変化にも影響がある。国連の研究では、畜牛の屁は自動車よりもたくさんの温室効果ガスを産出する。罪が大きいのはメタンガスで、これは二酸化炭素ほど注目されていないが、気候の変化においては二〇倍も破壊的だ。酪農場の牛はげっぷや屁で、毎日一三五から一八〇キログラムのメタンガスを出す。この数字は、排泄物から出るほぼ同量のガスを含んではいない。これらの問題に対処するための基準や手続きが定められたが、酪農家たちは、その手続きはとても経費がかかるという。とても少ない利幅を圧迫する、さらなる経費だ。例えば、ある地区の酪農家たちがもはや小屋や牛舎を水で洗い流してはいけないことになった。その代わり、排泄物の山に藁をかぶせて吸いこませ、それを堆肥にするのだ。確かにとても穏やかで注意深い排泄物の処理方法だが、さらなる人力が要り、単純に洗い流すよりはるかに経費がかかる。

もはや酪農業を好きでなくなった大衆は、酪農場の業務にも疑問を呈し、今日の牛は不自然なほどの量のミルクを産出していると主張する者が出てきた。子牛に吸わせるのに必要な量の一〇倍から二〇倍以上のミルクを出しているというのだから、確かに不自然だ。もちろん酪農業には常に、酪農場が生き残るためには牛に過剰な産出をさせる必要があるという前提があったのだが、過剰生産量が今ほど高かったことはなかった。牛はかつてほど長生きをせず、健康上の問題が増えている。余計に作りだされるミルクを支えるのに大きな乳房が必要で、脚に負担がかかる。

動物の権利擁護運動家たちは、酪農家が牛を一生涯、屋根のない同じ場所につないで放置してお

1920年代の、牛のミルク産出量の増加を「保証」する飼料の広告

くような虐待をすると主張する。だが、これはめったにないことだ。酪農家たちは牛を最大限に利用しようとしていて、いい待遇をすればたくさんミルクが出ると理解している。飼養場に屋根がある場合のほうが、なかった場合よりもミルクの産出量が多かったことも明らかになっている。

多くの運動家や消費者は、今日、畜牛には草の飼料を与えるべきだとも主張している。皮肉なことに、草を与える（ただ単に、牛に牧草地に生えた草を食べさせる）のは、畜牛を育てるもっとも安価な手段だ。

イングランドは牧草地に適した気候で、ウィルトシャー・ブリンクウォース・ファームのチャド・クライヤーは、そこの草は一年のうち一〇カ月はいい飼料になると言った。だが彼は、「草の飼料は感心しない。牛にはもっと必要なものがある」と付け加えた。ブリンクウォースのクライヤー一家はわざわざ金を払って、大麦のような高タンパク質の穀類やアルファルファを牛に与えている。牛には追加の栄養が必要だと信じているのだ。

「牧草を食べさせること」について、多くの酪農家がこのように考えている。牧草を食べた牛よりも、飼養場で飼料を与えられた牛のほうがたくさんのミルクを産出することを否定する者はいない。それで、追加の出費をしてまで飼料を買うことになる。

ニューヨーク州のエリック・ウームズは、彼のところの四〇〇頭の群れに草を食べさせるのはうまくいかないと言った。「規模が大きくなったら、栄養の記録をつけなければならない。勝手に草を食べさせているのでは、どれぐらい食べたかがわからない。小屋で飼料を与えれば、正確にわかる」と彼は説明した。

オーストラリア南部は気候が穏やかで放牧に向いているが、一二月から四月の夏の間はほとんど水がなくなって、土地は干上がってしまう。酪農家はできるだけ長く牛に牧草を食べさせて、それから店で買って来た飼料に変える。ナンキータヒルズのコナー一家は四世代にわたる酪農家だが、飼料を買う金を節約したいので、可能なことならば一年中放牧をしたいと言った。コナー酪農場は、強い海風の吹く丘陵地に広がっている（オーストラリアの南側の沿岸地帯で、わずか三〇キロほど先に南極大陸がある）。そして経験から、出資には慎重にならなければならないとわかっている。彼らは飼養場を使った酪農業に反対ではないが、「飼養場に金を投資するなら、損失の大きい高価な製品は買わないことだ。放牧のほうが危険は少ない」。

オーストラリア南部では、牛に飼料を与えるか放牧するかについて、酪農家たちは独特な問題を抱えている。人間と同じくらい大きくて、強力な後ろ脚と弱々しい前脚をもつ奇妙な動物が一〇頭以上も放牧地に飛びこんできて、牛の食べ物をみんな食べてしまうのだ。酪農家の中には、一頭か二頭のカンガルーを撃って脅かすような者もいて、そうすると残りのカンガルーは大慌てで勢いよく退散していく。

キムとケイトのバートレット夫妻は、キムの家族が一九二七年から営んできた酪農場に住んでいる。一年中きれいな庭があり、家屋の周りには優雅なヤシや装飾的な植物が植えられている。彼らの土地はオーストラリア最長の川、幅の広いマリー川からの灌漑を受け、自分たちの酪農場からの水が逆流して、川を汚染しないように気をつけている。二〇〇頭のホルスタイン種を、年間を通じて放牧している。ケイトは言う。「毎日、牛を動かさなければならない。でも、ミルクを出させるのにいちばんお金のかからない方法は、牧草を食べさせることなの」
カレンとデビッドのアルトマン夫妻が営むダカラ・ファームズは、やはりマリー川に面していて、彼らは酪農場の水が川に戻ることを阻止できず、そのため飼養場での酪農を営むことに決めた。飼養場の酪農に反対する人々は、しばしば暗くて告発するような口調で話すが、ダカラ・ファームズは清潔で、よく管理されている様子で、牛たちも良い扱いを受けている。アルトマン一家は四〇〇頭のホルスタイン種と一〇〇頭のイラワラ種を飼っている。イラワラ種とはオーストラリアの赤い牛で、ショートホーン種とエアシャー種を地元の品種と交雑したものだ。イラワラ種は生産性が高く、そのミルクは乳脂肪が豊富で、バターやチーズ作りに重用されている。

デビッドは第五世代の酪農家で、一九九九年にこの酪農場を買い、屋外で屋根つきの飼養場を建てた。長い金属製のバーには牛が頭を突っこんで、反対側に積まれている飼料を食べることができるようになっている。特別に暑い天気の日には霧を吹くスプリンクラーが作動し、暑い夏にも涼しい。飼料はいいにおいがしている。干し草、麦、キャノーラ、近所のジュース製造会社から届くリンゴの搾りかす、オレンジジュース工場から届く潰れたオレンジ、そしてビール醸造所からの残った穀類だ。

牛は自由に丘陵地を歩き回り、空腹になると飼養場へやってくる。オーストラリアの平均的産出高よりも多いミルクを出し、あまりストレスのない生活を送っているに違いないそれらの牛は、少なくとも七年、しばしば九年、ときには一二年か一四年も泌乳する。だがやがて、どこの牛も同じように、処理場へと運ばれていく。

ダッチ・ベルテッド種

オーストラリアのイラワラ種

20　真の安全なミルクとは

一九世紀の残滓乳事件、ネスレの調合ミルクに絡む問題、あるいはもっと最近の中国での事件など、あらゆるスキャンダルがあって、消費者は乳製品、企業、政府への不信感を募らせている。新たなスキャンダルが常に起き、大衆のミルクへの不信感は増すばかりだ。

一九四五年にアメリカが広島と長崎に爆弾を落として、核の時代が始まった。世界は怖じ気づくどころか、これらの爆弾をきっかけに核兵器開発競争を始めてしまった。日本人が放射線の余波と降下物と闘っている一方で、アメリカ政府はそのようなものの存在を否定し、地上での核実験を行い、大気圏に毒をまき散らした。一九四九年、ソ連が最初の原子爆弾を爆発させた。イギリスが一九五二年に続き、そのころには、アメリカはさらに強力な水素爆弾を南太平洋で爆発させた。一九五三年、ソ連はシベリアで水素爆弾を試した。科学者たちは、一九五四年と一九五八年の間に世界で爆発した核兵器の力は、広島に落とされた爆弾の八〇〇倍に相当すると見積もる。

爆発するたびに、高性能の顕微鏡でも見えないような小さな粒子が大気圏に入り、世界中を回る。いわゆる放射性降下物は、消散するものもあるが、しないものもある。その中の一つがストロンチウム90で、それは骨、特にまだ形成されていない子供の骨に蓄積され、がんや白血病、早期の老化を引き起こす要因になる。ヨウ素131は甲状腺に蓄積されて、やはりがんを引き起こす可能性がある。この降下物は牛の食べる植物につき、それがミルクに、そのミルクを飲んだ者にと受け渡される。一九五八年、アメリカとカナダの四八都市で行われたミルクの検査で、ストロンチウム90の含有量が一九五七年と一九五八年半ばの間に少なくとも二倍になったことがわかった。アメリカ政府は大衆に、これは危険なレベルではないと請け合おうとしたが、科学者を含めてほとんどが信じなかった。一九六二年、公衆衛生当局はソルトレークシティーのミルクにあまりに多いヨウ素131を検出し、人々にそれを避けるよう助言した。

一九六三年、アメリカ、ソ連、そしてイギリスは大気圏での地上の核実験をやめるとの合意をしたが、核の遅参者であるフランスと中国は署名しなかった。フランスは一九七四年まで、中国は一九八〇年まで実験を続けた。その後、実験は地下に移った。だが一九六三年に、連邦放射線審議会は、今後大気圏中での爆発がなくても、白血病や先天的欠損症の増加は七五年間続きうると警告した。汚染された子供たちが、こうした状態をその子供たちに引き継ぐ可能性もある。

一九五〇年代、牛が核に汚染された草を食べ、そのミルクには汚染物質が含まれているという理由で、ミルクを避ける広域な運動があった。この危機が鎮まると、また別の問題が起き、ミルクは一連のスキャンダルに苦しんだ。それぞれ、イニシャルで呼ばれた。ＰＢＢ、ｒＢＧＨ、ＢＳＴ、ＢＳＥ、そしてＧＭＯだ。

一九七三年、ミシガン州で牛が嗜眠状態に陥った。食べることをやめ、ミルクの産出も少なくなった。やがて、立っていられないほど弱るものが出てきた。獣医師は病気を特定できなかった。農薬が原因だろうか？　酪農家たちはタンパク質が増強された新しい飼料に入っているヌトリマスターを疑った。これは酸化マグネシウムの商品名で、消化をよくしてミルクの産出量を増やすはずだった。検査の結果、この飼料には酸化マグネシウムではなく、布地やプラスティックの難燃性を高めるポリ臭化ビフェニル（いわゆるＰＢＢ）が含まれていることがわかった。牛が摂取すると、ＰＢＢはその肝臓と脂肪組織に蓄積される。それは脂肪組織からミルクへ、そのミルクから、ミルクを飲んだ人の脂肪組織と肝臓へと運ばれ、深刻な健康問題を引き起こす。立ってもいられないような病気の牛のミルクを売るだって？　残滓乳の時代から、物事はたいして変わっていないようだ。

酸化マグネシウムとＰＢＢの両方を作っていたミシガン・ケミカル・コーポレーションが、二つの製品が似ていて、同じような箱だったため、それらを混ぜていたことがわかった。アメリカ農務省はもう心配する必要はないと請け合い、その後しばらくはその通りだった。だが数年後、汚染されたミルクを飲んだ子供たちが、体重が減り、髪の毛が抜け、体を思うように動かせず、嗜眠状態になるなど、心配な症状を見せ始めた。汚染されたミルクを飲んだ女性の母乳を授乳された子供たちも、この症状から免れなかった。母親の母乳にＰＢＢが含まれていたのだ。一九七〇年代半ばまでに、ミシガン州の酪農場の子供の三分の一が病気になり、デトロイトや他の街の子供たちの中にも症例が見られた。ＰＢＢのスキャンダルののち、ミルクの生産量が増えても牛に消化不良を起こさせることの多い強力な飼料に対して、人々はますます用心深くなっていった。

一九九三年から、遺伝子組み換え型牛成長ホルモン（ｒＢＧＨ）やウシソマトトロピン（ｂＳＴ）

を、牛に注射し始めた。製造者によると、これらによって牛のミルクの産出量が二五パーセントも増加するということだった。産出が増えるので、牛の乳房は不自然な大きさに膨らんだ。これに難色を示した酪農家もいたが、追加の牛を買ったり飼ったりすることもなく、追加の飼料を買うこともなく産出量を増やせるのなら、それで結構だと考える者もいた。

このｒＢＧＨ合成物は、コーネル大学農業・生命学部によって開発された。ここでは、大規模で生産性の高い酪農のためのさまざまなアイデアを探っていた。大学はニューヨーク州北部地方にあったが、そのアイデアの大半はニューヨーク州やニューイングランドの小さな酪農場にはそぐわず、むしろ西部の大きな酪農場向きのものだった。牛が三万頭もいるカリフォルニア州の酪農場など西部の多くの酪農場が、コーネル大学の方法に従ってｒＢＧＨを使い始めた。

以来、消費者からのｒＢＧＨに対する大きな抗議の声が上がった。それは異論の多い遺伝子改変という手法を使って、古参の消費者を標的とした人気企業モンサント・アグロケミカル・カンパニーとの協力で作られたものだったからだ。一九九三年、食品医薬品局が使用を認可したが、カナダや欧州連合、その他の国は、このホルモンを注射された牛のミルクを摂取することによって、あるタイプのがんの危険が高まったのではないかと危惧し、牛にｒＢＧＨを使用することを禁じた。だがこのような危険があるという決定的な証拠はなく、アメリカの国立衛生研究所は、ｒＢＧＨを注射された牛のミルクと、注射していない牛のミルクは、まったく同じだという結論を出した。アメリカがん協会はこの問題について明確な見解を示すことを避けているが、これまでのところ、危険であるという証拠はないと言っている。

しかしながら、ｒＢＧＨはアメリカではあまり成功しなかった。一九九〇年代にそれを使い始めた酪農家たちは、ミルクの生産量に関しては期待ほどではなく、牛が消化不良と乳首の感染症に苦しむことに気づいた。

その結果、ホルモンを使っている酪農家たちは抗生物質の使用も増えることになり、これまたミルクを飲む者にとっては心配の種になった。酪農場の動物に過剰な抗生物質を使うと、それらの動物の肉やミルクを摂取した人間に、それらの薬品が効かなくなることがわかっていた。大半の調査では、抗生物質を注射された牛のミルクが人間に危険を及ぼすと示してはいないが、抗生物質に反応しなくなったアメリカ人が増加し、毎年約二万三〇〇〇人のアメリカ人が抗生物質耐性の感染症で死んでいる。また、動物に与えられた抗生物質が土壌や植物や野菜に入り、さらに人間の抗生物質耐性を促進する危険もある。二〇一三年、ｒＢＧＨの使用とは関係のない流れで、食品医薬品局は牛、ニワトリ、豚への抗生物質の過剰使用を取り締まることにした。

政府や科学者がｒＢＧＨは無害だと保証したにもかかわらず、多くのアメリカの消費者は、自分たちの買うミルク、バター、チーズ、あるいはヨーグルトがホルモンを注射された牛のミルクからできているかどうかをラベルに記せと要求してきた。いくつかの乳製品会社がすでにこれを始め、「ｒＢＧＨ無使用」「ホルモンフリー」などと書かれた容器にミルクを入れて売っている。

論争の中心には、低価格でアメリカのミルクの棚を埋め尽くすことのできるこれらの大製造業者の巨大な乳製品が、小さな酪農家を破綻に追いこみ、ｒＢＧＨのような新製品がその動きを助長させたという事実がある。実際、ｒＢＧＨの影響を研究していたコーネル大学の経済学者たちは、そのために特定のタイプの群れの管理が求められ、小さな酪農場は破綻に追いこまれると予言した。「大きい群れは、いい管理者の存在を示す」というのがコーネル大学の中心的な精神だ。彼らは小規模の酪農家たちに酪農業をやめさせる経済政策を推奨しさえした。そうすれば、ニューヨーク州やバーモント州など、数多くの州の田舎の文化、風景さえも、すっかりなくなってしまうだろう。バーモント州選出の上院議員バーニー・サンダースは、二〇一二年に書いた――「大きな加工業者が大きな利益を手に入れ、家族経営の酪農家が……ほとんど生き残れず、酪農場を売らなければいけなかったら、何かがひどく間違っているということだ」。

一九七〇年と二〇〇六年の間に、アメリカ内の五七万三〇〇〇の酪農場が閉鎖されたが、ミルクの生産量は同じように減少することはなかった。なぜだろう？　二一世紀には、二〇〇〇頭以上の牛のいる酪農場の数が二倍になった。

消費者の乳製品業界への不信感はＰＢＢとｒＢＧＨだけでなく、牛海綿状脳症（ＢＳＥ）、もっと一般的には狂牛病とよばれるもののせいでもある。これもまた、たくさんミルクを産出させるために、牛に凝集した飼料を与える試みによって起きた。少なくとも理論上は、牛にタンパク質をたくさん摂らせれば、それだけたくさんミルクを産出するはずだ。そこで安い肉や骨粉を飼料に混ぜるというアイデアが生まれた。牛は生来、草食動物であり、肉を食べるように作られてはいないという事実にもかかわらずだ。

ＢＳＥが最初に現われたのは一九八五年、イングランドの畜牛だったが、一九八六年になるまで病名は特定されなかった。飼料の中に、感染した神経組織（脳か脊髄）があったことが原因だったようだ。牛を殺すこの病気は、人間にとっても不治で致命的だ。人間がかかった場合には、クロイツフェルト・ヤコブ病（ｖＣＪＤ）と呼ばれる。

イギリスでの大々的なＢＳＥの流行は、一九八〇年代と一九九〇年代初期に始まり、牛は攻撃的になり、歩くことや立っていることが難しくなり、ミルクの産出量が減った。イギリスの大衆の間に、イギリス政府の対応が遅くて甘いという印象が広まった。当時政権を握っていた保守党は、田舎の農場コミュニティーから多くの票を得ていたので、酪農家にとっては壊滅的な牛の殺処分という非情な手段をとることをためらった。だが結果的には、政府がもっと迅速な対応をしていた場合に殺処分にされた頭数よりも、はるかに多い牛が殺された。

最初、イギリス政府はこの病気が人間に感染することはないと主張した。いかめしい顔つきの農漁業食糧大臣ジョン・ガマーは、のちに中心的な環境保護論者になるが、一九九〇年には公衆の面前で、危険はないと示すために自分の娘にハンバーガーを食べさせた。だがそれから牛肉の副産物でできた餌を食べた飼いネコや動物園の動物が死に始め、一九九五年に最初の人間の犠牲者が、ｖＣＪＤで死んだ。

ついに一九九〇年代半ば、イギリス政府は牛に肉や骨粉を与えることを禁じ、三年半の間、イギリスの牛肉の輸出を禁止した。イギリスの保健省は初めて公に、この病気が人間にもうつりうることを認め、四五〇万頭の牛が殺された。二〇一五年までに、イギリスでのこの病気による死者は一七七人、世界的にはさらに五六人がｖＣＪＤで死んでいて、この中にはアメリカでの症例も四人含まれている。また、政府は最初、感染した動物を殺処分にすることについて酪農家への補償をしなかったため、結果として酪農家はそれを進んでしたがらなかった。政府による補償が始まってからも、その額は動物を食料として売った場合よりもはるかに少なかった。以前に政府が人間にうつる恐れはないと主張したこともあり、酪農家は、その損失を背負う倫理的義務を感じなかった。

今日でも、狂牛病の大流行と対応の不備はよく記憶されていて、イギリスの大衆が遺伝子組み換え作物（GMO）に反対する世界的運動で主要な立場にいるのは、それが理由の一つかもしれない。GMOが有害であるという科学的証拠はまったくないが、この運動は広がっている。

ミルクの視点から見ると、中心的なGMOの問題は、アメリカの酪農場の牛は、アメリカで育てられたGMOの穀類を与えられているということだ。奇妙なことだが、個々での疑問は、遺伝子組み換えの牛が遺伝子組み換えの飼料を食べてもいいのかというものだ。GMOの穀類は、欧州連合に属する国も含めて、多くの国で禁止されている。禁止されている穀類はアメリカで栽培されていて、ヨーロッパの酪農家がそれを使う場合は、ヨーロッパの製品ではなくアメリカから輸入された穀類を買うことになるため、経済的な理由が背後にある可能性もある。

一九九九年、バイオテクノロジーが始まって二五年経つことを記念する会で、二重らせんというDNAの構造を暴いたことでノーベル生理学・医学賞を受賞した三人のチームのメンバー、ジェームズ・デューイ・ワトソンは、GMOの分野は「確かな約束と、不確かな危険」をもたらすと言った。ワトソンの見方は、前進するには、危険を冒さざるをえないということだ。

GMOは確かに、約束に満ちた分野だ。誰もアレルギー反応を起こさない食物、あるいは食べると虫歯にならない食物、もしかしたら病気を治せる食物まで作り出せるかもしれない。養殖魚にウミジラミがつけば、ウミジラミを寄せつけない魚を作れるかもしれない。どんな問題にも、遺伝子的解決法があるかのようだ。

ＧＭＯの使用に反対する主張には、その確かさはさまざまだが、ＧＭＯが酪農家たちの意に反して押しつけられたものだという、すぐに反駁できるものもある。反対にアメリカの酪農家たちは、ＧＭＯの穀類はＧＭＯではない穀類よりも高価でなく害虫を寄せつけないため、文字通り、困窮する家族経営の酪農場を救ったと話している。今日、ＧＭＯ企業の合併が進み、酪農家たちは、少数の企業が少数の研究所を主導して、発明品の数も減ることになるのではないかと懸念する。酪農家は、消費者よりもＧＭＯの製品を求めている。事実、ＧＭＯの主要な開発者であるモンサント社は、製品を売り出す際に、一般大衆ではなく、酪農家の支持を得ようとしたことが間違いだったと認めた。

ＧＭＯ開発の初期の何十年か、科学者たちは、新しい病原体や突然変異の病原体の進化の可能性などの危険を話し合い、その分野の実験を管理しなければならないと考えた。一九七〇年代初期、科学者自身がその工程を規制し、必要ならば実験をやめさせるという、おそらくあまりいいとは言えないアイデアが生まれた。その仕事に就く科学者とは、どういう者なのか？　多くは大きい国際的企業の従業員で、結局、企業が自分たちを規制していることになった。

ＧＭＯが体に悪いという主張を裏づける科学的証拠はないが、ある社会政治的な主張は反駁できない。モンサントやその他のＧＭＯ企業の計画が実現したら、数少ない企業が、世界中の農業製品を完全に管理することになる。ＧＭＯの種から育った植物はＧＭＯの種を作らない。だからＧＭＯ

の作物を使い続けるには、常に企業から種を買わなければならない。これは、ＧＭＯの作物が最初に開発されたときには予見されていなかったことだった。おかしなことに、この社会政治的な事実を糾弾するのに、直接影響を受けるはずの酪農家たちよりも、ＧＭＯに反対する圧力団体のほうが声高だ。

酪農家はしばしば、違った経済的現実から動く。酪農家の大半は、アルファルファやトウモロコシなどの高タンパク質の穀類を育てるか買うかして、畜牛の飼料にする。アメリカでは、ＧＭＯの穀類がこの市場を制圧し、酪農家たちは高価な「ＧＭＯでない」穀類を買うことを強要されたくはない。

あらゆる穀類と同様に、ＧＭＯの穀類の品質のばらつきは管理が困難だ。ＧＭＯのトウモロコシであるスターリンクは畜牛の飼料用に開発され、アレルギー誘発性のため人間には不向きだったが、二〇〇〇年、これが予想外に人間用のトウモロコシ製品に現われ始めた。最初、タコスシェルにだけ見つかったが、のちにポップコーンその他の製品にも見つかり、いくつかは外国に輸出されていた。スターリンクはトウモロコシ畑のごく小さな一部でしか栽培されていなかったが、それでもアメリカのトウモロコシの供給の大半に入りこんだ。

もう一つのＧＭＯ穀類の問題は雑草に関するものだ。初期のころ、モンサントは雑草を寄せつけず、殺虫剤や高価な除草剤の必要を省ける穀類を作った。だがやがて、これらのＧＭＯ穀類に耐性のある雑草が生まれ、果てしなく「スーパー雑草」ができる可能性がわかった。

虫を寄せつけないＧＭＯ穀類もまた、困った問題を生んだ。ワトソンは正しかった。ＧＭＯ穀類にはおおいなる約束があるが、ある種の危険もある。穀類が、求めていない虫だけでなく、望ましい虫も寄せつけなかったらどうなるだろう？　アルファルファは蜂の受粉によって繁殖する。蜂なしでは、アルファルファは存在しない。アルファルファの受粉の他の手段は、あまりにも経費がかかりすぎる。だが不思議なことに蜂は姿を消しつつある。GMO穀類のせいだろうか？　科学者はこの可能性を必死に研究してきたが、今のところ確かな答えは出ていない。

アルファルファはミルクを産出する牛にとって主要な高タンパク質の穀類なので、酪農家にとっては重要な問題だ。畜牛の飼料としてのアルファルファは、年間四七億ドルのビジネスだ。酪農業の歴史がほとんどないアイダホ州が、なぜ国内で第二のミルク生産地になったのか？　それは灌漑プロジェクトによって広大な耕作地を作り、その大半にアルファルファを植えたからだった。これが可能だったのは、一九五〇年代、蜂の専門家が特別な手際を要するアルファルファの花の受粉を得意とする西ヨーロッパのコハナバチ科の蜂を、大量にアイダホ州に移動させる方法を学んだからだ。蜜蜂やその他の品種とともに、これらの蜂も消えつつある今、アイダホ州の酪農業界、西ヨーロッパの酪農業界の大半は、どうなってしまうのだろう？

蜂が消えつつある理由については、携帯電話の急増から農薬の使用、GMO穀類の開発まで、数多くの説がある。これらのうちのいくつか（携帯電話の件など）は反証されたが、大半はされていない。だがGMO説に関する問題は、GMO穀類が禁止されている国でも蜂が消えつつあるということだ。

もしGMO製品がモンサントの言うように安全なら、GMO企業は、その製品を厳しい規制の対象にしなかったという重大な過ちを犯した。そしてアメリカ政府も、より厳しい規制を強いないという同じ過ちを犯している。ＧＭＯ科学者たちはＧＭＯ製品は安全だと証明できず、科学者も含めたＧＭＯの反対者たちは、説得力のある方法で安全でないと示すことができなかった。こうして、誰も信用できないという不信感に満ちた大衆が取り残された。中国の酪農業界に長くいる官僚のチャオ・ヤンピンはＧＭＯについてどう思うかと問われて、「ＧＭＯを使いたくはない。ＧＭＯアルファルファの輸入は断わる。危険ではないかもしれないが、安全だと確証するのに十分な科学もない。今は安全が第一だ」と答えた。他の国の多くも、同じように感じている。

ニューヨーク・タイムズ紙はＧＭＯに関する調査を行い、二〇一六年一〇月に発表した。学術的な調査、独立したデータ、業界の調査によるこの研究は、「発見されなかったこと」で注意を集めた。ＧＭＯが危険だという主張の科学的裏づけは発見されなかった。だがこの時点では、これは驚くべきニュースではなかった。驚くべきだったのは、この研究で、ＧＭＯを使う利益が発見されなかったことだ。アメリカとカナダのＧＭＯ穀類をヨーロッパのＧＭＯでない穀類と比較したところ、産出量の増加はなく、農薬の使用は減らず、除草剤の使用は実は増えていた。ＧＭＯを認めるか認めないかの二〇年にわたる激しい闘いののち、何も得られず、何も失われていなかったのだ。

だがＧＭＯ論争はチャンスでもあった。小さい酪農場は、自分のところのミルクを特別にする方法を常に探している。特別であれば、高値をつけられる。そして生き残ることができる。ＧＭＯでない穀類の飼料で育った牛のミルクといった、特別なミルクを生産する酪農場が、ニューヨーク、シカゴ、サンフランシスコ、ロサンゼルスなどの都市の近くに現われ始めた。都市には教育を受けた裕福な住人がいて、特別なミルクに喜んで金を出す。ウェールズ州の熱心な有機の酪農家パトリック・ホールデンは、「街の住人が革命を主導する」と言った。

だが酪農家の多くは革命を起こそうとしてはおらず、ただ利益を上げようとしているだけだ。ニューヨーク州北部地方のロニーブルックは、ニューヨーク市内で、標準のミルクの約二倍の価格でホルモン無使用のミルクを売って成功している。オーナーのロニー・オソフスキーはまた、GMOも無使用にしようと努力している。「簡単なことじゃない。大豆の九〇パーセント、トウモロコシの八〇パーセントはGMOだ」と彼は言う。GMOの使用は危険だと思うかと訊かれると、こう答えた。「危険だとは思わない。使いたくないのは、世間の反応が気になるからだ」。彼はホルモンについても危険だと思っていないが、同じ理由で使用していない。客が嫌うものは使いたくないという。

オソフスキーは、彼の高価な製品（ミルク、ヨーグルト、チーズ、アイスクリーム）はニューヨーク市で人気があることを知った。彼のミルクはホルモン無使用なだけでなく、ガラス製の瓶に入っていることでも特別だ。「ガラスの瓶で売るほうが金がかかるが、そのほうが美味しい」と彼は言う。それに見た目も特別な印象になる。紙パック入りのミルクとは違う。

オソフスキーは、一〇〇頭の特別に体の大きなホルスタイン種の群れを、M&Mやタリアといった名前をつけて大事にしていることに誇りを持っている。牛を「優しく扱う」彼は「牛は犬みたいだ。よくしてやれば、あっちもよくしてくれる」と話す。ここに重要なポイントがある。一〇〇頭の牛を飼っている酪農家は牛をペットのように扱えるが、一〇〇〇頭もいたら無理だろう。放牧していないとき、牛は黒いスポンジゴムで覆われたゴム製のマットレスのある小屋の中で寛ぐ。飼料としてたいてい草をやるが、穀類をやることもある。完全に草だけを食べていると言いたいところだが、生産量を上げるには多少のタンパク質の追加が必要だ。

だが、重圧は容赦ない。「乳製品の価格というのは、低くしたらたくさん売らなければならず、高くしたら高いうちにたくさん売らなければならない」

彼は有機農法も考えたが、感染した牛に対する抗生物質使用を拒否するのは残酷なことだと思った。一度でも抗生物質で治療すると、体内からとうに薬が出たはずの時期になっても、その牛のミルクは有機飼育したものとしては売れない。何千頭も牛のいる大きな酪農場なら、有機飼育ではない群れを分けて作ることができるが、五〇頭や一〇〇頭しか牛がいなければ、そんな余裕はない。他にも多くの酪農家が、有機農法の規則は牛に対して残酷だと言う。ニューヨーク・タイムズ紙はかつて、ロニーブルックを「有機を超越している」と描写した。

二〇〇二年、ニューヨーク市の企業の重役だったダン・ギブソンは、違った形の酪農場を始めることにした。ハドソンバレーにある一〇〇〇エーカーの酪農場を買い、しばらくはもともとの方法を続けさせていたが、まもなく変革をすることに決めた。「子牛にくつわをつけてミルクを飲ませるようなやり方は嫌いだった」と彼は言う。彼は自分の酪農場を、「動物に優しい酪農場」にしようと考えた。ミルクはもっと高価になるだろうが、ニューヨーク市の人々は、製品が良ければそれだけの金を出すだろうし、彼のやり方を気に入るだろう。「こういうものが、本気で求められている」と彼は言い、続けて説明した。「何かを売ろうとしたら、他とは違い、良質で特別なものを作らなければばいけないと、マーケティングで学んだ。私は純粋な、草を食べて育ったジャージー種の、動物福祉認可のミルクを生産したい」

アメリカ福祉認可（ＡＷＡ）ラベルは二〇〇六年に始まり、このラベルのついている肉や乳製品は動物に優しい酪農場で生産されたと消費者に請け合うものだ。動物は放牧で草を飼料としていなければならず、酪農家は環境を傷つけない仕事をしていなければならない。だがＡＷＡの認可を受けた酪農場は有機農法ではありえない。その必要条件に、必要に応じて病気の動物には抗生物質を使うという規定があるからだ。

ダン・ギブソンの酪農場では、生まれたばかりの子牛は何カ月も母牛のもとにいる。酪農場は品質にこだわっているが、量についての心配はしない。ＡＷＡの認可を受けていないニューヨーク市の酪農家エリック・ウームズは、大きなホルスタイン種の一頭から、ギブソンが五〇頭の小さくて茶色いジャージー種の群れ全体から得るのと同じ量を生産できる。ギブソンのミルクは二リットルのガラス瓶が七ドルで、全面的に操業して二年が経ち、高値で売り続けているが、彼の酪農場はまだ利益を出せていない。これができるような余裕のある酪農家は多くはない。

アイダホ・フォールズのアラン・リードは、かつて有機農法にすることを考えた。だが土地が十分でなかった。有機的な飼料を育て、有機農法の条件を満たす放牧をするには広大な土地が必要だ。だが彼は「家族のためには、有機農法の製品を買うようにしている」と話す。

ニューヨーク州クーパーズタウンの近くの丘陵地にあるベルテッド・ローズ・ファームのコリー・アプソンは、生き残るために酪農業の方法をすっかり変えなければならなかった。一九九八年、彼は旧来の酪農場で五五頭のホルスタイン種を飼い、政府が設定する最低価格のグレードAのミルクを生産していた。当時、一ハンドレッドウェイト（約四三リットル）につき一〇ドルだ。その後、彼は有機農法の酪農家になった。転身の理由を訊かれて、彼の答えは簡単だった。「儲からなかったからだ」。彼は主にホルスタイン種を飼っていたが、二頭のダッチ・ベルテッド種が、ホルスタイン種には必要な穀類をやらなくてもよく育った。それで少しずつ、二三頭のダッチ・ベルテッド種の群れに変えていき、それらにはもっぱら丘陵地の草を食べさせて、完全な有機農法にした。

「儲けを増やすには、収入を増やすか出費を減らすかだ」と彼は言う。彼は有機農法の酪農家になることで、操業経費を劇的に減らした。もはや穀類を買わず、燃料費削減のため、トラクターの代わりにする馬を訓練している。牛の頭数は以前の半分以下になった。牛のミルク生産量も半分以下だ。だが有機のミルクは、人々が余計に金を出すことを想定して価格がつけられる。彼はミルクを、アメリカ最大の有機ミルク製造会社ホライズンに高い価格で売っている。「金持ちではないが、収入は得ている」と彼は言った。

アメリカ人が有機ミルクを買う際、小さい家族経営の酪農場で作ったものを想像するが、アメリカの有機ミルクのほぼすべては、コリー・アプソンが売っているような大企業によって生産されている。他の国では、ホールデンズ・ウェルシュのような小規模な有機酪農場が存在するが、数は少ない。イングランドのウィルトシャー州には、八〇から一〇〇頭程度の牛を飼っている有機酪農場がいくつかある。そこの生産量は少ない。チャド・クライヤーは、「有機農法では、世界は養えない」と言った。

オーストラリア南部では、有機ミルクが通常のミルクの二倍の価格で売られているが、まだ利益を上げるのに苦労している。ハインドマーシュ・デイリーのデニース・リッチーは、彼女のところのヤギのミルクを有機と認定してほしいと思っている。「乱暴でおかしな要求を出されたわ」と彼女は不満げに言った。次々と乱暴な要求に応じ、経費がかさむばかりだった。柵に使っている木材に化学物質が塗られているから、全部取り替えろと言われたとき、とうとう彼女は諦めた。

アイダホ州のマジックバレーの中心部で、酪農家たちは有機ミルクを自分たちのためにうまく利用した。この地域では、灌漑がアルファルファをもたらし、アルファルファが酪農業をもたらしたため、小さな家族経営の酪農場という伝統はない。大規模な酪農場の地域で、カリフォルニア州から移動してきた会社もいくつかある。地平線にサウスヒルズと呼ばれる険しい雪をかぶった丘陵地が見える渓谷の中に、ファンク一家は広い平地を持っている。ジョーダン・ファンクは「東部の人間には山だろう。我々には丘だよ」と言った。ファンク一家は四世代も、ここで農業をしてきた。まず、アイダホ州の農業の大黒柱であるジャガイモから始めた。それからテンサイに替えた。だが一九九七年、ミルクがアイダホ州で景気づいたとき、有機の酪農を始めることにした。

彼らは最初から、有機の酪農には大変な労力と資金がかかると承知していた。ダブル・イーグル・ファームは、もはや家族による操業ではない。彼らは経費を賄う最善手段は、四四〇〇頭という大きな群れを、三五平方キロメートルの耕作地で、七五人から一〇〇人の従業員とともに管理することだと決めた。そう決めると、会社のような操業を余儀なくされた。ジョーダン・ファンクは言う。「父親に、有機の酪農をするのであれば、書類仕事を任せる秘書を雇うぐらいに大規模にならなくちゃだめだと言ったんだ」。何よりも、有機農法は、たいていの酪農家がしてきた以上の書類仕事を必要とする。

有機酪農場として認められるには、長くて複雑な手続きがいる。土地を認可されるだけで、三年間、農薬、除草剤や化学肥料を使わずにいなければならない。また、飼料が完全に有機でなければならない。有機飼料は買うと非常に高くて、育てるのも経費や手間がかかる。雑草を寄せつけないGMO製品も認められないので、ファンク一家は定期的に土地の雑草を抜かなければならない。

牛が病気になったら、ファンク一家は抗生物質を打ったうえで競売にかけ、よその酪農場へやるか、食肉として売る。毎週何頭かの牛が病気になるが、四四〇〇頭もいれば、数頭は手放す余裕がある。彼らはミルクを低温殺菌して、それを若い子牛に与える。子牛にミルクを与えるのは、有機農法にかかるもう一つの余分な経費だ。通常の酪農では、子牛には調合ミルクが与えられ、それは純粋なミルクよりもずっと安い。だが有機酪農場では、純粋なミルクが求められる。

牛が感染しないように保つことは有機酪農の鍵だが、何千頭もの牛がいる場合、これはかなり困難だ。ファンクの酪農場の近くのサンライズ・オーガニック・デイリーにいるダーク・ライツマは、「有機農業は、とにかく予防することだ」と言った。彼はイスラエルで創案されたシステムを使う。それぞれの牛の脚に温度計をつけておき、搾乳所には「研究室」があり、そこで牛の健康を監視し、病気の兆候があったら酪農家に警告する。「早期に発見すれば、ビタミン剤を与えるだけで、抗生物質は使わずに済む」とライツマは言った。

有機の規則によると、一年のうち最低一二〇日は放牧をし、その期間に牛が食べる乾燥物の三〇パーセントは、その酪農場の牧草でなければならない。ファンク一家は、使用する干し草の半分を育て、そのほとんどが大麦だが、非常に高いGMOでないタンパク質を買わなければならない。カノーラ、大豆、アマなどだ。

ファンク一家のミルクは生で、通常のミルクの二倍から三倍の価格でホライズンに売られる。この価格は三年か五年の契約で保証されていて、とても安定している。これが大きな会社に売ることの利点だ。大半の酪農家にとって、ミルクの価格が不安定なことは、どうにかしなければいけない難問の一つだ。計画を立てるのが難しくなるからだ。

有機酪農が始まったのは一九六〇年代だが、有機ミルクが一般的になったのは一九九〇年代だ。一九九一年に、有機でないミルクの中に抗生物質の残余物があることがわかったせいで、有機ミルクに替える者もいた。人々はミルクが特別な注意を払って生産されたものであることを知りたがった。いったん有機ミルクが広く手に入るようになると、それは有機食品の中でももっとも売れる品物になった。有機ミルクが、数ある火急の問題を引き受けた。牛はホルモンや抗生物質を打たれていてはならず、GMO穀類を与えられていてはならない。有機の牛は、混み合った工場のような酪農場の牛より良い扱いを受けていると、一般に信じられてもいた。

ミルクに関しては、世間一般の印象のほうが科学よりも重要だ。問題は、特別な方法で作られたミルクに対して、高い価格を客が受け入れるかどうかだ。一九九七年にアメリカ農務省が規則を設けるまで、有機とは何かという明確な定義はなかった。一九九八年、有機ミルクが目新しかったころ、売り上げはアメリカで六〇〇〇万ドルだった。だが残念ながら、政府が求めた有機酪農の条件に合わせるには、小さい酪農家にはあまりにも経費がかかりすぎた。今日、最大の有機ミルク製造会社であるホライズンだけで、年間五億ドル相当の有機ミルクを売り上げる。有機ミルク市場の九〇パーセント以上を占める三大企業の一つだ。

ホライズンは全国の六〇〇の有機酪農場からミルクを買う。その中には、アップソンのベルテッド・ローズのように、とても小さい酪農場もある。だが酪農場の大小にかかわらず、すべてのミルクがタンクの中で混ざり、ホライズンとして包装される。全国規模の巨大企業というのは、有機食品運動の熱心な擁護者が考えていたことではなかった。有機運動は地産地消の哲学と結びついている。品質の良い食品は小さな地元の酪農場で生まれるという思いこみだ。客を知っているからこそ、大きな注意を払って品物を作るからだ。これが、ロニーブルックのような有機ではない酪農場が、街の客に有機の乳製品よりも好まれる理由だ。

ホルモン、抗生物質、遺伝子組み換え、薬品に関する近代の議論を超越したところに、一万年を経てもいまだに答えの出ない、基本的な疑問がある。つまり、酪農家がすべてを正しく行い、完璧なミルクだとしたら、それはあなたにとっていいものなのだろうか？

結局、大人がミルクを飲むのは自然ではない。それを言うなら、赤ん坊が母親の乳以外のものを飲むこともだ。世界の六〇パーセントが乳糖不耐性だというのは、自然が人間に想定した状態だ。だが、生物学者E・O・ウイルソンが「自然主義的誤謬」と呼んだものも考えなければならない。

ウィルソンによれば、誤謬というのは、自然であることが常にいちばんいいことだという思いこみだ。薬を飲み、服を着て、読書するのは、不自然だ。畜産をし、野生のものを集めるのではなく食物を育てるのは、不自然だ。

責任ある医療のための医師の会と自称する組織は、乳製品を使わない食生活を推奨し、動物のミルクを子供に与えることに警鐘を鳴らす。全国酪農協議会は、ミルクは健康にいいという主張を応援する医師たちを集め、「ミルクはある?」というキャンペーンを行った。医師の会は、これをあざけって「ビールある?」というキャンペーンでやり返した。

大量の全乳を摂取すると、コレステロール値が上がり、心臓病を引き起こすという無視できない証拠がある。それで、低脂肪乳や脱脂乳が普及した。また、ミルクが卵巣がんなど、ある種のがんを引き起こすという主張もあるが、これを支持するのと同じくらい、反駁する研究もある。ミルクが骨粗鬆症の原因となるという主張もあるが、これはミルクを飲む量の少ないアジア人がこの病気にかかる例が少ないことに基づいているようだ。アジア人は西洋人よりも運動を多くし、野菜をたくさん食べ、タンパク質の摂取は少ないという一般的な事実も、アジア人の助けになっているだろう。アジアでもミルクの摂取量が増えた今、骨粗鬆症も増えているかどうかは興味深い問題だ。

一方、骨量の減少をミルクのせいだと責める者がいるのに対し、多くは、それが骨の形成にいいと信じている。主流の科学と薬学では、ミルクはカルシウム、ビタミンD、その他の骨を形成する栄養素の主要な供給源で、高血圧予防にもいいと言われている。

全国酪農協議会が一九一五年にミルクの販売促進のために発足したとき、彼らは家庭に向けて、ミ

ソビエトの乳しぼり女

ルクは子供たちを大きく強くすると言い、これを受けて日本の天皇はミルクを飲むことを推奨した。全国酪農協議会の最初のチラシには、「ミルク、成長と健康に必要な食品」とある。運動家によるミルクの推奨は伝統となり、一九六〇年代、アメリカの乳製品業界はNFL史上最長の連勝記録保持者の一人であるグリーンベイ・パッカーズのコーチ、ビンス・ロンバルディの言葉を宣伝に使った――「ミルクをたくさん飲まずに目立った活躍をしたアスリートを、私は知らない」。

ミルクを飲むと背が伸びるという根強い思いこみがあるが、これにはたいした科学的裏づけがあるわけではない。ミルクはIGF－Iと呼ばれるものを増やし、このせいで背が伸びるというが、IGF－Iは体内で壊れ、ミルクによって加えられる量はほとんど影響がないかもしれない。ミルクと身長の思いこみは、子供がミルクをたくさん飲む時期と、子供の成長期が重なる偶然から来ているのかもしれない。

酪農業にも科学技術が入りこみ、搾乳から牛の栄養素まで、すべてにコンピュータが使われるようになった。回転式搾乳機のような装置がますます自動化される。イングランドの酪農家の中には、可動式搾乳所を使って楽をしている者がいる。牧草地に持ち出せる装置がついていて、牛を小屋の中に連れてこなくても搾乳ができるのだ。新しい装置はロボットのように働き、科学技術は現在は高価でも、多くの酪農家がさらなるロボットを望んでいる。世界中で、優れた酪農労働者を見つけることが日増しに難しくなっているからだ。仕事はきつくて、時間は長く、賃金は乏しい。

今後も、酪農場でミルクや乳製品は作られ続け、古くからのミルクをめぐる議論も耳に入ってくることだろう。だが明日の乳製品の大半は、ロボットによって製造される。きっとロボット製のミルクの利点と欠点をめぐって、新たな議論が始まるはずだ。文明が発達するにつれて、ミルクについての話し合いは減るどころか増えていくと、歴史が示してくれている。

謝辞

アン・マリ・ガードナーに、彼女の素敵な雑誌モダン・ファーマーに何か書いてほしいと言われるまで、私はミルクについてあまり考えたことがなかった。「あとで、それを本にできるでしょう」と、彼女は言った。

親切で熱心な環境保護論者であるオリ・ビグフソンには、アイスランドでの援助に謝意を表する。彼はミルクとは何も関係がなかったが、私がそのことについて書いていると知ると、あちこちに手配を始めてくれた。オリはそういう男だ。いないと困る、非凡な人物だ。

ロレーヌ・ルワンドロウスキの援助と助言に、そして、私に農場を見せてくれ、酪農家にとって貴重なものである時間を割いて話をしてくれた、世界中の酪農家たち全員に感謝する。

ウィルトシャー州の荒野に車で連れていってくれた親友のクリスティン・トゥーミーに感謝を。息をのむほど美しいバスク山脈にいるバスク人の友人のところへ連れていってくれた友人のベルナール・カレールに温かい感謝を。中国とチベットで、たくさんの援助と楽しみと冒険、そして無尽蔵のヨーグルトを提供してくれたローラ・トロンベッタに感謝を。

インドで助けてくれたラタ・ガナパシーとラクナ・シンハ・ダヴィダー、そして質問に深い洞察をもって答えてくれたパンカジャ・スリンヴァサンに感謝する。

ギリシャで助けてくれたミルト・シオトウ、南オーストラリア州政府のマイクル・ブレークに感謝を。

素晴らしい「ジャクソン・ホール」の料理人ウェズ・ハミルトンが、アイダホ・フォールズへ向かう途上で提供してくれた援助と、アイダホ州の中心地でのダンカン・フラーの援助に感謝する。ブラッド・ケスラーとドナ・アン・マックアダムズと子ヤギたちに、その厚遇と、バーモント州のヤギ農場について教えてくれたことに感謝する。

他の一七作と同じように責任をもって私の本を編集してくれたナンシー・ミラーに感謝する。クリスチャン・バードの熟練した援助に感謝する。友人であり助言者であり、最高のエージェントであるシャーロット・シーディに感謝する。

勇敢でバイリンガルのタリアには、中国、インド、そしてアイスランドでの力添えに、特別の謝意を表する。また、美しいマリアンの援助のすべてに。

Avice R. Wilson, 1995.

American Academy of Pediatrics. "Breastfeeding and the Use of Human Milk." *Pediatrics* 115, no. 2 (February 1, 2005).

Biotechnical Information Series, "Bovine Somatotropin (bST)," Iowa State University, December 1993

Couch, James Fitton. "The Toxic Constituent of Richweed or White Snakeroot (*Eupatorium urticaefolium*)," *Journal of Agricultural Research* 35, no. 6 (September 15, 1927).

Hakim, Danny. "Doubts about a Promised Bounty." *New York Times*, October 30, 2016.

McCracken, Robert D. "Lactase Deficiency: An Example of Dietary Evolution." *Current Anthropology* 12, no. 4-5: 479-517

Noble, Josh. "Asia's Bankers Milk China Thirst for Dairy Products." *Financial Times*, November 12, 2013.

Poo, Mu-chou. "Liquids in Temple Ritual." UCLA Encyclopedia of Egyptology, September 25, 2010.

Tavernise, Sabrina, "F.D.A. Restricts Antibiotics Use for Livestock." *New York Times*, December 11, 2013.

Simmons, Amelia. *American Cookery*. Albany: George R. & George Webster, 1796.

Smith, Eliza. *The Compleat Housewife*. London: 1758.

Smith-Howard, Kendra. *Pure and Modern Milk: An Environmental History Since 1900*. Oxford: Oxford University Press, 2014.

Spargo, John. *The Common Sense of the Milk Question*. New York: Macmillan, 1908.

Spaulding, Lily May, and John Spaulding, eds. *Civil War Recipes: Receipts from the Pages of Godey's Lady's Book*. Lexington: University Press of Kentucky, 1999.

Spencer, Colin. *British Food: An Extraordinary Thousand Years of History*. New York: Columbia University Press, 2003.

Stout, Margaret B. *The Shetland Cookery Book*. Lerwick: T. & J. Manson, 1965.

Straus, Nathan. *Disease in Milk: The Remedy, Pasteurization*. New York, 1913.

Sullivan, Caroline. *The Jamaican Cookery Book*. Kingston: Aston W. Gardner & Co., 1893.

Terrail, Claude. *Ma Tour d'Argent*. Paris: Marabout, 1975.

Thibaut-Comelade, Eliane. *La Table Medieval des Catalans*. Montpellier: Les Presses du Languedoc, 1995.

Thornton, P. *The Southern Gardener and Receipt Book*. Newark, NJ: by the author, 1845.

Toomre, Joyce, ed. *Elena Molokhovets' "A Gift to Young Housewives."* Bloomington: Indiana University Press, 1992.

Thorsson, Ornolfur. *The Sagas of the Icelanders*. New York: Penguin, 2001.

Toklas, Alice B. *The Alice B. Toklas Cook Book*. New York: Harper & Brothers, 1954.

Tschirky, Oscar. *The Cookbook by "Oscar" of the Waldorf*. New York: Werner Company, 1896.

Twamley, Josiah. *Dairy Exemplified, or the Business of Cheese Making*. London: Josiah Twamley, 1784.

Valenze, Deborah. *Milk: A Local and Global History*. New Haven: Yale University Press, 2011.

Vallery-Radot, Rene. *Louis Pasteur*. New York: Alfred A. Knopf, 1958.

Van Ingen, Philip, and Paul Emmons Taylor, eds. *Infant Mortality and Milk Stations*. New York: New York Milk Committee, 1912.

Vehling, Joseph Dommers, ed. and trans. *Apicius: Cookery and Dining in Imperial Rome*. New York: Dover, 1977.

Verrall, William. *Cookery Book*. Lewes, East Sussex: Southover Press, 1988. First published 1759.

Walker, Harlan, ed. *Milk: Beyond the Dairy: Proceedings of the Oxford Symposium on Food and Cookery, 1999*. Totnes, Devon: Prospect Books, 2000.

Wilkins, John, David Harvey, and Mike Dobson, eds. *Food in Antiquity*. Exeter: University of Exeter Press, 1995.

William of Rubruck. William Woodville Rockhill, trans. *The Journey of William of Rubruck to the Eastern Parts of the World, 1253-55*. London: Hakluyt Society, 1940.

Wilson, Avice R. *Cocklebury: A Farming Area and Its People in the Vale of Wiltshire*. Chichester, Sussex: Phillimore, 1983.

Wilson, Avice R. *Forgotten Harvest: The Story of Cheesemaking in Wiltshire*. Wiltshire:

Polo, Marco. Ronald Latham, trans. *The Travels*. New York: Penguin, 1958.

Porterfield, James D. *Dining by Rail*. New York: St. Martin's/Griffin, 1993.

Powell, Marilyn. *Ice Cream: The Delicious History*. Woodstock, NY: Overlook Press, 2005.

Prasada, Neha, and Ashima Narain. *Dining with the Maharajahs: A Thousand Years of Culinary Tradition*. New Delhi: Roli Books, undated.

Prato, C. *Manuale di Cucina*. Milan: Anonima Libraria Italiano, 1923.

Prudhomme, Paul. *Chef Paul Prudhomme's Louisiana Kitchen*. New York: William Morrow, 1984.

Quinzio, Jeri. *Of Sugar and Snow: A History of Ice Cream Making*. Berkeley: University of California Press, 2009.

Raffald, Elizabeth. *The Experienced English Housekeeper: For the Use and Ease of Ladies, Housekeepers, Cooks etc*. London: 1782.

Ragnarsdottir, Thorgerdur. *Skyr: For 1000 Years*. Reykjavik: MensMentis ehf, 2016.

Randolph, Mary. *The Virginia Housewife: or Methodical Cook*. Baltimore: Plakitt & Cugell, 1824.

Ranhofer, Charles. *A Complete Treatise of Analytical and Practical Studies of the Culinary Art*. New York: R. Ranhofer, 1893.

Rawlings, Marjorie Kinnan. *Cross Creek Cookery*. New York: C. Scribner's Sons, 1942.

Reboul, J.-B. *La Cuisiniere Provencale*. Marseille: Tacussel, 1897.

Rorer, Sarah Tyson Heston. *Fifteen New Ways for Oysters*. Philadelphia: Arnold and Company, 1894.

Rorer, Sarah Tyson Heston. *Ice Creams, Water Ices, Frozen Puddings, Together with Refreshments for All Social Affairs*. Philadelphia: Arnold and Company, 1913.

Richardson, Tim. *Sweets: A History of Candy*. New York: Bloomsbury, 2002.

Riley, Gillian. *The Dutch Table*. San Francisco: Pomegranate Artbook, 1994.

Rodinson, Maxime, A. J. Arberry, and Charles Perry. *Medieval Arab Cookery*. Devon, England: Prospect Books, 2001.

Rose, Peter G. *The Sensible Cook: Dutch Foodways in the Old and New World*. Syracuse, NY: Syracuse University Press, 1989.

Rosenau, M. J. *The Milk Question*. London: Constable & Co., 1913.

Sand, George. *Scenes Gourmandes*. Paris: Librio, 1999.

Schama, Simon. *The Embarrassment of Riches: An Interpretation of Dutch Culture in the Golden Age*. London: Harper Perennial: 2004.

Scully, Eleanor, and Terence Scully. *Early French Cookery: Sources, History, Original Recipes and Modern Adaptions*. Ann Arbor: University of Michigan Press, 1995.

Scully, Terence, ed. *Chiquart's "On Cookery:" A Fifteenth-Century Savoyard Culinary Treatise*. New York: Peter Lang, 1986.

Scully, Terence. *The Viandier of Taillevent*. Ottawa: University of Ottawa Press, 1988.

Seely, Lida. *Mrs. Seely's Cook Book: A Manual of French and American Cookery*. New York: Macmillan, 1902.

Selitzer, Ralph. *The Dairy Industry in America*. New York: Dairyfield, 1976.

Sereni, Clara. Giovanna Miceli Jeffries and Susan Briziarelli, trans. *Keeping House: A Novel in Recipes*. Albany: State University of New York Press, 2005.

Kuruvita, Peter. *Serendip: My Sri Lankan Kitchen*. Millers Point, New South Wales: Murdoch Books Australia, 2009.
Kusel-Hediard, Benita. *Le Carnet de Recettes de Ferdinand Hediard*. Paris: Le Cherche Midi Editeur, 1998.
La Falaise, Maxime de. *Seven Centuries of English Cooking*. London: Weidenfeld & Nicolson, 1973.
Latour, Bruno. Alan Sheridan and John Law, trans. *The Pasteurization of France*. Cambridge, MA: Harvard University Press, 1988.
Lambrecht, Bill. *Dinner at the New Gene Cafe: How Genetic Engineering Is Changing What We Eat, How We Live, and the Global Politics of Food*. New York: St. Martin's Press, 2001.
Laxness, Halldor. J. A. Thompson, trans. *Independent People*. New York: Vintage, 1997 (Icelandic original, 1946).
Le, Stephen. *100 Million Years of Food*. New York: Picador, 2016.
Leslie, Eliza. *Miss Leslie's Complete Directions for Cookery*. Philadelphia: E. L. Carey and A. Hart, 1837.
Lysaght, Patricia, ed. *Milk and Milk Products from Medieval to Modern Time: Proceedings of the Ninth International Conference on Ethnological Food Research*. Edinburgh: Canongate Press, 1994.
MacDonogh, Giles. *A Palate in Revolution: Grimod de La Reyniere and the Almanach des Gourmands*. London: Robin Clark, 1987.
Markham, Gervase. Michael R., Best, ed. *The English Housewife* (1615). Montreal: McGill-Queen's Press, 1986.
Marshall, A. B. *Ices Plain & Fancy*. New York: Metropolitan Museum of Art, 1976.
Marshall, A. B. *Mrs. A. B. Marshall's Cookery Book*. London: Ward, Lock & Co. 1887.
Mason, Laura, and Catherine Brown. *The Taste of Britain*. London: Harper Press, 2006.
Masters, Thomas. *The Ice Book: A History of Everything Connected with Ice, with Recipes*. London: Simpkin, Marshall & Company, 1844.
May, Robert. *The Accomplisht Cook*. London: Bear and Star in St. Paul's Churchyard, 1685.
McCleary, George Frederick. *The Municipalization of the Milk Supply*. London: Fabian Municipal Program, 2nd series, no. 1, 1902.
Mendelson, Anne. *Milk: The Surprising Story of Milk through the Ages*. New York: Alfred A. Knopf, 2008.
Milham, Mary Ella, trans. *Platina: On Right Pleasure and Good Health*. Tempe, AZ: Medieval and Renaissance Text and Studies, 1998.
Montagne, Prosper. *Larousse Gastronomique*. Paris: Larousse, 1938.
Pant, Pushpesh. *India Cookbook*. London: Phaidon, 2010.
Peachey, Stuart. *Civil War and Salt Fish: Military and Civilian Diet in the C17*. Essex, England: Partizan Press, 1988.
Pidathala, Archana. *Five Morsels of Love*. Hyderabad: Archana Pidathala, 2016.
Pliny the Elder. John F. Healy, trans. *Natural History: A Selection*. New York: Penguin, 1991.

Hartley, Robert M. *Historical, Scientific, and Practical Essay on Milk as an Article of Human Sustenance*. New York: Jonathan Leavitt, 1842.

Harvey, William Clunie, and Harry Hill. *Milk Products*. London: H. K. Lewis, 1948.

Heatter, Maida. *Maida Heatter's Cookies*. New York: Cader Books, 1997.

Heredia, Ruth. *The Amul India Story*. New Delhi: Tata McGraw-Hill Publishing, 1997.

Herter, Christian Archibald. *The Influence of Pasteur on Medical Science*. An address delivered before the Medical School of Johns Hopkins University. New York: Dodd, Mead & Co, 1902.

Hieatt, Constance B., ed. *An Ordinance of Pottage*. London: Prospect Books, 1988.

Hickman, Trevor. *The History of Stilton Cheese*. Gloucestershire: Alan Sutton Publishing, 1995.

Hill, Annabella P. *Mrs. Hill's Southern Practical Cookery and Receipt Book*. New York: Carleton, 1867.

Hooker, Richard J. *The Book of Chowder*. Boston: Harvard Common Press, 1978.

Hope, Annette. *A Caledonian Feast*. London: Grafton Books, 1986.

Hope, Annette. *Londoner's Larder: English Cuisine from Chaucer to the Present*. Edinburgh: Mainstream Publishing, 1990.

Huici Miranda, Ambrosio. *La Cocina Hispano-Magrebi: Durante La Epoca Almohade*. Gijon, Asturias, Spain: Ediciones Trea, 2005.

Irwin, Florence. *The Cookin' Woman: Irish Country Recipes*. Belfast: Oliver and Boyd, 1949.

Jackson, Tom. *Chilled: How Refrigeration Changed the World and Might Do It Again*. London: Bloomsbury, 2015.

Jaffrey, Madhur. *Madhur Jaffrey's Indian Cookery*. London: BBC, 1982.

Jost, Philippe. *La Gourmandise: Les Chefs-d'oeuvre de la Litterature Gastronomique de L'Antiquite a Nos Jours*. Paris: Le Pre aux Clercs, 1998.

Jung, Courtney. *Lactivism: How Feminists and Fundamentalists, Hippies and Yuppies, and the Physicians and Politicians Made Breastfeeding Big Business and Bad Policy*. New York: Basic Books, 2015.

Kardashian, Kirk. *Milk Money: Cash, Cows, and the Death of the American Dairy Farm*. Durham: University of New Hampshire Press, 2012.

Kelly, Ian. *Cooking for Kings: The Life of Antonin Careme, the First Celebrity Chef*. New York: Walker & Company, 2003.

Kessler, Brad. *Goat Song: A Seasonal Life, A Short History of Herding, and the Art of Making Cheese*. New York: Scribner, 2009.

Kidder, Edward. *Receipts of Pastry and Cookery*. Iowa City: University of Iowa Press, 1993.

Kiple, Kenneth, and Kriemhild Conee Ornelas, eds. *The Cambridge World History of Food*, vols. 1 and 2. Cambridge: Cambridge University Press, 2000.

Kirby, David. *Animal Factory: The Looming Threat of Industrial Pig, Dairy, and Poultry Farms to Humans and the Environment*. New York: St. Martin's Press, 2010.

Kittow, June. *Favourite Cornish Recipes*. Sevenoaks, England: J. Salmon Ltd., undated.

Ekvall, Robert B. *Fields on the Hoof: Nexus of Tibetan Nomadic Pastoralism*. New York: Holt, Rinehart, and Winston, 1968.

Ellis, William. *The Country Housewife's Family Companion (1750)*. Totnes, Devon: Prospect Books, 2000.

Erdman, Henry E. *The Marketing of Whole Milk*. New York: Macmillan, 1921.

Escoffier, Auguste. *Le Guide Culinaire: Aide-Memoire de Cuisine Pratique*. Paris: Flammarion, 1921.

Estes, Rufus. *Good Things To Eat: As Suggested by Rufus*. Chicago: Rufus Estes, 1911.

Fildes, Valerie. *Breasts, Bottles and Babies: A History of Infant Feeding*. Edinburgh: Edinburgh University Press, 1986.

Farmer, Fannie Merritt. *The Boston Cooking School Cook Book*. Boston: 1896.

Flandrin, Jean-Louis, and Massimo Montanari, eds. *Food: A Culinary History*. New York: Columbia University Press, 1999.

Fussell, G. E. *The English Dairy Farmer 1500-1900*. London: Frank Cass, 1966.

Gelle, Gerry G. *Filipino Cuisine: Recipes from the Islands*. Santa Fe: Red Crane Books, 1997.

Geison, Gerald L. *The Private Science of Louis Pasteur*. Princeton: Princeton University Press, 1995.

Giblin, James Cross. *Milk: The Fight for Purity*. New York: Thomas E. Crowell, 1986.

Giladi, Avner. *Muslim Midwives: The Craft of Birthing in the Premodern Middle East*. Cambridge: Cambridge University Press, 2015.

Glasse, Hannah. *The Art of Cookery Made Plain and Easy Which Far Exceeds Any Things of the Kind Yet Published by a Lady*. London: 1747.

Glasse, Hannah. *The Compleat Confectioner: or the Whole Art of Confectionary Made Plain and Easy*. Dublin: John Eashaw, 1752.

Golden, Janet. *A Social History of Wet Nursing in America: From Breast to Bottle*. Cambridge: Cambridge University Press, 1996.

Gozzini Giacosa, Ilaria. Anna Herklotz, trans. *A Taste of Ancient Rome*. Chicago: University of Chicago Press, 1992.

Grant, Mark. *Anthimus: De Observatione Ciborum*. Devon, England: Prospect Books, 1996.

Grant, Mark. *Galen: On Food and Diet*. London: Routledge, 2000.

Grigson, Jane. *English Food*. London: Ebury Press, 1974.

Grimod de La Reyniere, Alexandre-Laurent. *Almanacs des Gourmands*. Paris: Maradan, 1804.

Guinaudeau, Zette. *Traditional Moroccan Cooking: Recipes from Fez*. London: Serif, 1994 (first published 1958).

Hagen, Ann. *A Second Handbook of Anglo-Saxon Food & Drink: Production and Distribution*. Norfolk, England: Anglo-Saxon Books, 1995.

Hale, Sarah Josepha. *Early American Cookery: The Good Housekeeper*. Mineola, NY: Dover Publications, 1996 (first published 1841).

Harland, Marion. *Common Sense in the Household: A Manual of Practical Housewifery*. New York: Charles Scribner's Sons, 1871.

Hart, Kathleen. *Eating in the Dark*. New York: Pantheon, 2002.

Cato. Andrew Dalby, trans. *De Agricultura*. Devon: Prospect Books, 1998.

Chang, Kwang-chih, ed. *Food in Chinese Culture*. New Haven: Yale University Press, 1977.

Charpentier, Henri. *The Henri Charpentier Cookbook*. Los Angeles: Price/Stern/Sloan, 1945.

Charpentier, Henri, and Boyden Sparkes. *Those Rich and Great Ones, or Life a la Henri, Being the Memoirs of Henri Charpentier*. London: Voctor Gollancz, 1935.

Chen, Marty, Manoshi Mitra, Geeta Athreya, Anila Dholakia, Preeta Law, and Aruna Rao. *Indian Women: A Study of Their Role in the Dairy Movement*. New Delhi: Shakti Books, 1986.

Child, Lydia Marie. *The American Frugal Housewife*. New York: Samuel S. and William Wood, 1841.

Child, Lydia Marie. *The Family Nurse or Companion of The American Frugal Housewife*. Boston: Charles J. Hendee, 1837.

Cleland, Elizabeth. *New and Easy Method of Cookery*. Edinburgh: Elizabeth Cleland, 1755.

Corson, Juliet. *Meals for the Millions*. New York: NY School of Cookery, 1882.

Coubes, Frederic. *Histoires Gourmandes*. Paris: Sourtileges, 2004.

Couderc, Philippe. *Les Plats Qui Ont Fait la France*. Paris: Julliard, 1995.

Crumbine, Samuel J., and James A. Tobey. *The Most Nearly Perfect Food*. Baltimore: Williams & Wilkins, 1930.

Cummings, Claire Hope. *Uncertain Peril: Genetic Engineering and the Future of Seeds*. Boston: Beacon Press, 2008.

Da Silva, Elian, and Dominique Laurens. *Fleurines & Roquefort*. Rodez: Editions du Rouergue, 1995.

Dalby, Andrew. *Siren Feasts: A History of Food and Gastronomy in Greece*. London: Routledge, 1996.

Dalby, Andrew, and Sally Grainger. *The Classical Cookbook*. Los Angeles: J. Paul Getty Museum, 1996.

David, Elizabeth. *Harvest of the Cold Months: The Social History of Ice and Ices*. New York: Viking, 1994.

Davidson, Alan. *The Oxford Companion to Food*. Oxford: Oxford University Press, 1999.

De Gouy, Louis P. *The Oyster Book*. New York: Greenberg, 1951.

Diat, Louis. *Cooking a la Ritz*. New York: J.B. Lippincott Company, 1941.

Dods, Margaret. *Cook and Housewife's Manual*. London: Rosters Ltd, 1829.

Dolan, Edward F., Jr. *Pasteur and the Invisible Giants*. New York: Dodd, Mead & Company, 1958.

Drummond, J. C., and Anne Wilbraham. *The Englishman's Food: Five Centuries of English Diet*. London: Pimlico, 1994.

DuPuis, E. Melanie. *Nature's Perfect Food: How Milk Became America's Drink*. New York: New York University Press, 2002.

Dumas, Alexandre. *Mon Dictionnaire de Cuisine*. Paris: Editions 10/18, 1999.

Edwardes, Michael. *Every Day Life in Early India*. London: B. T. Batsford, 1969.

参考文献

Achaya, K. T. *A Historical Dictionary of Indian Food*. New Delhi: Oxford University Press, 1998.

Apple, Rima D. *Mothers and Medicine: A Social History of Infant Feeding, 1890-1950*. Madison: University of Wisconsin Press, 1987.

Ashton, L. G., ed. *Dairy Farming in Australia*. Sydney: Hallsted Press, 1950. La Association Buhez, eds. *Quand les Bretons passent a Table*. Rennes, Editions Apogee, 1994.

A. W. *A Book of Cookrye with Serving in of the Table*. London, 1591, Amsterdam: Theatrum Orbis Terrarum, 1976.

Anonymous, edited by a Lady. *The Jewish Manual*. London: T. & W. Boone, 1846.

Artusi, Pellegrino. *La Scienza in Cucina e L'Arte Di Mangiare Bene*. San Casciano, Italy: Sperling & Kupfer Editori, 1991.

Bailey, Kenneth W. *Marketing and Pricing of Milk and Dairy Products in the United States*. Ames: Iowa State University Press, 1997.

Barnes, Donna R., and Peter G. Rose. *Matters of Taste: Food and Drink in Seventeenth-Century Dutch Art and Life*. Syracuse, NY: Syracuse University Press, 2002.

Baron, Robert C., ed. *Thomas Jefferson: The Garden and Farm Books*. Golden, CO: Fulcrum, 1987.

Basu, Pratyusha. *Villages, Women, and the Success of Dairy Cooperatives in India*. Amherst, NY: Cambria Press, 2009.

Battuta, Ibn. Samuel Lee, trans. *The Travels of Ibn Battuta in the Near East, Asia and Africa 1325-1354*. Mineola, NY: Dover, 2004 (reprint of 1829 edition).

Baumslag, Naomi, and Dia L. Michels. *Milk, Money, and Madness: The Culture and Politics of Breastfeeding*. Westport, CT: Bergin & Garvey, 1995.

Beecher, Catherine, and Harriet Beecher Stowe. *The American Woman's Home*. Hartford: Harriet Beecher Stowe Center, 1998 (first edition 1869).

Beeton, Isabella. *Beeton's Book of Household Management*. London: S. O. Beeton, 1861.

Beeton, Isabella. *Mrs. Beeton's Cookery Book*. London: Ward, Lock and Company 1890.

Boni, Ada. *Il Talismano Della Felicita*. Rome: Casa editrici Colombo, 1997 (first edition 1928).

Bradley, Alice. *Electric Refrigerator Menus and Recipes: Recipes Especially Prepared for General Electric*. Cleveland: General Electric, 1927.

Brothwell, Don, and Patricia Brothwell. *Food in Antiquity*. Baltimore: Johns Hopkins University Press, 1998.

Burton, David. *The Raj at Table: A Culinary History of the British in India*. London: Faber & Faber, 1993.

Campbell, John R., and Robert T. Marshall. *The Science of Providing Milk for Man*. New York: McGraw-Hill, 1975.

■著者紹介

マーク・カーランスキー（Mark Kurlansky）

数多くの著書をもつノンフィクション作家、歴史家。ニューヨークタイムズ紙のベストセラー入りしたものに『塩の世界史——歴史を動かした小さな粒』『紙の世界史——歴史に突き動かされた技術』『鱈——世界を変えた魚の歴史』『1968——世界が揺れた年』『牡蠣と紐育』などがある。デイトン文学平和賞、ジェームズ・ビアード賞、グレンフィディック賞、ボナペティ誌フードライター・オブ・ザ・イヤーなど受賞歴多数。ニューヨーク在住。

■訳者紹介

高山祥子（たかやま・しょうこ）

1960年東京都生まれ。成城大学文芸学部ヨーロッパ文化学科卒業。翻訳家。訳書に『ブラック・リバー』『世界一高価な切手の物語　なぜ1セントの切手は950万ドルになったのか』『すべての愛しい幽霊たち』（以上、東京創元社）、『MI6秘録　イギリス秘密情報部1909-1949〈上・下〉』（筑摩書房）、『WHAT HAPPENED 何が起きたのか？』（光文社）、『大人の女はどう働くか？　絶対に知っておくべき考え方、ふるまい方、装い方』（海と月社）など。

バーモント州の酪農場で子ヤギにミルクを与える著者（ドナ・アン・マクアダムズ撮影）

2019年10月3日　初版第1刷発行

フェニックスシリーズ ⑨⓪

ミルク進化論《しんかろん》
——なぜ人は、これほどミルクを愛するのか？

著　者　マーク・カーランスキー
訳　者　髙山祥子
発行者　後藤康徳
発行所　パンローリング株式会社
〒160-0023　東京都新宿区西新宿7-9-18　6階
TEL 03-5386-7391　FAX 03-5386-7393
http://www.panrolling.com/
E-mail　info@panrolling.com
装　丁　パンローリング装丁室
組　版　パンローリング制作室
印刷·製本　株式会社シナノ

ISBN978-4-7759-4214-7